学ぶ人は、変えてゆく人だ。

目の前にある問題はもちろん、

人生の問いや、

社会の課題を自ら見つけ、

挑み続けるために、人は学ぶ。

「学び」で、

少しずつ世界は変えてゆける。

いつでも、どこでも、誰でも、

学ぶことができる世の中へ。

旺文社

全国高校入試問題正解 **2025**年受験用

分野別過去問
737題

数学

数と式・関数・データの活用

旺文社

分野別過去問　数学　数と式・関数・データの活用

はじめに

　本書は、2021 年から 2023 年に実施された公立高校入試問題を厳選し、分野別に並べ替えた問題集です。小社刊行『全国高校入試問題正解』に掲載された問題、解答・解き方が収録されています。

◆特長◆

　①入試の出題傾向を知る！

　　本書をご覧いただければ、類似した問題が複数の都道府県で出題されていることは一目瞭然です。本書に取り組むことにより、入試の出題傾向を知ることができます。

　②必要な問題を必要なだけ解く！

　　本書は様々な分野に渡ってたくさんの問題を掲載しています。苦手意識のある分野や、攻略しておきたい分野の問題を集中的に演習することができます。

　　本書が皆さんの受験勉強の一助となれば幸いです。

旺文社

目　　　次

＊問題文中に、とくに書かれていない場合は、以下の＜注意＞に従うこととする。

＜注意＞　1．答えに√を用いる場合は、√の中の数はできるだけ簡単な整数で表す。
　　　　　2．円周率はπを用いる。

[編集協力] 有限会社 マイプラン　[デザイン] 土屋真郁（丸屋）

第1章 数と式

§1　整数の性質

1 20 以下の自然数のうち，素数は何個あるか，求めなさい。

<千葉県>

2 n は 100 より小さい素数である。$\dfrac{231}{n+2}$ が整数となる n の値をすべて求めなさい。

<秋田県>

3 $2023 = 7 \times 17 \times 17$ である。2023 を割り切ることができる自然数の中で，2023 の次に大きな自然数を求めよ。

<長崎県>

4 2 つの整数 148，245 を自然数 n で割ったとき，余りがそれぞれ 4，5 となる自然数 n は全部で何個あるか，求めなさい。

<秋田県>

5 n を整数とするとき，次のア〜エの式のうち，その値がつねに 3 の倍数になるものはどれですか。一つ選び，記号を○で囲みなさい。

ア $\dfrac{1}{3}n$　　イ $n+3$　　ウ $2n+1$　　エ $3n+6$

<大阪府>

6 n がどんな整数であっても，式の値が必ず奇数となるものを，次のアからエまでの中から一つ選びなさい。

ア $n-2$　　イ $4n+5$　　ウ $3n$　　エ n^2-1

<愛知県>

7 3 つの連続した奇数を小さい方から順に a, b, c とする。$b^2 = 2025$ のとき，a と c の積 ac の値を求めよ。

<東京都立国立高等学校>

8 a を負の数とするとき，次のア〜オの式のうち，その値がつねに a の値以下になるものはどれですか。すべて選び，記号を○で囲みなさい。

ア $a+2$　　イ $a-2$　　ウ $2a$　　エ $\dfrac{a}{2}$

オ $-a^2$

<大阪府>

9 2 つの整数 m, n について，計算の結果がいつも整数になるとは限らないものを，次のア〜エから 1 つ選び，記号で答えなさい。

ア $m+n$　　イ $m-n$　　ウ $m \times n$

エ $m \div n$

<山口県>

10 $\dfrac{336}{n}$ の値が，ある自然数の 2 乗となるような自然数 n のうち，最も小さいものを求めなさい。

<徳島県>

11 $\sqrt{60n}$ が自然数になるような自然数 n のうちで，最も小さい値を求めなさい。

<石川県>

12 $\dfrac{\sqrt{40n}}{3}$ の値が整数となるような自然数 n のうち，もっとも小さい数を求めなさい。

<三重県>

§2　正負の数の計算

次の1〜78について，計算をしなさい。ただし，78については，問題の指示に従い答えなさい。

1 $(-4) \times 2$ 〈徳島県〉

2 $3 - 9$ 〈福島県〉

3 $-5 + 8$ 〈大分県〉

4 $-9 + 4$ 〈和歌山県〉

5 $-3 - 6$ 〈愛媛県〉

6 $9 - (-5)$ 〈北海道〉

7 $3.4 - (-2.5)$ 〈大阪府〉

8 $-\dfrac{3}{4} + \dfrac{5}{6}$ 〈福島県〉

9 $-5 + 1 - (-12)$ 〈高知県〉

10 $1 - (2 - 5)$ 〈山形県〉

11 $3 + (-6) - (-8)$ 〈高知県〉

12 $2 - 11 + 5$ 〈新潟県〉

13 $7 - (-3) - 3$ 〈新潟県〉

14 $-8 - (-2) + 3$ 〈広島県〉

15 $(-8) \div 4$ 〈山口県〉

16 $-3 \times (5 - 8)$ 　　　　　<秋田県>

17 $6 \div (-2) - 4$ 　　　　　<千葉県>

18 $-8 + 27 \div (-9)$ 　　　　　<静岡県>

19 $(-0.4) \times \dfrac{3}{10}$ 　　　　　<青森県>

20 $\dfrac{7}{6} \times (-12)$ 　　　　　<福島県>

21 $(-6)^2 - 3^2$ 　　　　　<山梨県>

22 $4 \times (-7) + 20$ 　　　　　<埼玉県>

23 2×4^2 　　　　　<大阪府>

24 $-\dfrac{3}{4} \times \dfrac{2}{15}$ 　　　　　<宮崎県>

25 $14 \div \left(-\dfrac{7}{2}\right)$ 　　　　　<山梨県>

26 $-2^2 + (-5)^2$ 　　　　　<山梨県>

27 $2 \times (-3) + 3$ 　　　　　<岐阜県>

28 $\left(\dfrac{1}{2} - \dfrac{1}{5}\right) \times \dfrac{1}{3}$ 　　　　　<鹿児島県>

29 $-3^2 - 6 \times 5$ 　　　　　<京都府>

30 $(-3)^2 \times 2 - 8$ 　　　　　<石川県>

31 $(-3)^2 \div \dfrac{1}{6}$ 　　　　　<北海道>

32 $(-21) \div 7$ ＜福島県＞

40 $\dfrac{5}{2} + \left(-\dfrac{7}{3}\right)$ ＜山口県＞

33 $8 + 12 \div (-4)$ ＜秋田県＞

41 $\dfrac{3}{5} \times \left(\dfrac{1}{2} - \dfrac{2}{3}\right)$ ＜山形県＞

34 $-8 + 6^2 \div 9$ ＜東京都＞

42 $9 + 4 \times (-3)$ ＜福岡県＞

35 $(-5)^2 - 9 \div 3$ ＜北海道＞

43 $(-12) \div \dfrac{4}{3}$ ＜沖縄県＞

36 $-\dfrac{2}{3} \div \dfrac{8}{9}$ ＜鳥取県＞

44 $7 - 5 \times (-2)$ ＜沖縄県＞

37 $2 \times (-3) - 4^2$ ＜大阪府＞

45 $3 + 2 \times (-3)^2$ ＜長崎県＞

38 $9 \div (-3) - 4^2$ ＜石川県＞

46 $6 - (-3)^2 \times 2$ ＜大分県＞

39 $\dfrac{8}{5} + \dfrac{7}{15} \times (-3)$ ＜和歌山県＞

47 $\dfrac{10}{3} + 2 \div \left(-\dfrac{3}{4}\right)$ ＜和歌山県＞

48 $3 - (-6)$　　　　　　　　　　＜北海道＞

56 $5 \times (-3) - (-2)$　　　　　　　　　＜埼玉県＞

49 $1 - 6^2 \div \dfrac{9}{2}$　　　　　　　　＜東京都＞

57 $\dfrac{4}{5} \div (-4) + \dfrac{8}{5}$　　　　　　　＜山梨県＞

50 $9 \div \left(-\dfrac{1}{5}\right) + 4$　　　　　　＜北海道＞

58 $-\dfrac{3}{4} \div \dfrac{6}{5} + \dfrac{1}{2}$　　　　　　＜山形県＞

51 $(-3)^2 + 4 \times (-2)$　　　　　　＜青森県＞

59 $5 - 3 \times (-2)^2$　　　　　　　　＜長崎県＞

52 $-2 \times 3 + 8$　　　　　　　＜岩手県＞

60 $\left(\dfrac{1}{3} - \dfrac{3}{4}\right) \div \dfrac{5}{6}$　　　　　　＜山形県＞

53 $4 - (-6) \times 2$　　　　　　　＜秋田県＞

61 $\dfrac{1}{2} - \dfrac{5}{6}$　　　　　　　　　＜福島県＞

54 $18 - (-4)^2 \div 8$　　　　　　＜大阪府＞

62 $7 + 3 \times (-2^2)$　　　　　　　　＜大分県＞

55 $2 - (3 - 8)$　　　　　　　　＜山形県＞

63 $\dfrac{1}{2} + \dfrac{7}{9} \div \dfrac{7}{3}$　　　　　　＜鹿児島県＞

64 $-3 + (-4) \times 5$ 〈埼玉県〉

72 $-1 + 4 \div \dfrac{2}{3}$ 〈和歌山県〉

65 $2 \times (-3)^2 - 22$ 〈大阪府〉

73 $2 - (-5) - 9$ 〈高知県〉

66 $5 - 3^2 \times 2$ 〈大分県〉

74 $(3^2 - 1) \div (-2)$ 〈長崎県〉

67 $-9 + (-2)^3 \times \dfrac{1}{4}$ 〈千葉県〉

75 $(-2)^2 \times 3 + (-15) \div (-5)$ 〈青森県〉

68 $-3^2 \times \dfrac{1}{9} + 8$ 〈東京都〉

76 $-6^2 + 4 \div \left(-\dfrac{2}{3}\right)$ 〈京都府〉

69 $(-2)^2 - 5 \times 3$ 〈石川県〉

77 $(-0.5)^3 \times \dfrac{4}{3} - 0.6 \times \left(-\dfrac{5}{9}\right)$

〈東京都立国分寺高等学校〉

70 $\left(\dfrac{1}{6} - \dfrac{4}{9}\right) \times 18$ 〈山梨県〉

78 ある日のA市の最低気温は 5.3 ℃ であり，B市の最低気温は −0.4 ℃ であった。この日のA市の最低気温は，B市の最低気温より何℃高いですか。

〈大阪府〉

71 $(-4)^2 - 9 \div (-3)$ 〈京都府〉

§3　文字式の計算

次の1〜76について，計算をしなさい。ただし，14，32，33，63，66，76については，問題の指示に従い答えなさい。

1 $7x - 3x$　　　　　　　　　＜埼玉県＞

2 $-18xy \div 3x$　　　　　　　＜大阪府＞

3 $\dfrac{1}{2}a - \dfrac{4}{3}a$　　　　　　　　＜滋賀県＞

4 $6a^2 \times \dfrac{1}{3}a$　　　　　　　＜群馬県＞

5 $2ab \div \dfrac{b}{2}$　　　　　　　　＜岐阜県＞

6 $(15x + 20) \div 5$　　　　　　＜岩手県＞

7 $2x - (3x - y)$　　　　　　　＜岩手県＞

8 $-2(3x - y) + 2x$　　　　　　＜群馬県＞

9 $a + b + \dfrac{1}{4}(a - 8b)$　　　　　＜千葉県＞

10 $\dfrac{7a + b}{5} - \dfrac{4a - b}{3}$　　　　　＜東京都＞

11 $8a^3b^2 \div 6ab$　　　　　　　＜栃木県＞

12 $(6x^2y + 4xy^2) \div 2xy$　　　　＜青森県＞

13
$$\begin{array}{r} 6x^2 - x - 5 \\ -)\ 2x^2 + x - 6 \\ \hline \end{array}$$
　　　　　　　　　　　　　　＜青森県＞

14 $A = 4x - 1$，$B = -2x + 3$ とするとき，次の式を計算しなさい。
$-4A + 3B + 2A$　　　　　　　＜滋賀県＞

15 $2(x+3y)-(5x-4y)$ 　　　〈茨城県〉

16 $12ab \div 6a^2 \times 2b$ 　　　〈秋田県〉

17 $15a^2b \div 3ab^3 \times b^2$ 　　　〈茨城県〉

18 $(-3a) \times (-2b)^3$ 　　　〈福島県〉

19 $2(2x+y)-(x-5y)$ 　　　〈兵庫県〉

20 $24ab^2 \div (-6a) \div (-2b)$ 　　　〈青森県〉

21 $3(-x+y)-(2x-y)$ 　　　〈岐阜県〉

22 $(6x+y)-(9x+7y)$ 　　　〈山口県〉

23 $5(a-2b)-2(2a-3b)$ 　　　〈福島県〉

24 $-12ab \times (-3a)^2 \div 6a^2b$ 　　　〈山形県〉

25 $3(a-3b)-4(-a+2b)$ 　　　〈新潟県〉

26 $2(3a-2b)-4(2a-3b)$ 　　　〈新潟県〉

27 $2(5a-b)-3(3a-2b)$ 　　　〈富山県〉

28 $2(x+5y)-3(-x+y)$ 　　　〈沖縄県〉

29 $(-6ab)^2 \div 4ab^2$ 　　　〈新潟県〉

30 $3x^2y \times 4y^2 \div 6xy$ 　　　〈富山県〉

31 $5(2a+b)-2(3a+4b)$ 　　　　〈三重県〉

32 $(x+3)^2$ を展開しなさい。　　　〈栃木県〉

33 $(x+3)(x-3)$ を展開して整理すると，$\boxed{}$ である。　　　〈沖縄県〉

34 $(x-2)^2+3(x-1)$ 　　　　〈千葉県〉

35 $(x+1)^2+x(x-2)$ 　　　　〈大阪府〉

36 $x(3x+4)-3(x^2+9)$ 　　　　〈山梨県〉

37 $4(x-2y)+3(x+3y-1)$ 　　　　〈愛媛県〉

38 $3(5x+2y)-4(3x-y)$ 　　　　〈沖縄県〉

39 $\dfrac{x+5y}{8}+\dfrac{x-y}{2}$ 　　　　〈大分県〉

40 $(-3a)^2\times(-2b)$ 　　　　〈沖縄県〉

41 $-ab^2\div\dfrac{2}{3}a^2b\times(-4b)$ 　　　　〈高知県〉

42 $\dfrac{15}{8}x^2y\div\left(-\dfrac{5}{6}x\right)$ 　　　　〈愛媛県〉

43 $8a^3b\div(-6ab)^2\times9b$ 　　　　〈熊本県〉

44 $\dfrac{8a+9}{4}-\dfrac{6a+4}{3}$ 　　　　〈京都府〉

45 $5(2a+b)-4(a+3b)$ 　　　　〈大阪府〉

46 $-a\times(2ab)^2\div\left(-\dfrac{2}{3}ab^2\right)$ 　　　　〈大阪府〉

47 $3(3a+b)-2(4a-3b)$ 〈富山県〉

48 $6a^2b^3 \div \dfrac{3}{5}ab^2$ 〈石川県〉

49 $10xy^2 \div (-5y) \times 3x$ 〈青森県〉

50 $2x-y-\dfrac{5x+y}{3}$ 〈青森県〉

51 $-15a^2b \div 3ab^2 \times (-2b)^2$ 〈滋賀県〉

52 $8a^3b^5 \div 4a^2b^3$ 〈栃木県〉

53 $-6a^3b^2 \div (-4ab)$ 〈群馬県〉

54 $4xy \div 8x \times 6y$ 〈埼玉県〉

55 $\dfrac{4x-y}{2}-(2x-3y)$ 〈埼玉県〉

56 $2(3a+b)-(a+4b)$ 〈新潟県〉

57 $6xy^2 \div \left(-\dfrac{3}{5}xy\right) \div (-2x)^3$ 〈埼玉県〉

58 $6\left(\dfrac{2}{3}a-\dfrac{3}{2}b\right)-(a-3b)$ 〈千葉県〉

59 $\dfrac{9}{4}xy^3 \div \dfrac{3}{2}xy$ 〈石川県〉

60 $56x^2y \div (-8xy)$ 〈山梨県〉

61 $10xy^2 \times \left(-\dfrac{2}{3}xy\right)^2 \div (-5y^2)$ 〈埼玉県〉

62 $a(a+2)+(a+1)(a-3)$ 〈和歌山県〉

63 $(2x + y)^2$ を展開して整理すると，$\boxed{}$ である。
　　　　　　　　　　　　　　　　　　　　　＜沖縄県＞

64 $(2x + 1)^2 - (2x - 1)(2x + 3)$ 　　＜愛知県＞

65 $(x - 2)(x + 2) + (x - 1)(x + 4)$ 　　＜和歌山県＞

66 $(3x - y)^2$ を展開しなさい。　　＜鳥取県＞

67 $(x + 1)(x - 1) - (x + 3)(x - 8)$ 　　＜大阪府＞

68 $(a + 3)^2 - (a + 4)(a - 4)$ 　　＜和歌山県＞

69 $(x - 3)^2 - (x + 4)(x - 4)$ 　　＜愛媛県＞

70 $(2x + 1)^2 + (5x + 1)(x - 1)$ 　　＜熊本県＞

71 $(a - 3)(a + 3) + (a + 4)(a + 6)$ 　　＜愛媛県＞

72 $(x + 1)(x - 5) + (x + 2)^2$ 　　＜熊本県＞

73 $(x + y)^2 - x(x + 2y)$ 　　＜鹿児島県＞

74 $(2x - 3)^2 - 4x(x - 1)$ 　　＜熊本県＞

75 $(3x + 1)(x - 4) - (x - 3)^2$ 　　＜愛媛県＞

76 ある式に $3a - 5b$ をたす計算を間違えて，ある式から $3a - 5b$ をひいてしまったために，答えが $-2a + 4b$ となった。正しく計算をしたときの答えを求めなさい。
　　　　　　　　　　　　　　　　　　　　　＜徳島県＞

§4　式の値

1 $a = -2$, $b = 9$ のとき，$3a + b$ の値を求めなさい。
　　　　　　　　　　　　　　　　　　　　　＜山口県＞

2 $a = -6$, $b = 5$ のとき，$a^2 - 8b$ の値を求めなさい。
　　　　　　　　　　　　　　　　　　　　　＜大阪府＞

3 $a = \dfrac{2}{7}$ のとき，$(a-5)(a-6) - a(a+3)$ の式の値を求めなさい。
　　　　　　　　　　　　　　　　　　　　　＜静岡県＞

4 $x = \dfrac{1}{2}$, $y = -3$ のとき，$2(x - 5y) + 5(2x + 3y)$ の値を求めなさい。　　　　　　　　　　　　＜秋田県＞

5 $x = 23$, $y = 18$ のとき，$x^2 - 2xy + y^2$ の値を求めなさい。
　　　　　　　　　　　　　　　　　　　　　＜山形県＞

6 $a = 41$, $b = 8$ のとき，$a^2 - 25b^2$ の式の値を求めなさい。
　　　　　　　　　　　　　　　　　　　　　＜静岡県＞

7 $a = 2 + \sqrt{5}$ のとき，$a^2 - 4a + 4$ の値を求めなさい。ただし，答えを求める過程を書くこと。
　　　　　　　　　　　　　　　　　　　　　＜群馬県＞

8 $x = 3 + \sqrt{7}$, $y = 3 - \sqrt{7}$ のとき，$x^3 y - xy^3$ の値を求めなさい。
　　　　　　　　　　　　　　　　　　　　　＜埼玉県＞

9 $x = \sqrt{3} + 2$, $y = \sqrt{3} - 2$ のとき，$5x^2 - 5y^2$ の値を求めなさい。
　　　　　　　　　　　　　　　　　　　　　＜千葉県＞

10 $x = \sqrt{7} - 2$ のとき，$x^2 + 4x$ の値を求めよ。
　　　　　　　　　　　　　＜東京都立墨田川高等学校＞

11 $x = \sqrt{5} + 3$, $y = \sqrt{5} - 3$ のとき，$xy^2 - x^2 y$ の値を求めよ。
　　　　　　　　　　　　　　　　　　　　　＜京都府＞

12 $\sqrt{11}$ の整数部分を a，小数部分を b とするとき，$a^2 - b^2 - 6b$ の値を求めなさい。
　　　　　　　　　　　　　　　　　　　　　＜埼玉県＞

13 a は正の数とする。次の文字式のうち，式の値が a の値よりも小さくなる文字式はどれか。次のア～エからすべて選び，その記号を書け。

　ア　$a + \left(-\dfrac{1}{2}\right)$　　イ　$a - \left(-\dfrac{1}{2}\right)$

　ウ　$a \times \left(-\dfrac{1}{2}\right)$　　エ　$a \div \left(-\dfrac{1}{2}\right)$
　　　　　　　　　　　　　　　　　　　　　＜高知県＞

§5　平方根の計算

次の1～75について，計算をしなさい。ただし，24については，問題の指示に従い答えなさい。

1 $\sqrt{2} \times \sqrt{14}$ 〈北海道〉

2 $\sqrt{8} - \sqrt{18}$ 〈福島県〉

3 $\sqrt{5} + \sqrt{45}$ 〈大阪府〉

4 $\sqrt{28} - \sqrt{7}$ 〈北海道〉

5 $\sqrt{50} + \sqrt{2}$ 〈福島県〉

6 $5\sqrt{3} - \sqrt{27}$ 〈徳島県〉

7 $\sqrt{7} + \sqrt{28}$ 〈大阪府〉

8 $\sqrt{3} \times \sqrt{8}$ 〈徳島県〉

9 $4\sqrt{3} + \sqrt{12}$ 〈沖縄県〉

10 $\sqrt{18} - \dfrac{4}{\sqrt{2}}$ 〈大分県〉

11 $\sqrt{\dfrac{3}{2}} - \dfrac{\sqrt{54}}{2}$ 〈青森県〉

12 $6\sqrt{2} - \sqrt{18} + \sqrt{8}$ 〈鳥取県〉

13 $\sqrt{48} - \sqrt{3} + \sqrt{12}$ 〈和歌山県〉

14 $\sqrt{50} + \sqrt{8} - \sqrt{18}$ 〈宮崎県〉

15 $\sqrt{45} - \sqrt{5} + \dfrac{10}{\sqrt{5}}$ ＜新潟県＞

16 $\sqrt{54} - 2\sqrt{3} \div \sqrt{2}$ ＜石川県＞

17 $\sqrt{8} - 3\sqrt{6} \times \sqrt{3}$ ＜山梨県＞

18 $\sqrt{48} - 3\sqrt{2} \times \sqrt{24}$ ＜京都府＞

19 $\dfrac{8}{\sqrt{12}} + \sqrt{50} \div \sqrt{6}$ ＜高知県＞

20 $\sqrt{30} \div \sqrt{5} + \sqrt{54}$ ＜熊本県＞

21 $\sqrt{6} \times \sqrt{2} + \dfrac{3}{\sqrt{3}}$ ＜大分県＞

22 $\dfrac{12}{\sqrt{6}} + \sqrt{42} \div \sqrt{7}$ ＜千葉県＞

23 $3 \div \sqrt{6} \times \sqrt{8}$ ＜東京都＞

24 $(\sqrt{5} - \sqrt{2})(\sqrt{20} + \sqrt{8})$ を計算した結果として正しいものを，次のアからエまでの中から一つ選びなさい。

　　ア　6　　　イ　$4\sqrt{5}$　　　ウ　$2\sqrt{21}$　　　エ　14

＜愛知県＞

25 $(\sqrt{7} - 2)(\sqrt{7} + 3) - \sqrt{28}$ ＜山形県＞

26 $(2 - \sqrt{5})^2$ ＜大阪府＞

27 $(\sqrt{2} - 1)^2$ ＜佐賀県＞

28 $(2\sqrt{3} - 1)^2$ ＜千葉県＞

29 $(\sqrt{6} - 1)(2\sqrt{6} + 9)$ ＜東京都＞

30 $(\sqrt{5} - \sqrt{3})^2$ ＜岐阜県＞

31 $(2\sqrt{5}+\sqrt{3})(2\sqrt{5}-\sqrt{3})$ 　　　　＜大阪府＞

32 $(\sqrt{6}-1)(\sqrt{6}+5)$ 　　　　＜山口県＞

33 $(\sqrt{5}+1)^2$ 　　　　＜佐賀県＞

34 $(\sqrt{6}+\sqrt{2})(\sqrt{6}-\sqrt{2})$ 　　　　＜鹿児島県＞

35 $(\sqrt{3}+\sqrt{2})^2$ 　　　　＜宮崎県＞

36 $(\sqrt{5}-\sqrt{3})(\sqrt{20}+\sqrt{12})$ 　　　　＜愛知県＞

37 $\dfrac{12}{\sqrt{6}}+3\sqrt{3}\times(-\sqrt{2})$ 　　　　＜高知県＞

38 $\dfrac{6+\sqrt{8}}{\sqrt{2}}+(2-\sqrt{2})^2$ 　　　　＜大阪府＞

39 $(\sqrt{6}-2)(\sqrt{6}+3)-\dfrac{4\sqrt{3}}{\sqrt{2}}$ 　　　　＜愛媛県＞

40 $\dfrac{\sqrt{2}}{2}-\dfrac{1}{3\sqrt{2}}$ 　　　　＜秋田県＞

41 $\dfrac{\sqrt{2}+1}{3}-\dfrac{1}{\sqrt{2}}$ 　　　　＜長崎県＞

42 $(\sqrt{6}+5)^2-5(\sqrt{6}+5)$ 　　　　＜神奈川県＞

43 $(\sqrt{18}+\sqrt{14})\div\sqrt{2}$ 　　　　＜福岡県＞

44 $\sqrt{6}\times2\sqrt{3}-5\sqrt{2}$ 　　　　＜新潟県＞

45 $(\sqrt{5}+3)(\sqrt{5}-2)$ 　　　　＜青森県＞

46 $\dfrac{\sqrt{10}}{\sqrt{2}}-(\sqrt{5}-2)^2$ 　　　　＜愛媛県＞

47 $(\sqrt{5}-1)(\sqrt{5}+4)$ 　　〈岩手県〉

48 $(\sqrt{5}+\sqrt{3})^2-9\sqrt{15}$ 　〈静岡県〉

49 $(3\sqrt{2}-\sqrt{5})(\sqrt{2}+\sqrt{5})$ 　〈三重県〉

50 $\sqrt{6}\times\sqrt{3}-\sqrt{8}$ 　〈茨城県〉

51 $\dfrac{1}{\sqrt{8}}\times4\sqrt{6}-\sqrt{27}$ 　〈京都府〉

52 $\sqrt{3}(\sqrt{15}+\sqrt{3})-\dfrac{10}{\sqrt{5}}$ 　〈大阪府〉

53 $\sqrt{12}+2\sqrt{6}\times\dfrac{1}{\sqrt{8}}$ 　〈石川県〉

54 $5\sqrt{6}-\sqrt{24}+\dfrac{18}{\sqrt{6}}$ 　〈鳥取県〉

55 $(2-\sqrt{6})^2+\sqrt{24}$ 　〈山形県〉

56 $\sqrt{24}-\dfrac{2\sqrt{3}}{\sqrt{2}}$ 　〈大分県〉

57 $\dfrac{9}{\sqrt{3}}-\sqrt{75}$ 　〈和歌山県〉

58 $\sqrt{7}(9-\sqrt{21})-\sqrt{27}$ 　〈静岡県〉

59 $(\sqrt{5}-\sqrt{2})(\sqrt{2}+\sqrt{5})$ 　〈青森県〉

60 $\sqrt{2}\times\sqrt{6}+\dfrac{9}{\sqrt{3}}$ 　〈広島県〉

61 $(\sqrt{5}+\sqrt{2})^2-(\sqrt{5}-\sqrt{2})^2$ 　〈愛知県〉

62 $(\sqrt{3}+\sqrt{2})(2\sqrt{3}+\sqrt{2})+\dfrac{6}{\sqrt{6}}$ 　〈愛媛県〉

63 $(\sqrt{3}+1)^2 - \dfrac{6}{\sqrt{3}}$ 　　　　　　　＜長崎県＞

64 $(\sqrt{3}-\sqrt{5})(5+\sqrt{15}) - \dfrac{6-2\sqrt{10}}{\sqrt{2}}$
＜東京都立八王子東高等学校＞

65 $\sqrt{\dfrac{25}{8}} - (3-\sqrt{5}) \div \dfrac{(\sqrt{5}-1)^2}{\sqrt{2}}$
＜東京都立西高等学校＞

66 $(\sqrt{6}-2)(\sqrt{3}+\sqrt{2}) + \dfrac{6}{\sqrt{2}}$ 　　　＜熊本県＞

67 $\dfrac{(\sqrt{11}-\sqrt{3})(\sqrt{6}+\sqrt{22})}{2\sqrt{2}} + \dfrac{(\sqrt{6}-3\sqrt{2})^2}{3}$
＜東京都立立川高等学校＞

68 $\sqrt{2}(\sqrt{3}-\sqrt{2})^2 - \dfrac{4(2-\sqrt{6})}{\sqrt{2}}$
＜東京都立青山高等学校＞

69 $\dfrac{\sqrt{3}-1}{\sqrt{2}} - \dfrac{1-\sqrt{2}}{\sqrt{3}} - \dfrac{\sqrt{3}-\sqrt{2}-1}{\sqrt{6}}$
＜東京都立国立高等学校＞

70 $\dfrac{5\{(\sqrt{8}+\sqrt{3})^2 - (\sqrt{8}-\sqrt{3})^2\}}{3\sqrt{3}} \div 7\sqrt{8}$
＜東京都立青山高等学校＞

71 $-\left(\dfrac{\sqrt{6}-\sqrt{3}}{3}\right)^2 - \dfrac{2}{9}\sqrt{3} \div \left(-\sqrt{\dfrac{2}{3}}\right)$
＜東京都立国立高等学校＞

72 $(\sqrt{12}+0.5)\left(\dfrac{8}{\sqrt{2}}-3\right) + 4\sqrt{3}(1.5-\sqrt{8}) + \dfrac{3}{2}$
＜東京都立新宿高等学校＞

73 $\dfrac{5(\sqrt{5}+\sqrt{2})(\sqrt{15}-\sqrt{6})}{\sqrt{3}} + \dfrac{(\sqrt{3}+\sqrt{7})^2}{2}$
＜東京都立立川高等学校＞

74 $\left(-\dfrac{2}{\sqrt{6}}\right)^3 - \dfrac{4}{\sqrt{24}} \div \dfrac{18}{\sqrt{6}-12}$
＜東京都立西高等学校＞

75 $\left(\dfrac{\sqrt{6}+2}{\sqrt{2}}\right)\left(\dfrac{\sqrt{2}-\sqrt{3}}{3}\right)$
＜東京都立八王子東高等学校＞

§6 平方根の性質

1 次のア～エで，正しいものは □ である。ア～エのうちから1つ選び，記号で答えなさい。

　ア　$\sqrt{10}$ は9より大きい

　イ　6の平方根は $\sqrt{6}$ だけである

　ウ　面積が2の正方形の1辺の長さは $\sqrt{2}$ である

　エ　$\sqrt{16}$ は ±4 である

<沖縄県>

2 次のア～エの数のうち，無理数であるものはどれですか。一つ選び，記号を○で囲みなさい。

　ア　$\dfrac{1}{3}$　　イ　$\sqrt{2}$　　ウ　0.2　　エ　$\sqrt{9}$

<大阪府>

3 根号を使って表した数について述べた文として適切なものを，次のア～エの中から1つ選び，その記号を書きなさい。ただし，$0 < a < b$ とする。

　ア　$\sqrt{a} < \sqrt{b}$ である。

　イ　$\sqrt{a} + \sqrt{b} = \sqrt{a+b}$ である。

　ウ　$\sqrt{(-a)^2} = -a$ である。

　エ　a の平方根は $\sqrt{a}$ である。

<青森県>

4 次の数の大小を，不等号を使って表しなさい。

　4，$\sqrt{10}$

<秋田県>

5 $a < \sqrt{30}$ となる自然数 a のうち，最も大きいものを求めなさい。

<徳島県>

6 $\sqrt{5} < n < \sqrt{11}$ となるような自然数 n の値は，$n = $ □ である。

<沖縄県>

7 次の二つの条件を同時に満たす自然数 n の値を求めなさい。

　・$4 < \sqrt{n} < 5$ である。

　・$\sqrt{6n}$ の値は自然数である。

<大阪府>

8 $\sqrt{10-n}$ が正の整数となるような正の整数 n の値をすべて求めなさい。

<栃木県>

9 $\sqrt{\dfrac{20}{n}}$ の値が自然数となるような自然数 n を，すべて求めなさい。

<和歌山県>

10 n を2けたの自然数とするとき，$\sqrt{300-3n}$ の値が偶数となる n の値をすべて求めなさい。

<大阪府>

11 n を自然数とする。$n \leqq \sqrt{x} \leqq n+1$ を満たす自然数 x の個数が100であるときの n の値を求めなさい。

<大阪府>

§7 文字と式

1 1本 x 円の鉛筆を3本買うのに，1000円札を1枚出したら，おつりは y 円でした。
このときの数量の間の関係を，等式で表しなさい。
ただし，消費税は考えないものとします。
<岩手県>

2 ある数 x を3倍した数は，ある数 y から4をひいて5倍した数より小さい。これらの数量の関係を不等式で表しなさい。
<富山県>

3 縦が x cm，横が y cm の長方形がある。このとき，$2(x+y)$ は長方形のどんな数量を表しているか，書きなさい。
<青森県>

4 桃の果汁が31％の割合で含まれている飲み物がある。この飲み物 a mL に含まれている桃の果汁の量は何 mL か，a を使った式で表しなさい。
<福島県>

5 水 4 L が入っている加湿器がある。この加湿器を使い続けると水がなくなるまでに x 時間かかるとする。このときの，1時間当たりの水の減る量を y mL とする。y を x の式で表しなさい。
<静岡県>

6 130人の生徒が1人 a 円ずつ出して，1つ b 円の花束を5つと，1本150円のボールペンを5本買って代金を払うと，おつりがあった。このとき，数量の関係を不等式で表しなさい。
<新潟県>

7 ある動物園の入園料は，おとな1人が a 円，子ども1人が b 円である。
このとき，入園料についての不等式「$4a+5b \leqq 7000$」はどんなことを表しているか，**入園料**という語句を用いて説明しなさい。
<鳥取県>

8 a 個のチョコレートを1人に8個ずつ b 人に配ると5個あまった。これらの数量の関係を等式で表しなさい。
<富山県>

9 右の図のように，1辺の長さが 5 cm の正三角形の紙を，その一部が重なるように，横一列に3枚並べて図形をつくる。このとき，重なる部分は，すべて1辺の長さが a cm の正三角形となるようにする。図の太線は，図形の周囲を表している。太線で表した図形の周囲の長さを，a を用いた式で表しなさい。

<秋田県>

10 T さんが自宅から公園まで，毎時 4 km の速さで歩くと，到着するまでにかかった時間は30分であった。T さんが自宅から公園まで同じ道を，自転車に乗って毎時 a km の速さで移動するとき，到着するまでにかかる時間は何分か。a を使った式で表しなさい。ただし，T さんが歩く速さと，自転車に乗って移動する速さはそれぞれ一定であるとする。
<山口県>

§8 一次方程式

1 一次方程式 $7x = x + 3$ を，次の**解き方**のように解いた。このとき，**解き方**の①の式から②の式へ変形してよい理由として，最も適切なものを，あとのア〜エからひとつ選び，記号で答えなさい。

ただし，$\boxed{a}$ には方程式の解が入るが，解を求める必要はない。

解き方

$$
\begin{array}{l}
7x = x + 3 \\
7x - x = 3 \\
6x = 3 \quad \cdots ① \\
x = \boxed{a} \quad \cdots ②
\end{array}
$$

ア ①の式の両辺から3をひいても等式は成り立つから，②の式へ変形してよい。
イ ①の式の両辺から6をひいても等式は成り立つから，②の式へ変形してよい。
ウ ①の式の両辺を3でわっても等式は成り立つから，②の式へ変形してよい。
エ ①の式の両辺を6でわっても等式は成り立つから，②の式へ変形してよい。

＜鳥取県＞

2 一次方程式 $3x - 7 = 8 - 2x$ を解きなさい。
＜熊本県＞

3 方程式 $7x - 2 = x + 1$ を解きなさい。
＜埼玉県＞

4 一次方程式 $5x + 8 = 3x - 4$ を解きなさい。
＜熊本県＞

5 方程式 $3x + 2 = 5x - 6$ を解きなさい。
＜埼玉県＞

6 一次方程式 $4(x + 8) = 7x + 5$ を解け。
＜東京都＞

7 一次方程式 $-4x + 2 = 9(x - 7)$ を解け。
＜東京都＞

8 一次方程式 $5x - 7 = 9(x - 3)$ を解け。
＜東京都＞

9 方程式 $0.16x - 0.08 = 0.4$ を解け。
＜京都府＞

10 方程式 $\dfrac{3}{2}x + 1 = 10$ を解きなさい。
＜秋田県＞

11 方程式 $1.3x + 0.6 = 0.5x + 3$ を解きなさい。
＜埼玉県＞

12 一次方程式 $\dfrac{5 - 3x}{2} - \dfrac{x - 1}{6} = 1$ を解きなさい。
＜鳥取県＞

13 方程式 $\dfrac{5x - 2}{4} = 7$ を解きなさい。
＜秋田県＞

14 比例式 $3:8=x:40$ が成り立つとき，$x=\boxed{}$ である。

<沖縄県>

15 x についての方程式 $3x+2a=5-ax$ の解が $x=2$ であるとき，a の値を求めなさい。

<大分県>

16 次の等式を r について解きなさい。
$$l=2\pi r$$

<青森県>

17 等式 $3x+2y-4=0$ を y について解きなさい。

<福島県>

18 次の等式を〔　〕内の文字について解きなさい。
$$3x+7y=21 \quad 〔x〕$$

<滋賀県>

19 等式 $4x+3y-8=0$ を y について解きなさい。

<和歌山県>

20 $a=\dfrac{2b-c}{5}$ を c について解きなさい。

<栃木県>

21 三角すいの底面積を S，高さを h，体積を V とすると，$V=\dfrac{1}{3}Sh$ と表される。この等式を h について解け。

<愛媛県>

22 ある中学校の生徒30人の通学時間を調べたところ，自転車で通学する23人の通学時間の平均値は a 分，徒歩で通学する7人の通学時間の平均値は b 分，生徒全員の通学時間の平均値は14分であった。このとき，b を a の式で表しなさい。

<高知県>

§9 連立方程式

次の1〜25について，連立方程式を解きなさい。ただし，
22〜25については，問題の指示に従い答えなさい。

1 $\begin{cases} x - 3y = 10 \\ 5x + 3y = 14 \end{cases}$ 　〈大阪府〉

2 $\begin{cases} 5x + 2y = -5 \\ 3x - 2y = 13 \end{cases}$ 　〈大阪府〉

3 連立方程式 $\begin{cases} 2x + y = 5 \\ x - 2y = 5 \end{cases}$ の解は，$x = \boxed{}$，

$y = \boxed{}$ である。

〈沖縄県〉

4 $\begin{cases} 2x + y = 5 \\ x - 4y = 7 \end{cases}$ 　〈秋田県〉

5 $\begin{cases} 3x + 5y = 2 \\ -2x + 9y = 11 \end{cases}$ 　〈埼玉県〉

6 $\begin{cases} 2x + 3y = 1 \\ 8x + 9y = 7 \end{cases}$ 　〈東京都〉

7 $\begin{cases} x + 3y = 21 \\ 2x - y = 7 \end{cases}$ 　〈新潟県〉

8 $\begin{cases} 3x + y = 8 \\ x - 2y = 5 \end{cases}$ 　〈鹿児島県〉

9 $\begin{cases} 2x + 5y = -2 \\ 3x - 2y = 16 \end{cases}$ 　〈富山県〉

10 $\begin{cases} y = x - 6 \\ 3x + 4y = 11 \end{cases}$ 　〈宮崎県〉

11 $\begin{cases} 2x + y = 11 \\ y = 3x + 1 \end{cases}$ 　〈北海道〉

12 $\begin{cases} x = 4y + 1 \\ 2x - 5y = 8 \end{cases}$ 　〈東京都〉

13 $\begin{cases} x + 3y = 1 \\ y = 2x - 9 \end{cases}$ 　〈富山県〉

14 $\begin{cases} 4x + 3y = -7 \\ 3x + 4y = -14 \end{cases}$ 　〈京都府〉

15 $\begin{cases} 2x + 4y = 3 \\ \dfrac{3}{10}x - \dfrac{1}{2}y = 1 \end{cases}$

　　　　　　　　　　＜東京都立国立高等学校＞

16 $\begin{cases} 1 - x = \dfrac{2}{3}y \\ \dfrac{1}{2}x = 1 - y \end{cases}$

　　　　　　　　　　＜東京都立新宿高等学校＞

17 $\begin{cases} x + y = 9 \\ 0.5x - \dfrac{1}{4}y = 3 \end{cases}$ 　　　＜秋田県＞

18 $\begin{cases} 14x + 3y = 17.5 \\ 3x + 2y = \dfrac{69}{7} \end{cases}$

　　　　　　　　　　＜東京都立立川高等学校＞

19 $\begin{cases} 3x + 2y = -2 \\ \dfrac{1}{2}x - \dfrac{2}{3}y = \dfrac{7}{6} \end{cases}$ 　＜東京都立国立高等学校＞

20 $\begin{cases} \dfrac{7}{8}x + 1.5y = 1 \\ \dfrac{2x - 5y}{3} = 12 \end{cases}$

　　　　　　　　　　＜東京都立立川高等学校＞

21 $\begin{cases} 0.3x + 0.1y = 0.4 \\ \dfrac{4x + y}{9} = \dfrac{2}{3} \end{cases}$

　　　　　　　　　　＜東京都立墨田川高等学校＞

22 方程式 $x - 16y + 10 = 5x - 14 = -8y$ を解きなさい。

　　　　　　　　　　＜大阪府＞

23 次の連立方程式を解きなさい。　　＜滋賀県＞
$$2x + y = 5x + 3y = -1$$

24 $x,\ y$ についての連立方程式
$$\begin{cases} -ax + 3y = 2 \\ 2bx + ay = -1 \end{cases}$$
の解が $x = 1,\ y = -1$ であるとき，$a,\ b$ の値を求めなさい。
　　　　　　　　　　＜千葉県＞

25 $x,\ y$ についての連立方程式Ⓐ，Ⓑがある。連立方程式Ⓐ，Ⓑの解が同じであるとき，$a,\ b$ の値を求めなさい。

Ⓐ $\begin{cases} -x - 5y = 7 \\ ax + by = 9 \end{cases}$　　Ⓑ $\begin{cases} 2bx + ay = 8 \\ 3x + 2y = 5 \end{cases}$

　　　　　　　　　　＜千葉県＞

§10 因数分解

次の1～25について，因数分解をしなさい。

1 $x^2 + 5x - 6$ <鳥取県>

2 $x^2 - x - 12$ <三重県>

3 $x^2 + 10x + 24$ <岩手県>

4 $x^2 - 5x + 4$ <三重県>

5 $x^2 + 2x - 35$ <佐賀県>

6 $x^2 - 6x + 9$ <茨城県>

7 $x^2 - 11x + 30$ <埼玉県>

8 $x^2 - 2x - 24$ <滋賀県>

9 $x^2 + 7x - 18$ <埼玉県>

10 $x^2 - 8x + 12$ <愛媛県>

11 $x^2 - 5x - 14$ <岩手県>

12 $x^2 - x - 20$ <埼玉県>

13 $x^2 - 5x - 6$ <佐賀県>

14 $x^2 - 16y^2$ <群馬県>

15 $9x^2 - 12x + 4$ ＜兵庫県＞

16 $ax^2 - 9a$ ＜鳥取県＞

17 $x^2 - 4y^2$ ＜兵庫県＞

18 $4x^2 - 9y^2$ ＜愛媛県＞

19 $3x^2 - 6x - 45$ ＜青森県＞

20 $x^2y - 4y$ ＜広島県＞

21 $(x+1)(x-8) + 5x$ ＜愛知県＞

22 $8a^2b - 18b$ ＜高知県＞

23 $(x+5)(x-2) - 3(x-3)$ ＜愛知県＞

24 $(x+3)^2 - 2(x+3) - 24$ ＜鹿児島県＞

25 $2(a+b)^2 - 8$ ＜大阪府＞

§11 二次方程式

次の1～53について，二次方程式を解きなさい。ただし，10，41，48～53については，問題の指示に従い答えなさい。

1 $x^2 + 5x - 6 = 0$ 　　　　〈広島県〉

2 $x^2 - 8x + 15 = 0$ 　　　　〈大阪府〉

3 $x^2 - 2x - 35 = 0$ 　　　　〈大阪府〉

4 $x^2 - 11x + 18 = 0$ 　　　　〈大阪府〉

5 $x^2 - 14x + 49 = 0$ 　　　　〈徳島県〉

6 $x^2 - 4x - 21 = 0$ 　　　　〈大阪府〉

7 $9x^2 = 5x$ 　　　　〈宮崎県〉

8 $x^2 + 3x + 2 = 0$ 　　　　〈秋田県〉

9 $x^2 + 5x - 14 = 0$ 　　　　〈和歌山県〉

10 2次方程式 $x^2 + 2x - 14 = 0$ の解を求めなさい。ただし，「$(x + ▲)^2 = ●$」の形に変形して平方根の考え方を使って解き，解を求める過程がわかるように，途中の式も書くこと。 　　　　〈高知県〉

11 $(x - 3)^2 = 9$ 　　　　〈岐阜県〉

12 $(x + 1)^2 = 72$ 　　　　〈京都府〉

13 $3x^2 - 36 = 0$ 　　　　〈徳島県〉

14 $(x - 2)^2 - 5 = 0$ 　　　　〈長崎県〉

15　$x^2 - 7x + 11 = 0$　　　　＜岩手県＞

16　$x^2 + 4x + 1 = 0$　　　　＜栃木県＞

17　$x^2 + 5x + 3 = 0$　　　　＜群馬県＞

18　$x^2 + 3x - 5 = 0$　　　　＜広島県＞

19　$3x^2 - 5x - 1 = 0$　　　　＜埼玉県＞

20　$2x^2 - 3x - 6 = 0$　　　　＜東京都＞

21　$2x^2 - 5x + 1 = 0$　　　　＜埼玉県＞

22　$x^2 + 7x = 2x + 24$　　　　＜静岡県＞

23　$x^2 + 3x + 1 = 0$　　　　＜岩手県＞

24　$x^2 + 9x + 7 = 0$　　　　＜千葉県＞

25　$(x + 8)^2 = 2$　　　　＜東京都＞

26　$x^2 - 7x - 18 = 0$　　　　＜山梨県＞

27　$x^2 - x - 1 = 0$　　　　＜鳥取県＞

28　$x^2 - 10x = -21$　　　　＜宮崎県＞

29　$(x - 2)(x + 2) = x + 8$　　　　＜福岡県＞

30　$x(x - 3) = 5(x - 3)$　　　　＜東京都立墨田川高等学校＞

31 $(x-2)^2 = 25$ 　　　　　　　〈富山県〉

32 $(x-2)^2 = 7(x-2)+30$
〈東京都立立川高等学校〉

33 $(x+3)^2 + 5 = 6(x+3)$
〈東京都立国立高等学校〉

34 $3(3-x) = 2(x-2)^2$
〈東京都立八王子東高等学校〉

35 $(5x-2)^2 - 2(5x-2) - 3 = 0$ 　〈埼玉県〉

36 $(2x-3)^2 = 4x-3$
〈東京都立墨田川高等学校〉

37 $(2x+1)^2 - 7(2x+1) = 0$ 　　〈埼玉県〉

38 $(x+2)(x-3) = (2x+4)(3x-5)$
〈東京都立新宿高等学校〉

39 $4(x-1)^2 + 5(x-1) - 1 = 0$
〈東京都立八王子東高等学校〉

40 $5(2-x) = (x-4)(x+2)$ 　　〈愛知県〉

41 2次方程式 $(x-7)(x+2) = -9x-13$ を解きなさい。解き方も書くこと。
〈山形県〉

42 $(x-2)(x-3) = 38 - x$ 　　〈静岡県〉

43 $(x-4)(x+2) = 3x-2$ 　　〈高知県〉

44 $(x+6)(x-5) = 9x-10$ 　　〈福岡県〉

45 $(x+3)(x-3) = x$ 　　　　〈熊本県〉

46 $\frac{1}{2}(2x-3)^2 + \frac{1}{3}(3-2x) = \frac{1}{6}$
〈東京都立西高等学校〉

47 $(2x+1)^2 - 3x(x+3) = 0$ ＜愛知県＞

48 2次方程式 $x^2 + ax - 8 = 0$ について，次の(1), (2) の問いに答えなさい。
(1) $a = -1$ のとき，2次方程式を解きなさい。
(2) $x = 1$ が2次方程式の1つの解であるとき，
　(ア) a の値を求めなさい。
　(イ) 他の解を求めなさい。
＜岐阜県＞

49 x についての2次方程式 $x^2 - 8x + 2a + 1 = 0$ の解の1つが $x = 3$ であるとき，a の値を求めなさい。また，もう1つの解を求めなさい。
＜栃木県＞

50 次の □ にあてはまる数を求めなさい。

> 二次方程式 $x^2 - 2x + a = 0$ の解の1つが $1 + \sqrt{5}$ であるとき，$a = \boxed{}$ である。

＜山口県＞

51 x についての2次方程式 $x^2 + 24x + p = 0$ を解くと，1つの解はもう1つの解の3倍となった。p の値を求めよ。
＜東京都立立川高等学校＞

52 x についての2次方程式 $x^2 + 3ax + a^2 - 7 = 0$ がある。$a = -1$ のとき，この2次方程式を解きなさい。
＜茨城県＞

53 a を0でない定数とする。x の二次方程式 $ax^2 + 4x - 7a - 16 = 0$ の一つの解が $x = 3$ であるとき，a の値を求めなさい。また，この方程式のもう一つの解を求めなさい。
＜大阪府＞

§12　文章題

① 条件から方程式をつくる

1 太郎さんは庭に，次の2つの条件 ①，② を満たすような長方形の花だんを作ることにした。

（条件）
① 横の長さは，縦の長さより 5 m 長い。
② 花だんの面積は，24 m² である。

縦の長さを x m として方程式をつくると，次のようになる。

　　 ア ＝ 24

したがって，この方程式を解くと，$x =$ イ ，ウ となる。

$x =$ イ は，縦の長さとしては適していないから，縦の長さは ウ m である。

このとき，上の ア には当てはまる式を， イ ， ウ には当てはまる数を，それぞれ書きなさい。

〈茨城県〉

2 三角形と長方形がある。三角形は高さが底辺の長さの 3 倍であり，長方形は横の長さが縦の長さよりも 2 cm 長い。

このとき，(ア)〜(ウ)の各問いに答えなさい。

(ア) 長方形の縦の長さが 3 cm のとき，長方形の面積を求めなさい。

(イ) 三角形の面積が 6 cm² のとき，三角形の底辺の長さを求めなさい。

(ウ) 三角形の底辺の長さと，長方形の縦の長さが等しいとき，三角形の面積が長方形の面積より 6 cm² 大きくなった。

このとき，三角形の底辺の長さを求めなさい。

ただし，三角形の底辺の長さを x cm として x についての方程式をつくり，答えを求めるまでの過程も書きなさい。

〈佐賀県〉

3 ゆうさんたちの学級では，数学の授業で次の〔問題〕に取り組んだ。あとの【ゆうさんのノート】と【りくさんのノート】は，ゆうさんとりくさんがこの問題を正しく解いたノートの一部である。このことについて，次の(1)〜(3)の問いに答えなさい。

〔問題〕

縦が 14 m，横が 18 m の長方形の土地に，右の図のように，同じ幅の道を縦と横につくり，残りの土地を畑にすることにした。畑の面積が 192 m² となるようにするには，道幅を何 m にすればよいか。

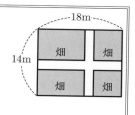

【ゆうさんのノート】

〔解答〕

右の図のように，道を動かしても，畑の面積は変わらない。

道幅を x m とすると，道を動かした畑の，縦の長さと横の長さは，（ ア ）m，（ イ ）m と，それぞれ x を使って表すことができる。

よって，方程式をつくると

（ ア ）（ イ ）＝ 192

$ax^2 + bx + c = 0$ の形にすると

　　 X ＝ 0

Y

【りくさんのノート】

〔解答〕

道幅を x m とすると，縦方向の道の面積と横方向の道の面積は， ウ m²， エ m² と，それぞれ x を使って表すことができる。

また，縦方向の道と横方向の道が重なる部分の面積は x^2 m² となるので，道の面積の合計は，
（ ウ ＋ エ $- x^2$）m² となる。

よって，方程式をつくると

$14 × 18 -$（ ウ ＋ エ $- x^2$）＝ 192

$ax^2 + bx + c = 0$ の形にすると

　　 X ＝ 0

Y

(1) 【ゆうさんのノート】の ア ， イ に当てはまる文字式を，それぞれ書きなさい。

(2) 【りくさんのノート】の ウ ， エ に当てはまる文字式を，それぞれ書きなさい。

(3) 【ゆうさんのノート】と【りくさんのノート】の X には同じ文字式が入り， Y には言葉と式を

使って書いた解答の続きが入る。 X に当てはまる
文字式と， Y に入る内容を書き，解答を完成させ
なさい。

〈高知県〉

4 次の問題について，あとの問いに答えなさい。

〔問題〕
　ある洋菓子店で
は，お菓子を箱に
入れた商品 A, B,
C を，それぞれ
作っています。右

表

	商品A	商品B	商品C
ドーナツ(個)	8	0	12
クッキー(個)	0	12	15

の表は，それぞれの商品に入っているお菓子の種類と
個数を示したものです。この洋菓子店では，商品 A, B,
C を合わせて 40 箱作り，そのうち，商品 C は 10 箱作
りました。また，40 箱の商品を作るために使ったお菓
子の個数は，ドーナツのほうが，クッキーより 50 個
少なくなりました。40 箱の商品を作るために使った
ドーナツは何個ですか。

(1) この問題を解くのに，方程式を利用することが考え
　られる。どの数量を文字で表すかを示し，問題にふく
　まれる数量の関係から，1 次方程式または連立方程式
　のいずれかをつくりなさい。
(2) 40 箱の商品を作るために使ったドーナツの個数を
　求めなさい。

〈山形県〉

5 ある中学校で地域の清掃活動を行うために，生徒 200
　人が 4 人 1 組または 5 人 1 組のグループに分かれた。
ごみ袋を配るとき，1 人 1 枚ずつに加え，グループごとの
予備として 4 人のグループには 2 枚ずつ，5 人のグループ
には 3 枚ずつ配ったところ，配ったごみ袋は全部で 314 枚
であった。
　このとき，4 人のグループの数と 5 人のグループの数を
それぞれ求めなさい。
　求める過程も書きなさい。

〈福島県〉

6 チョコレートが何個かと，それを入れるための箱が何
　個かある。1 個の箱にチョコレートを 30 個ずつ入れ
たところ，すべての箱にチョコレートを入れてもチョコ
レートは 22 個余った。そこで，1 個の箱にチョコレート
を 35 個ずつ入れていったところ，最後の箱はチョコレー
トが 32 個になった。
　このとき，箱の個数を求めなさい。

〈茨城県〉

7 紅茶が 450 mL，牛乳が 180 mL ある。紅茶と牛乳を
　5 : 3 の割合で混ぜて，ミルクティーをつくる。紅茶
を全部使ってミルクティーをつくるには，牛乳はあと何
mL 必要か，求めなさい。

〈秋田県〉

8 ある動物園の入園料は，大人 1 人 500 円，子ども 1 人
　300 円である。昨日の入園者数は，大人と子どもを合
わせて 140 人であった。今日の大人と子どもの入園者数は，
昨日のそれぞれの入園者数と比べて，大人の入園者数が
10％減り，子どもの入園者数が 5％増えた。また，今日の
大人と子どもの入園料の合計は 52200 円となった。
　次の　　　　　は，今日の大人の入園者数と，今日の子ど
もの入園者数を連立方程式を使って求めたものである。
　① ～ ⑥ に，それぞれあてはまる適切なこと
がらを書き入れなさい。

昨日の大人の入園者数を x 人，昨日の子どもの入園者
数を y 人とすると，
$$\begin{cases} \boxed{①} = 140 \\ \boxed{②} = 52200 \end{cases}$$
これを解くと，$x = \boxed{③}$ ，$y = \boxed{④}$
このことから，今日の大人の入園者数は ⑤ 人，
今日の子どもの入園者数は ⑥ 人となる。

〈三重県〉

9 A 中学校と B 中学校の合計 45 人のバレーボール部員
　が，3 日間の合同練習をすることになった。練習場所
の近くには山と海があり，最終日のレクリエーションの時
間にどちらに行きたいか希望調査をしたところ，下の [表
1]，[表 2] のような結果になった。
　ただし，山または海の希望は，45 人の部員全員がどち
らか一方だけを希望したものとする。

[表1] 山または海の希望者数

	希望者数
山	14人
海	31人

[表2] 中学校ごとの山または海の
希望者の割合

	A中学校	B中学校
山	20%	40%
海	80%	60%

このとき，(ア)，(イ)の問いに答えなさい。
(ア) 2 校のバレーボール部員の人数をそれぞれ求めるため
　に，A 中学校バレーボール部員の人数を x 人，B 中学
　校バレーボール部員の人数を y 人として，次のような連
　立方程式をつくった。
　このとき， ① にあてはまる式と ② にあて
　はまる方程式を，x，y を用いてそれぞれ表しなさい。
$$\begin{cases} \boxed{①} = 45 \\ \boxed{②} \end{cases}$$
(イ) A 中学校バレーボール部員の人数と，B 中学校バレー
　ボール部員の人数をそれぞれ求めなさい。

〈佐賀県〉

10 右の表は, ドーナツとクッキーをそれぞれ1個作るのに必要な材料のうち, 小麦粉とバターの量を表したものである。表をもとに, ドーナツ x 個, クッキー y 個を作ったところ, 小麦粉 380 g, バター 75 g を使用していた。x, y についての連立方程式をつくり, ドーナツとクッキーをそれぞれ何個作ったか, 求めなさい。

<　青森県>

	小麦粉	バター
ドーナツ1個	26g	1.5g
クッキー1個	8g	4g

11 かすみさんは1週間に1回, 50円硬貨か500円硬貨のどちらか1枚を貯金箱へ入れて貯金することにしました。

100回貯金を続けたところで, 貯金箱を割らずに貯金した金額を調べようと考え, 重さを量ったところ貯金箱全体の重さは 804 g ありました。50円硬貨1枚の重さは 4 g で, 500円硬貨1枚の重さは 7 g です。また, 貯金箱だけの重さは 350 g で, 貯金を始める前の貯金箱には硬貨が入っていませんでした。

このとき, かすみさんが貯金した金額を求めなさい。

ただし, 用いる文字が何を表すかを示して方程式をつくり, それを解く過程も書くこと。

<　岩手県>

12 次の問題について, あとの問いに答えなさい。

〔問題〕
　陽子さんの住む町の面積は 630 km^2 であり, A地区とB地区の2つの地区に分かれています。陽子さんが町の森林について調べたところ, A地区の面積の70%, B地区の面積の90%が森林であり, 町全体の森林面積は 519 km^2 でした。このとき, A地区の森林面積は何 km^2 ですか。

(1) この問題を解くのに, 方程式を利用することが考えられる。どの数量を文字で表すかを示し, 問題にふくまれる数量の関係から, 1次方程式または連立方程式のいずれかをつくりなさい。
(2) A地区の森林面積を求めなさい。

<　山形県>

13 そうたさんとゆうなさんが, 次の<ルール>にしたがい, 1枚の重さ 5 g のメダルA, 1枚の重さ 4 g のメダルBをもらえるじゃんけんゲームを行った。

<ルール>
(1) じゃんけんの回数
　○ 30回とする。
　○ あいこになった場合は, 勝ち負けを決めず, 1回と数える。
(2) 1回のじゃんけんでもらえるメダルの枚数
　○ 勝った場合は, メダルAを2枚, 負けた場合は, メダルBを1枚もらえる。
　○ あいこになった場合は, 2人ともメダルAを1枚, メダルBを1枚もらえる。

ゲームの結果, あいこになった回数は8回であった。
また, そうたさんが, 自分のもらったすべてのメダルの重さをはかったところ, 232 g であった。
このとき, そうたさんとゆうなさんがじゃんけんで勝った回数をそれぞれ求めなさい。
求める過程も書きなさい。

<　福島県>

14 ある観光地で, 大人2人と子ども5人がロープウェイに乗車したところ, 運賃の合計は 3800 円であった。また, 大人5人と子ども10人が同じロープウェイに乗車したところ, 全員分の運賃が2割引となる団体割引が適用され, 運賃の合計は 6800 円であった。

このとき, 大人1人の割引前の運賃を x 円, 子ども1人の割引前の運賃を y 円として連立方程式をつくり, 大人1人と子ども1人の割引前の運賃をそれぞれ求めなさい。ただし, 途中の計算も書くこと。

<　栃木県>

15 A班の生徒と, A班より5人少ないB班の生徒で, 体育館にイスを並べた。A班の生徒はそれぞれ3脚ずつ並べ, B班の生徒はそれぞれ4脚ずつ並べたところ, A班の生徒が並べたイスの総数はB班の生徒が並べたイスの総数より3脚多かった。このとき, A班の生徒の人数を求めなさい。

　1. 12人　　2. 14人　　3. 17人　　4. 23人

<　神奈川県>

16 ある店では，とり肉
とぶた肉をそれぞれ
パック詰めして販売してい
る。右の表は，この店で販

100gあたりの販売価格（税抜き）	
とり肉	120円
ぶた肉	150円

売しているとり肉，ぶた肉それぞれ100g あたりの価格を
示したものである。

太郎さんは，この店でとり肉1パックと，ぶた肉2パッ
クを購入した。太郎さんが購入したぶた肉2パックの内容
量は等しく，とり肉とぶた肉の内容量はあわせて720g，
合計金額は1020円であった。

このとき，太郎さんが購入したとり肉1パックとぶた肉
1パックの内容量はそれぞれ何g か，方程式をつくって求
めなさい。なお，途中の計算も書くこと。ただし，消費税
は考えないものとする。

＜石川県＞

17 SさんとTさんは，インターネットを利用する機会
が増えたので，データ量や通信量に興味をもった。
次の(1)，(2)に答えなさい。

(1) Sさんのタブレット端末には，1枚3MB（メガバイト）
の静止画が a 枚，1本80MB の動画が b 本保存されて
おり，それらのデータ量の合計は500MB よりも小さ
かった。この数量の関係を不等式で表しなさい。なお，
MB とは，情報の量を表す単位である。

(2) SさんとTさんはそれぞれ，アプリケーションソフト
ウェア（以下，「アプリ」という。）PとQを使用した
ときの，インターネットの通信量を調べた。下の表はそ
の結果である。アプリP，Qはどちらも，使用時間と通
信量が比例することがわかっている。

	アプリPの使用時間	アプリQの使用時間	アプリPとアプリQの通信量の合計
Sさんの結果	20分	10分	198MB
Tさんの結果	5分	30分	66MB

このとき，アプリP の1分間あたりの通信量を x MB，
アプリQ の1分間あたりの通信量を y MB として連立
方程式をつくり，アプリP，Q の1分間あたりの通信量
をそれぞれ求めなさい。なお，MB とは，情報の量を表
す単位である。

＜山口県＞

18 中学生のみきさんたちは，職場体験活動を行った。
みきさんは，ゆうさんと一緒にスーパーマーケット
で活動することになり，野菜売り場の特設コーナーで袋詰
め作業や販売の手伝いをした。その日，特設コーナーでは，
玉ねぎ3個を1袋に入れて190円，じゃがいも6個を1袋
に入れて245円で販売した。次は，活動後の2人の会話の
一部である。(1)・(2)に答えなさい。ただし，消費税は考え
ないものとする。

みきさん	今日，特設コーナーでは，玉ねぎとじゃがいもが合わせて91袋売れ，その売上金額の合計は19380円だった，と店長さんが言っていましたね。
ゆうさん	はい。91袋売れたということですが，玉ねぎとじゃがいもは，それぞれ何個売れたのでしょうか。
みきさん	数量の関係から連立方程式をつくって求めてみましょう。

(1) 玉ねぎとじゃがいもが，それぞれ何個売れたかを求め
るために，みきさんとゆうさんは，それぞれ次のように
考えた。【みきさんの考え方】の　ア ・ イ ，【ゆ
うさんの考え方】の　ウ ・ エ にあてはまる式を，
それぞれ書きなさい。

【みきさんの考え方】

玉ねぎ3個を入れた袋が x 袋，じゃがいも6個を入れ
た袋が y 袋売れたとして，連立方程式をつくると，
$$\begin{cases} \boxed{\quad ア \quad} = 91 \\ \boxed{\quad イ \quad} = 19380 \end{cases}$$
これを解いて，問題にあっているかどうかを考え，そ
の解から，玉ねぎとじゃがいもが，それぞれ何個売れ
たかを求める。

【ゆうさんの考え方】

玉ねぎが x 個，じゃがいもが y 個売れたとして，連立
方程式をつくると，
$$\begin{cases} \boxed{\quad ウ \quad} = 91 \\ \boxed{\quad エ \quad} = 19380 \end{cases}$$
これを解いて，問題にあっているかどうかを考え，玉
ねぎとじゃがいもが，それぞれ何個売れたかを求める。

(2) 玉ねぎとじゃがいもは，それぞれ何個売れたか，求め
なさい。

＜徳島県＞

19 Aさんは，午後1時ちょうどに家を出発して
1500m 離れた公園に向かいました。はじめは毎分
50m の速さで歩いていましたが，途中から毎分90m の
速さで走ったところ，午後1時24分ちょうどに公園に着
きました。このとき，Aさんが走り始めた時刻を求めなさ
い。

＜埼玉県＞

20 下の〈問題〉について，次の各問いに答えなさい。

〈問題〉
　Ｐさんは家から 1200 m 離れた駅まで行くのに，はじめ分速 50 m で歩いていたが，途中から駅まで分速 90 m で走ったところ，家から出発してちょうど 20 分後に駅に着いた。Ｐさんが家から駅まで行くのに，歩いた道のりと，走った道のりを求めなさい。

　下の　　　は，まどかさんとかずとさんが，〈問題〉を解くために，それぞれの考え方で連立方程式に表したものである。

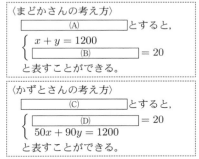

〈まどかさんの考え方〉
　　　(A)　　　とすると，
$$\begin{cases} x + y = 1200 \\ \boxed{\quad (B) \quad} = 20 \end{cases}$$
と表すことができる。

〈かずとさんの考え方〉
　　　(C)　　　とすると，
$$\begin{cases} \boxed{\quad (D) \quad} = 20 \\ 50x + 90y = 1200 \end{cases}$$
と表すことができる。

① 上の　(A)　〜　(D)　に，それぞれあてはまることがらはどれか，次のア〜コから最も適切なものを1つずつ選び，その記号を書きなさい。
ア．歩いた道のりを x m，走った道のりを y m
イ．歩いた時間を x 分，走った時間を y 分
ウ．$x + y$　　エ．$x - y$　　オ．$50x + 90y$
カ．$90x + 50y$　　キ．$\dfrac{50}{x} + \dfrac{90}{y}$　　ク．$\dfrac{90}{x} + \dfrac{50}{y}$
ケ．$\dfrac{x}{50} + \dfrac{y}{90}$　　コ．$\dfrac{x}{90} + \dfrac{y}{50}$

② Ｐさんが家から駅まで行くのに，歩いた道のりと走った道のりを，それぞれ求めなさい。

〈三重県〉

21 花子さんは，学校の遠足で動物園に行った。行きと帰りは同じ道を通り，帰りは途中にある公園で休憩した。

　行きは午前9時に学校を出発し，分速 80 m で歩いたところ，動物園に午前9時50分に着いた。帰りは午後2時に動物園を出発し，動物園から公園までは分速 70 m で歩いた。公園で 10 分間休憩し，公園から学校までは分速 60 m で歩いたところ，午後3時10分に学校に着いた。

　このとき，学校から公園までの道のりと，公園から動物園までの道のりは，それぞれ何 m であったか，方程式をつくって求めなさい。なお，途中の計算も書くこと。

　（学校）　　　（公園）　　　（動物園）

〈石川県〉

22 ユウさんとルイさんが，学校の【宿題】についてあとのような【会話】をしている。
　【会話】を踏まえて，(ア)〜(ウ)の各問いに答えなさい。

【宿題】
　連立方程式を利用して解く問題をつくりなさい。また，その問題を解くために利用する連立方程式をつくりなさい。

【会話】
ユウ：学校の【宿題】について，このように考えたよ。

【ユウさんがつくった問題】
　家から 1640 m 離れた学校へ行くために，はじめは歩いていましたが，遅刻しそうになったので，途中から分速 100 m で走りました。すると，家を出発して 22 分後に学校に着きました。
　このとき，歩いた道のりと，走った道のりをそれぞれ求めなさい。

【ユウさんがつくった連立方程式】
$$\begin{cases} x + y = 1640 \\ \dfrac{x}{60} + \dfrac{y}{100} = 22 \end{cases}$$

ルイ：【ユウさんがつくった連立方程式】では，何を x と y でそれぞれ表したの。
ユウ：歩いた　　①　　を x，走った　　①　　を y と表したよ。
ルイ：そうなんだね。けれども，【ユウさんがつくった問題】から【ユウさんがつくった連立方程式】はつくれるのかな。【ユウさんがつくった問題】には何かが足りない気がするけど。
ユウ：本当だ。歩いた速さは分速　　②　　m であることを書き忘れていたよ。
ルイ：そうか。歩いた速さを書き加えればいいね。そういえば，x と y で表すものを変えて，同じ問題から別の連立方程式をつくる学習をしたね。【ユウさんがつくった問題】に歩いた速さは分速　　②　　m であることを書き加えて，別の連立方程式をつくれないかな。
ユウ：歩いた　　③　　を x，走った　　③　　を y と表して連立方程式をつくれそうだ。このとき，連立方程式は，
$$\begin{cases} \boxed{\quad ④ \quad} = 1640 \\ \boxed{\quad ⑤ \quad} = 22 \end{cases}$$
になるよ。

(ア) 【会話】の中の　　①　　〜　　③　　にあてはまる語句や数の組み合わせとして正しいものを，下のア〜エの中から1つ選び，記号を書きなさい。
　ただし，道のりの単位は m とし，時間の単位は分とする。

	①	②	③
ア	道のり	60	時間
イ	道のり	100	時間
ウ	時間	60	道のり
エ	時間	100	道のり

(イ) 【会話】の中の　　④　　，　　⑤　　にあてはまる式を x，y を用いて表しなさい。

(ウ) 【会話】を踏まえて，歩いた道のりを求めなさい。

〈佐賀県〉

23 みのりさんは，ある店で 20 枚の DVD を借りることとにした。借りる DVD のうち 1 枚が新作の DVD で，残りは準新作と旧作の DVD である。

　これら 20 枚の DVD を下の【料金表】の料金で借りるとき，料金の合計がちょうど 2200 円になるようにしたい。
　準新作の DVD を借りる枚数を x 枚，旧作の DVD を借りる枚数を y 枚として，㋐〜㋓の各問いに答えなさい。

【料金表】

	1枚あたりの料金	
新　作		350円
準新作	準新作のDVDを借りる枚数が4枚以下のとき	170円
	準新作のDVDを借りる枚数が5枚以上のとき ※1枚目から110円です。	110円
旧　作		90円

㋐　DVD を借りる枚数について，　①　にあてはまる式を x, y を用いて表しなさい。

　　　　　①　　 = 20

㋑　料金の合計について，　②　にあてはまる式を x, y を用いて表しなさい。

　　準新作の DVD を借りる枚数が <u>4 枚以下</u>のとき，

　　　　　②　　 = 2200

㋒　料金の合計について，　③　にあてはまる式を x, y を用いて表しなさい。

　　準新作の DVD を借りる枚数が <u>5 枚以上</u>のとき，

　　　　　③　　 = 2200

㋓　準新作の DVD を借りる枚数を求めなさい。

<佐賀県>

24 次は，ある中学校における生徒会新聞の記事の一部である。3 年生全員に，地域清掃活動に参加したことが「ある」か「ない」かの質問に回答してもらい，その結果をもとに円グラフと帯グラフを作成した。

　このとき，あとの(1)，(2)の問いに答えなさい。

地域清掃活動についての調査結果

質問 あなたは，地域清掃活動に参加したことがありますか。

3年生全員の割合

ない 30%　ある 70%

3年生の男子・女子それぞれの割合

男子　ある 75%　ない 25%

女子　ある 66%　ない 34%

(1)　3 年生の男子の人数を x 人，女子の人数を y 人とする。帯グラフから読みとれることをもとに，地域清掃活動に参加したことが「ある」と回答した生徒の人数を x, y を用いて表しなさい。

(2)　地域清掃活動に参加したことが「ある」と回答した人数は，女子の人数の方が男子の人数より 3 人多かった。このとき，3 年生全員の人数を方程式を使って求めなさい。

　　ただし，3 年生の男子の人数を x 人，女子の人数を

y 人とし，答えを求める過程がわかるように，式と計算も書きなさい。

<宮崎県>

25 亮太さんと洋子さんは，農場の体験活動で収穫したじゃがいもと玉ねぎを使って，カレーと肉じゃがをつくることにした。図は，カレーと肉じゃがの主な材料と分量をインターネットを活用して調べたものである。また，【会話】は，2 人が何人分の料理をつくることができるか話し合っている場面である。

　このとき，下の(1)，(2)の問いに答えなさい。

図

材料と分量

カレー(2人分)	肉じゃが(5人分)
牛肉 ……… 140 g	牛肉 ……… 300 g
じゃがいも … 100 g	じゃがいも … 600 g
玉ねぎ …… 130 g	玉ねぎ …… 250 g
にんじん …… 30 g	にんじん …… 180 g

【会話】

亮太：収穫した野菜の重さを量ってみたら，じゃがいもの重さの合計は 1120 g，玉ねぎの重さの合計は 820 g だったよ。

洋子：調べた分量で，カレーと肉じゃがを両方つくるとすると，それぞれ何人分できるかな。

亮太：カレーを x 人分，肉じゃがを y 人分つくると考えると，使用するじゃがいもの重さの合計は $100x + 600y$ (g) になるね。

洋子：ちょっと待って。図の中に書いてある人数をよく見てみよう。

亮太：あっ，式がまちがっているね。正しい式は　　　　　　　(g) になるね。

洋子：そうだね。さっき量ったじゃがいもと玉ねぎを全部使って，カレーと肉じゃがを両方つくるとき，カレーは　①　人分，肉じゃがは　②　人分できるね。

(1)　【会話】の中で，亮太さんは下線部の式がまちがっていることに気づいた。

　　　　　　　　に当てはまる式を答えなさい。

(2)　【会話】の　①　，　②　に当てはまる数を答えなさい。

<宮崎県>

26 生徒会役員のはるきさんたちは，次の【決定事項】をもとに文化祭の日程を考えている。(1)・(2)に答えなさい。

【決定事項】

- 文化祭は学級の出し物から始まり，学級の出し物の時間はすべて同じ長さとする。
- 学級の出し物の間には入れ替えの時間をとり，その時間はすべて同じ長さとする。
- すべての学級の出し物が終わった後に昼休みを60分とり，その後，吹奏楽部の発表とグループ発表を行う。
- グループ発表の時間はすべて同じ長さとする。
- 昼休み以降の発表の間には，入れ替えの時間をとらず，発表の時間に含める。

学級の出し物	入れ替え	学級の出し物	入れ替え	〜	入れ替え	学級の出し物	昼休み60分	吹奏楽部の発表	グループ発表	グループ発表	〜	グループ発表

(1) はるきさんたちは，次の【条件】をもとに文化祭のタイムスケジュールをたてることにした。(a)・(b)に答えなさい。

【条件】

- 学級の出し物を5つ，グループ発表を10グループとする。
- 学級の出し物の時間は，入れ替えの時間の4倍とし，吹奏楽部の発表の時間を40分とする。
- 最初の学級の出し物が午前10時に始まり，最後の学級の出し物が正午に終わるようにする。
- 最後のグループ発表が午後3時に終わるようにする。

(a) 学級の出し物の時間と入れ替えの時間は，それぞれ何分か，求めなさい。

(b) グループ発表の時間は何分か，求めなさい。

(2) はるきさんたちは，学級の出し物の数を変更し，条件を見直すことにした。次の【見直した条件】をもとに，受け付けできるグループ発表の数について検討をしている。(a)・(b)に答えなさい。

【見直した条件】

- 学級の出し物は7つとし，学級の出し物の入れ替えの時間は8分とする。
- 吹奏楽部の発表の時間は，学級の出し物の時間の3倍とする。
- グループ発表の時間は7分とする。
- 最初の学級の出し物が午前9時40分に始まる。
- 最後のグループ発表が午後3時20分までに終わる。

(a) 最後のグループ発表が午後3時20分ちょうどに終わるとき，学級の出し物の時間を a 分，グループ発表の数を b グループとして，この数量の関係を等式で表しなさい。

(b) 学級の出し物の時間を15分とするとき，グループ発表は，最大何グループまで受け付けできるか，求めなさい。

<徳島県>

27 ある中学校で，球技大会の日程を考えている。次の各問いに答えなさい。ただし，時間の単位は分とする。

問1 次の図のように，試合時間を a 分，チームの入れかわり時間を b 分，昼休憩を40分とる。

10試合を行うとき，最初の試合開始から最後の試合が終了するまでにかかる時間（分）を表す式を，a と b を用いて表しなさい。

図

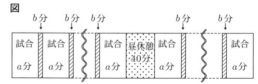

問2 問1のとき，最初の試合を午前9時に開始して午後3時に最後の試合が終了するよう計画した。$b = 5$ のとき，試合時間（分）を求めなさい。

問3 球技大会の種目をサッカーとソフトボールの2種目に決定し，次のように大会の計画をたてた。あとの(1)，(2)に答えなさい。

<大会の計画>

- サッカーの試合が，すべて終わった後に昼休憩を40分とり，その後ソフトボールの試合を行う。
- 試合は午前9時に最初の試合を開始して，午後2時20分に最後の試合を終了する。
- サッカーは，4チームの総当たり戦で6試合行う。サッカー1試合の時間は，すべて同じ時間とする。
- ソフトボールは，5チームのトーナメント戦で4試合行う。ソフトボール1試合の時間は，すべて同じ時間とする。
- サッカーもソフトボールも1試合ずつ行い，試合と試合のあいだのチームの入れかわり時間は，4分とする。
- ソフトボール1試合の試合時間は，サッカー1試合の試合時間の1.6倍とする。

(1) この大会の計画にしたがって，サッカーとソフトボールの1試合の時間を決めることとした。サッカー1試合の時間を x 分，ソフトボール1試合の時間を y 分として連立方程式をつくりなさい。ただし，この問いの答えは，必ずしもつくった方程式を整理する必要はありません。

(2) サッカー1試合の時間（分）を求めなさい。

<鳥取県>

②　数の操作・連続する数など

1 下のように計算方法を書いた4枚のカードA，B，C，Dがある。

| A　2を足す | B　2を引く | C　2倍する | D　2乗する |

この4枚のカードから3枚のカードを1枚ずつ取り出し，取り出した順にカードに書かれている計算方法で，はじめの数に次々と計算をし，計算の結果を求める。ただし，取り出したカードはもとに戻さないものとする。

例1のように，はじめの数が −3 で，3枚のカードをA，C，Dの順に取り出したとき，計算の結果は4になる。

例2のように，はじめの数が5で，3枚のカードをB，D，Cの順に取り出したとき，計算の結果は18になる。

例2 (5) $\xrightarrow{\text{B　2を引く}}$ 3 $\xrightarrow{\text{D　2乗する}}$ 9 $\xrightarrow{\text{C　2倍する}}$ (18)
　　　はじめの数　　　　　　　　　　　　　　計算の結果

このとき，次の各問いに答えなさい。

問1　はじめの数が3で，3枚のカードをA，B，Cの順に取り出したとき，計算の結果を求めなさい。

問2　はじめの数が x で，3枚のカードをD，C，Aの順に取り出したとき，計算の結果を x を使った式で表しなさい。

問3　はじめの数が x で，3枚のカードをA，C，Dの順に取り出したときの計算の結果と，D，C，Aの順に取り出したときの計算の結果は等しかった。はじめの数 x をすべて求めなさい。

問4　はじめの数が −4 のとき，計算の結果を最も大きくするためには，4枚のカードから3枚のカードをどのような順に取り出せばよいか，その順を答えなさい。

〈沖縄県〉

2 Tさんは道路を走る車のナンバープレートを見て，自然数について考えた。
次の(1)，(2)に答えなさい。

(1) Tさんは**図1**のようなナンバープレートを見て，「2けたの数71から2けたの数17をひいた式」と読み，「71 − 17 = 54」になると考えた。また，17が71の十の位の数と一の位の数を入れかえた数であることに気づき，次のような**問題**をつくった。

図1
山口***
● 71-17

問題

2けたの自然数には，その数から，その数の十の位の数と一の位の数を入れかえた数をひくと54となるものがいくつかある。このような2けたの自然数のうち，最大の自然数を答えなさい。

問題の答えとなる自然数を求めなさい。

(2) 後日，Tさんは**図2**のようなナンバープレートを見て，連続する4つの偶数について，次のように考えた。

図2
山口***
◆ 24-68

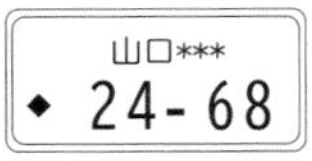

連続する4つの偶数のうち，小さい方から3番目と4番目の偶数の積から1番目と2番目の偶数の積をひく。例えば，連続する4つの偶数が，
2，4，6，8のとき，
$6 \times 8 - 2 \times 4 = 48 - 8 = 40 = 8 \times 5$，
4，6，8，10のとき，
$8 \times 10 - 4 \times 6 = 80 - 24 = 56 = 8 \times 7$，
6，8，10，12のとき，
$10 \times 12 - 6 \times 8 = 120 - 48 = 72 = 8 \times 9$ となる。

Tさんはこの結果から，次のように**予想**した。

予想

連続する4つの偶数のうち，小さい方から3番目と4番目の偶数の積から1番目と2番目の偶数の積をひいた数は，8の倍数である。

Tさんは，この**予想**がいつでも成り立つことを次のように**説明**した。次の[　　　]に式や言葉を適切に補い，Tさんの**説明**を完成させなさい。

説明

n を自然数とすると，連続する4つの偶数は $2n$，$2n+2$，$2n+4$，$2n+6$ と表される。これらの偶数のうち，小さい方から3番目と4番目の偶数の積から1番目と2番目の偶数の積をひいた数は，

$$(2n+4)(2n+6) - 2n(2n+2) =$$

したがって，連続する4つの偶数のうち，小さい方から3番目と4番目の偶数の積から1番目と2番目の偶数の積をひいた数は，8の倍数である。

〈山口県〉

3 里香さんと卓也さんは，自然数に次の【操作】を行ったときの数の変化について，先生と話をしています。[会話1]，[会話2]を読んで，あとの問いに答えなさい。

【操作】
一の位と，一の位を取り去った数に分ける。一の位の数を4倍した数を，一の位を取り去った数に加える。ただし，1けたの場合は，4倍することにする。

[会話1]

先生：【操作】について確認してみましょう。例えば，2345に【操作】を行った場合，一の位の5と，一の位を取り去った数234に分けます。一の位の数5を4倍した数20を，一の位を取り去った数234に加えると，$234+5×4=234+20=254$ となります。また，3に【操作】を行った場合，3は1けたなので，$3×4=12$ となります。

里香：私もやってみます。254に【操作】を行うと，$25+4×4=41$ となります。続けて41に【操作】を行うと，$4+1×4=8$ となります。さらに続けて8に【操作】を行うと，$8×4=32$ となります。

先生：その通りです。では，①2022に【操作】を何回か続けて行うと，数はどのように変化するでしょうか。

問1　下線部①について，次の文の (ア) ～ (エ) にあてはまる数を答えよ。

　2022に【操作】を1回行った後の数は (ア) である。2022に【操作】を3回続けて行った後の数は (イ) である。2022に【操作】を20回続けて行う間に，(イ) は (ウ) 回出現する。2022に【操作】を1000回続けて行った後の数は (エ) である。

[会話2]

卓也：ところで，【操作】を1回行った後の数が，もとの数より大きくなったり，小さくなったりしますね。もとの数と等しくなることがあるのでしょうか。

先生：はい。2けたの場合だけ等しくなることがあります。その点について確かめてみましょう。2けたの数は，十の位を a，一の位を b とすると，$10a+b$ と表せます。これに【操作】を1回行った後の数は，a，b を用いて (オ) と表せます。ここで，【操作】を1回行った後の数が，もとの数と等しくなるとして方程式をつくり，b について解くと，b は a を用いて $b=$ (カ) と表せます。

卓也：では，$b=$ (カ) を満たす a，b の組を見つけてみますね。

(数分後)

卓也：見つかりました。この a，b の組を使うと，【操作】を1回行った後の数が，もとの数と等しくなる数は (キ) と求められます。

里香：確かに等しくなりますね。あれっ，もとの数と等しくなる数は，すべて13の倍数ですね。

先生：そうですね。よく気づきましたね。では，他の13の倍数に【操作】を1回行った後の数を求めてください。実は，②2けたの数に限らず13の倍数に【操作】を1回行った後の数は，13の倍数となります。

問2　次の(1)，(2)に答えよ。
(1) (オ)，(カ) にあてはまる式を求めよ。
(2) (キ) にあてはまる数をすべて求めよ。

問3　下線部②について，2けたの数に限らず「13の倍数に【操作】を1回行った後の数は，13の倍数となる」ことを証明せよ。ただし，証明は「もとの数の一の位を取り去った数をX，もとの数の一の位を c とすると，もとの数は $10X+c$ と表される。$10X+c=13×m$ （m は自然数）とすると，」に続けて完成させよ。

<長崎県>

4 10以上の自然数について，次の作業を何回か行い，1けたの自然数になったときに作業を終了する。

【作業】　自然数の各位の数の和を求める。

　例えば，99の場合は，<例>のように自然数が変化し，2回目の作業で終了する。
　　　　<例>　99　→　18　→　9
次の(1)～(5)の問いに答えなさい。

(1) 1999の場合は，作業を終了するまでに自然数がどのように変化するか。<例>にならって書きなさい。

(2) 10以上30以下の自然数のうち，2回目の作業で終了するものを全て書きなさい。

(3) 次の文章は，3けたの自然数の場合に何回目の作業で終了するかについて，太郎さんが考えたことをまとめたものである。アには a，b，c を使った式を，イ，ウには数を，それぞれ当てはまるように書きなさい。

　3けたの自然数の百の位の数を a，十の位の数を b，一の位の数を c とすると，1回目の作業でできる自然数は，(ア) と表すことができる。(ア) の最小値は1で，最大値は (イ) である。
　① (ア) が1けたの自然数のとき
　　1回目の作業で終了する。
　② (ア) が2けたの自然数のとき
　　1回目の作業では終了しない。作業を終了するためには，(ア) が (ウ) のときはあと2回，他のときはあと1回の作業を行う必要がある。
　したがって，3けたの自然数のうち，3回目の作業で終了するものでは，(ア) ＝ (ウ) が成り立つ。

(4) 百の位の数が1である3けたの自然数のうち，3回目の作業で終了するものを求めなさい。

(5) 3けたの自然数のうち，3回目の作業で終了するものは，全部で何個あるかを求めなさい。

<岐阜県>

③　いろいろな文章題

1 ある中学校では，芸術鑑賞会を体育館で行うことになり，生徒会役員のAさんは，そのための準備をしている。このことに関する次の問題に答えなさい。

1 Aさんは，体育館の椅子の並べ方を検討している。右の会場図のように体育館の左右に同じ幅で通路を作り，椅子と椅子の間が等間隔になるように椅子を並べることにした。椅

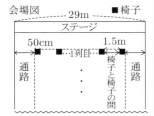
会場図

子と椅子の間の長さは，1.5 m とることになっている。Aさんは，生徒がステージをよく見ることができるように横にできるだけ多くの椅子を並べようと考えている。体育館の横の長さは 29 m，使う椅子の横幅はすべて 50 cm であることがわかっている。

1列目に並べる椅子の数と通路の横幅の関係については，次の式で表すことができ，Aさんは，その式を用いて1列目に並べる椅子の数と通路の横幅を検討することにした。

> Aさんが検討に用いた式
> 1列目に並べる椅子の数を x 脚，通路の横幅を y m としたとき
> $$0.5x + 1.5(x - 1) + 2y = 29$$

このとき，次の(1)，(2)に答えなさい。

(1) Aさんが検討に用いた式の $(x - 1)$ が表しているものを次のア〜エから1つ選び，その記号を書きなさい。
　ア　1列目に並べる椅子の数
　イ　椅子と椅子の間の長さ
　ウ　椅子と椅子の間の数
　エ　椅子と椅子の間の長さの和

(2) Aさんが1列目に椅子を12脚並べようとしていたところに，「演出の都合上，左右の通路の横幅をそれぞれ 3.5 m は確保してほしい」という連絡があった。1列目に椅子を12脚並べたとき，通路の横幅を 3.5 m とることができるか。次のア，イから正しいものを1つ選び，その記号を書きなさい。また，それが正しいことの理由をAさんが検討に用いた式をもとに根拠を示して説明しなさい。
　ア　通路の横幅を 3.5 m とることができる。
　イ　通路の横幅を 3.5 m とることができない。
　　　　　　　　　　　　　　　　　　　　　〈山梨県〉

2 図1のように，机の上に1から n の数字が1つずつ書かれた n 枚のカードがある。令子さんと和男さんが次のルールにしたがってゲームを行う。

図1

ルール

> ① 机の上にあるカードに書かれた数字の中から1つ選び，選んだ数の約数が書かれたカードをすべてとる。
> ② 最初に，令子さんが①を行う（1手目）。次に，残ったカードについて，和男さんが①を行う（2手目）。以下，机の上のカードがなくなるまで，3手目に令子さん，4手目に和男さん，5手目に令子さん，…のように，2人が交互に①を行う。
> ③ 最後のカードをとったほうを勝ちとする。

例えば，$n = 4$ のとき，図2のように，1手目に令子さんが「3」を選ぶと，令子さんは ① と ③ のカードをとり，2手目に和男さんが「4」を選ぶと，和男さんは ② と ④ のカードをとるので，和男さんの勝ちとなる。

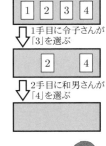
図2

このとき，次の問いに答えなさい。

問1　$n = 3$ のとき，令子さんの勝ち負けはあとの [____] のようになる。 [(ア)] 〜 [(ウ)] に「勝ち」，「負け」のいずれかを書け。

> 1手目に令子さんが「1」を選べば令子さんの [(ア)]，「2」を選べば令子さんの [(イ)]，「3」を選べば令子さんの [(ウ)] である。

問2　$n = 5$ のとき，令子さんが必ず勝つためには，1手目に令子さんは何を選べばよいか。選ぶ数字を1つ答えよ。

問3　$n = 7$ のとき，次の(1)〜(3)に答えよ。

(1) 1手目に令子さんが「2」を選び，2手目に和男さんが「4」を選んだとき，令子さんが必ず勝つためには，3手目に令子さんは何を選べばよいか。選ぶ数字を1つ答え，その理由を説明せよ。

(2) 1手目に令子さんが「4」を選んだとき，2手目に和男さんが「3」を選ぶと，3手目に令子さんが何を選んでも令子さんが必ず勝つが，2手目に和男さんが「6」を選ぶと，3手目に令子さんが何を選んでも和男さんが必ず勝つ。このように，2手目に和男さんが何を選ぶかによって，令子さんが必ず勝ったり，和男さんが必ず勝ったりすることがある。
　それでは，1手目に令子さんが「3」を選んだとき，和男さんが必ず勝つためには，2手目に和男さんは何を選べばよいか。選ぶ数字を1つ答えよ。

(3) このゲームにおいて，令子さんが最初から適切に数字を選んでいけば，和男さんがどのように数字を選んでも，令子さんは必ず勝つことができる。令子さんが必ず勝つためには，1手目に令子さんは何を選べばよいか。選ぶ数字を1つ答えよ。

〈長崎県〉

3 数学の授業中に先生が手品を行い，ゆうりさんたち生徒は手品の仕掛けについて考察した。あとの問いに答えなさい。

> 先　生：ここに3つの空の箱，箱A，箱B，箱Cと，たくさんのコインがあります。ゆうりさん，先生に見えないように，黒板に示している作業1〜4を順に行ってください。
>
> > 作業1：箱A，箱B，箱Cに同じ枚数ずつコインを入れる。ただし，各箱に入れるコインの枚数は20以上とする。
> > 作業2：箱B，箱Cから8枚ずつコインを取り出し，箱Aに入れる。
> > 作業3：箱Cの中にあるコインの枚数を数え，それと同じ枚数のコインを箱Aから取り出し，箱Bに入れる。
> > 作業4：箱Bから1枚コインを取り出し，箱Aに入れる。
>
> ゆうり：はい。できました。
> 先　生：では，箱Aの中にコインが何枚あるか当ててみましょう。　a　枚ですね。どうですか。
> ゆうり：数えてみます。1，2，3，……，すごい！確かにコインは　a　枚あります。

(1) 作業1で，箱A，箱B，箱Cに20枚ずつコインを入れた場合，　a　にあてはまる数を求めなさい。
(2) 授業後，ゆうりさんは「授業振り返りシート」を作成した。　i　にあてはまる数，　ii　，　iii　にあてはまる式をそれぞれ求めなさい。

> **授業振り返りシート**
> 　　　　　　　　　　　授業日：3月10日（金）
>
> I　授業で行ったこと
> 　　先生が手品をしてくれました。その手品の仕掛けを数学的に説明するために，グループで話し合いました。
> II　わかったこと
> 　　作業1で箱A，箱B，箱Cに20枚ずつコインを入れても，21枚ずつコインを入れても，作業4の後に箱Aの中にあるコインは　a　枚となります。
> 　　なぜそのようになるかは，次のように説明できます。
>
> ・作業4の後に箱Aの中にコインが　a　枚あるということは，作業3の後に箱Aの中にコインが　i　枚あるということです。
> ・作業1で箱A，箱B，箱Cに x 枚ずつコインを入れた場合，作業2の後に箱Aの中にあるコインは x を用いて　ii　枚，箱Cの中にあるコインは x を用いて　iii　枚と表すことができます。つまり，作業3では　iii　枚のコインを箱Aから取り出すので，　ii　から　iii　をひくと，x の値に関係なく　i　になります。
>
> 　　これらのことから，作業1で各箱に入れるコインの枚数に関係なく，先生は　a　枚と言えばよかったということです。

(3) ゆうりさんは，作業2で箱B，箱Cから取り出すコインの枚数を変えて何回かこの手品を行い，作業3の後に箱Aの中にあるコインの枚数は必ず n の倍数となることに気がついた。ただし，作業2では箱B，箱Cから同じ枚数のコインを取り出し，箱Aに入れることとし，作業2以外は変更しない。また，各作業中，いずれの箱の中にあるコインの枚数も0になることはないものとする。

① n の値を求めなさい。ただし，n は1以外の自然数とする。
② 次のア〜ウのうち，作業4の後に箱Aの中にあるコインの枚数として適切なものを，ゆうりさんの気づきをもとに1つ選んで，その符号を書きなさい。また，その枚数にするためには，作業2で箱B，箱Cから何枚ずつコインを取り出せばよいか，求めなさい。
　ア　35　　イ　45　　ウ　55

〈兵庫県〉

4 図1のように，半径が r m の半円2つと，縦の長さが $2r$ m，横の長さが a m の長方形を組み合わせた形の池がある。

また，図2のように，半径が a m の半円2つと，縦の長さが $2a$ m，横の長さが r m の長方形を組み合わせた形の池がある。

ただし，$a < r$ である。

次の(1)，(2)に答えよ。答えに円周率を使う場合は，π で表すこと。

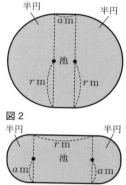

図1
半円　半円

図2
半円　半円

(1) 図1の池の面積を A m^2，図2の池の面積を B m^2 とするとき，$A - B$ を a，r を使って表した式が次のア〜エに1つある。それを選び，記号をかけ。
　ア　$\pi(r^2 - 2a^2)$　　イ　$\pi(r+a)^2$
　ウ　$\pi(r^2 - a^2)$　　エ　$\pi(r-a)^2$

(2) 図3のように，図1の池の周囲に，幅2m の道がついている。このとき，道の面積を S m^2，道のまん中を通る線の長さを l m とする。

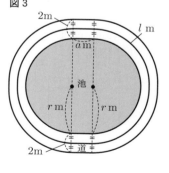

図3
2m
l m
a m
池
r m　r m
2m　道

図3において，道の面積 S と，道のまん中を通る線の長さ l の関係を表した式は，次のように求めることができる。

> 道の面積 S を，a，r を使った式で表すと，
> 　$S = $ ◻︎ X ◻︎ …①
> また，道のまん中を通る線の長さ l を，a，r を使った式で表すと，
> 　$l = $ ◻︎ Y ◻︎ …②
> ①，②より，S と l の関係を表した式は，
> 　◻︎ Z ◻︎ である。

　X　，　Y　，　Z　にあてはまる式をそれぞれかけ。

〈福岡県〉

§13 数の性質を見つける

1 次の □□□ 内の先生と生徒の会話文を読んで，下の □□□ 内の生徒が完成させた【証明】の ① から ⑤ に当てはまる数や式をそれぞれ答えなさい。

> 先生 「一の位が 0 でない 900 未満の 3 けたの自然数を M とし，M に 99 をたしてできる自然数を N とすると，M の各位の数の和と N の各位の数の和は同じ値になるという性質があります。例として 583 で確かめてみましょう。」
> 生徒 「583 の各位の数の和は 5＋8＋3＝16 です。583 に 99 をたすと 682 となるので，各位の数の和は 6＋8＋2＝16 で同じ値になりました。」
> 先生 「そうですね。それでは，M の百の位，十の位，一の位の数をそれぞれ a, b, c として，この性質を証明してみましょう。a, b, c のとりうる値の範囲に気をつけて，M と N をそれぞれ a, b, c を用いて表すとどうなりますか。」
> 生徒 「M は表せそうですが，N は M＋99 で…，各位の数がうまく表せません。」
> 先生 「99 を 100－1 におきかえて考えてみましょう。」

生徒が完成させた【証明】

> 3 けたの自然数 M の百の位，十の位，一の位の数をそれぞれ a, b, c とすると，a は 1 以上 8 以下の整数，b は 0 以上 9 以下の整数，c は 1 以上 9 以下の整数となる。
> このとき，
> M ＝ ① ×a＋ ② ×b＋c と表せる。
> また，N ＝ M＋99 より
> N ＝ ① ×a＋ ② ×b＋c＋100－1
> となるから
> N ＝ ① ×（ ③ ）＋ ② × ④ ＋ ⑤
> となり，
> N の百の位の数は ③ ，十の位の数は ④ ，一の位の数は ⑤ となる。
> よって，M の各位の数の和と N の各位の数の和はそれぞれ $a＋b＋c$ となり，同じ値になる。

＜栃木県＞

2 2 桁の自然数があります。この自然数の十の位の数と一の位の数を入れかえた自然数をつくります。このとき，もとの自然数を 4 倍した数と，入れかえた自然数を 5 倍した数の和は，9 の倍数になります。このわけを，もとの自然数の十の位の数を a，一の位の数を b として，a と b を使った式を用いて説明しなさい。

＜広島県＞

3 2 つの続いた偶数 4，6 について，$4 \times 6＋1$ を計算すると 25 になり，5 の 2 乗となる。このように，「2 つの続いた偶数の積に 1 を加えると，その 2 つの偶数の間の奇数の 2 乗となる。」ことを文字 n を使って証明せよ。ただし，証明は「n を整数とし，2 つの続いた偶数のうち，小さいほうの偶数を $2n$ とすると，」に続けて完成させよ。

＜長崎県＞

4 結奈さんと琉斗さんは，連続する 2 つの奇数では，大きい奇数の 2 乗から小さい奇数の 2 乗をひいた数がどんな数になるか調べた。

> 1，3 のとき　$3^2 － 1^2 ＝ 9 － 1 ＝ 8$
> 3，5 のとき　$5^2 － 3^2 ＝ 25 － 9 ＝ 16$
> 5，7 のとき　$7^2 － 5^2 ＝ 49 － 25 ＝ 24$

結奈さんは，これらの結果から次のことを予想した。

> ＜結奈さんの予想＞
> 連続する 2 つの奇数では，大きい奇数の 2 乗から小さい奇数の 2 乗をひいた数は 8 の倍数になる。

上記の＜結奈さんの予想＞がいつでも成り立つことは，次のように証明できる。

> (証明) n を整数とすると，連続する 2 つの奇数は
> $$2n＋1, \quad 2n＋3$$
> と表せる。大きい奇数の 2 乗から小さい奇数の 2 乗をひいた数は
> $$(2n＋3)^2 － (2n＋1)^2$$
> $$＝ 4n^2 ＋ 12n ＋ 9 － (4n^2 ＋ 4n ＋ 1)$$
> $$＝ 8n ＋ 8$$
> $$＝ 8(n＋1)$$
> $n＋1$ は整数だから，$8(n＋1)$ は 8 の倍数である。したがって，連続する 2 つの奇数では，大きい奇数の 2 乗から小さい奇数の 2 乗をひいた数は 8 の倍数になる。

次の各問いに答えなさい。

問1 二人は，「連続する 2 つの奇数」を「連続する 2 つの偶数」に変えたとき，どんな数になるかを調べることにした。琉斗さんは，いくつか計算した結果から次のことを予想した。□□□ にあてはまることばを答えなさい。

> ＜琉斗さんの予想＞
> 連続する 2 つの偶数では，大きい偶数の 2 乗から小さい偶数の 2 乗をひいた数は □□□ になる。

問2 問1の＜琉斗さんの予想＞がいつでも成り立つことを証明しなさい。

＜沖縄県＞

5 2桁の自然数Xと，Xの十の位の数と一の位の数を入れかえてできる数Yについて，XとYの和は11の倍数になります。その理由を，文字式を使って説明しなさい。

〈埼玉県〉

6 右の図は，歩さんのクラスの座席を，出席番号で表したものであり，1から30までの自然数が，上から下へ5つずつ，左から右へ，順に並んでいる。

図

		教卓			
1	6	11	16	21	26
2	7	12	17	22	27
3	8	13	18	23	28
4	9	14	19	24	29
5	10	15	20	25	30

歩さんのクラスでは，この**図**をもとにして，この図の中に並んでいる数について，どのような性質があるか調べる学習をした。

歩さんは，**例**の1，2，7や4，5，10のように，L字型に並んでいる3つの自然数に着目すると，$1+2+7=10$，$4+5+10=19$ となることから，L字型に並んでいる3つの自然数の和は，すべて3の倍数に1を加えた数であると考え，文字式を使って下のように説明した。◯◯◯◯に，説明のつづきを書いて，説明を完成させなさい。

例

1		4	
2	7	5	10

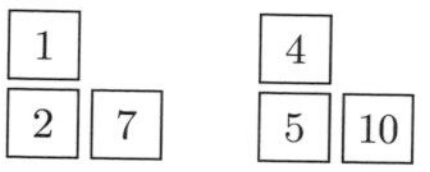

〈説明〉

L字型に並んだ3つの自然数のうち，もっとも小さい自然数を n とする。L字型に並んだ3つの自然数を，それぞれ n を使って表すと，

　

したがって，L字型に並んだ3つの自然数の和は，3の倍数に1を加えた数である。

〈山形県〉

7 右の図のように，自然数が書かれた積み木がある。

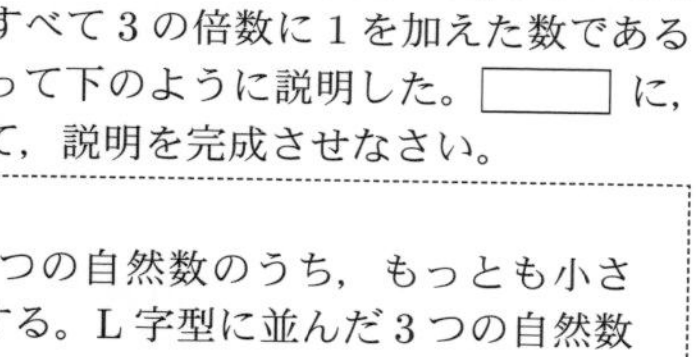

1段目の左端の積み木には $1^2=1$，2段目の左端の積み木には $2^2=4$，3段目の左端の積み木には $3^2=9$ となるように，各段の左端に，段の数の2乗の自然数が書かれた積み木を並べる。

次に，1段目には1個，2段目には2個，3段目には3個のように，段の数と同じ個数の積み木を並べる。2段目以降は，左端の積み木から右へ順に，積み木に書かれた自然数が1ずつ大きくなるように，積み木を並べる。

n 段目の右端の積み木に書かれた自然数を a，$(n-1)$ 段目の右端の積み木に書かれた自然数を b とする。ただし，n は8以上の自然数とする。また，図の n 段目と $(n-1)$ 段目の積み木は，裏返した状態である。

① 8段目の右端の積み木に書かれた自然数を求めなさい。

② 2つの自然数 a，b について，$a-b$ を計算すると，どのようなことがいえるか。次のア〜ウの中から正しいものを1つ選び，記号で答えなさい。

また，a，b を，それぞれ n を使った式で表し，選んだものが正しい理由を説明しなさい。

ア　$a-b$ は，いつでも偶数である。
イ　$a-b$ は，いつでも奇数である。
ウ　$a-b$ は，いつでも3の倍数である。

〈福島県〉

8 Sさんのクラスでは，先生が示した問題をみんなで考えた。次の各問に答えよ。

［先生が示した問題］

2桁の自然数Pについて，Pの一の位の数から十の位の数をひいた値をQとし，P−Qの値を考える。

例えば，$P=59$ のとき，$Q=9-5=4$ となり，$P-Q=59-4=55$ となる。

$P=78$ のときのP−Qの値から，$P=41$ のときのP−Qの値をひいた差を求めなさい。

〔問1〕 次の◯◯◯◯の中の「え」「お」に当てはまる数字をそれぞれ答えよ。

［先生が示した問題］で，$P=78$ のときのP−Qの値から，$P=41$ のときのP−Qの値をひいた差は，えお である。

Sさんのグループは，［先生が示した問題］をもとにして，次の問題を考えた。

［Sさんのグループが作った問題］

3桁の自然数Xについて，Xの一の位の数から十の位の数をひき，百の位の数をたした値をYとし，X−Yの値を考える。

例えば，$X=129$ のとき，$Y=9-2+1=8$ となり，$X-Y=129-8=121$ となる。

また，$X=284$ のとき，$Y=4-8+2=-2$ となり，$X-Y=284-(-2)=286$ となる。どちらの場合もX−Yの値は11の倍数となる。

3桁の自然数Xについて，X−Yの値が11の倍数となることを確かめてみよう。

〔問2〕 ［Sさんのグループが作った問題］で，3桁の自然数Xの百の位の数を a，十の位の数を b，一の位の数を c とし，X，Yをそれぞれ a，b，c を用いた式で表し，X−Yの値が11の倍数となることを証明せよ。

〈東京都〉

9 同じ大きさの正三角形の板がたくさんある。これらの板を，重ならないようにすき間なくしきつめて，大きな正三角形を作り，上の段から順に1段目，2段目，3段目，…とする。上の図のように，1段目の正三角形の板には1を書き，2段目の正三角形の板には，左端の板から順に2，3，4を書く。3段目の正三角形の板には，左端の板から順に5，6，7，8，9を書く。4段目以降の正三角形の板にも同じように，連続する自然数を書いていく。たとえば，4段目の左端の正三角形の板に書かれている数は10であり，4段目の右端の正三角形の板に書かれている数は16である。

このとき，次の問い(1)・(2)に答えよ。
(1) 7段目の左端の正三角形の板に書かれている数と7段目の右端の正三角形の板に書かれている数をそれぞれ求めよ。
(2) n 段目の左端の正三角形の板に書かれている数と n 段目の右端の正三角形の板に書かれている数の和が1986であった。このとき，n の値を求めよ。

〈京都府〉

10 右の図のように，1から10の数が書かれたカードを，次の手順にしたがって並べていく。

手順
・1段目は1枚，2段目は3枚，3段目は5枚，…とする。
・カードに書かれた数が1，2，…，10，1，2，…，10，…となるように繰り返し並べる。
・1段目は1の数が書かれたカードとし，2段目以降は左端から右端へ並べ，右端に並べたら，矢印のように次の段の左端から並べるものとする。

このとき，次の問いに答えなさい。
(1) 1段目から7段目の右端までのカードは全部で何枚あるか求めなさい。
　また，7段目の右端のカードに書かれた数を求めなさい。
(2) 段の右端に並ぶ6の数が書かれたカードだけ考えると，1回目に6の数が書かれたカードが並ぶのは4段目であり，2回目に並ぶのは6段目である。
　3回目に並ぶのは何段目か求めなさい。
(3) カードに書かれた1から10の数のうち，段の右端に並ばない数をすべて答えなさい。

〈富山県〉

11 下の会話文は，太郎さんが，数学の授業で学習したことについて，花子さんと話をしたときのものである。

【数学の授業で学習したこと】

> 1～9の自然数の中から異なる2つの数を選び，この2つの数を並べてできる2けたの整数のうち，大きい方の整数から小さい方の整数をひいた値を P とすると，P は9の倍数になる。

このことを，文字式を使って説明すると，次のようになる。

選んだ2つの数を a，$b (a > b)$ とすると，
大きい方の整数は $10a + b$，小さい方の整数は $10b + a$ と表されるから，
$$P = (10a + b) - (10b + a) = 9a - 9b = 9(a - b)$$
$a - b$ は整数だから，P は9の倍数である。

太郎さん：　選んだ2つの数が3，5のとき，大きい方の整数は53，小さい方の整数は35だから，P = 53 - 35 = 18 となり，確かに P は9の倍数だね。

花子さん：　それなら，3けたのときはどうなるのかな。1～9の自然数の中から異なる3つの数を選び，この3つの数を並べてできる3けたの整数のうち，最も大きい整数から最も小さい整数をひいた値を Q として考えてみようよ。

太郎さん：　例えば，選んだ3つの数が1，3，4のとき，並べてできる3けたの整数は，134，143，314，341，413，431だね。最も大きい整数は431，最も小さい整数は134だから，Q = 431 - 134 = 297 となるね。

花子さん：　選んだ3つの数が2，6，7のとき，Q は　ア　となるね。

太郎さん：　Q も何かの倍数になるのかな。授業と同じように，文字式を使って考えてみようよ。

花子さん：　選んだ3つの数を a，b，$c (a > b > c)$ とすると，最も大きい整数は $100a + 10b + c$，最も小さい整数は　イ　と表されるよね。すると，Q = $(100a + 10b + c) - ($　イ　$)$ となって，これを計算すると，　ウ　$\times (a - c)$ となるね。$a - c$ は整数だから，Q は　ウ　の倍数となることが分かるよ。

このとき，次の問いに答えなさい。
1　会話文中のアに当てはまる数を書け。
2　会話文中のイに当てはまる式，ウに当てはまる数をそれぞれ書け。
3　1～9の自然数の中から異なる3つの数を選び，Q について考えるとき，
(1) Q = 396 となるときの，3つの数の選び方は全部で何通りあるか。
(2) 選んだ3つの数の中に，3と8の，2つの数が含まれるときの Q の値を全て求めよ。

〈愛媛県〉

12 図1のような，小学校で学習したかけ算九九の表があります。優さんは，太線で囲んだ数のように，縦横に隣り合う4つの数を

$\begin{array}{|c|c|}\hline a & b \\\hline c & d \\\hline\end{array}$ としたとき，

4つの数の和 $a+b+c+d$ がどんな数になるかを考えています。

図1

かける数

	1	2	3	4	5	6	7	8	9
1	1	2	3	4	5	6	7	8	9
2	2	4	6	8	10	12	14	16	18
3	3	6	9	12	15	18	21	24	27
4	4	8	12	16	20	24	28	32	36
5	5	10	15	20	25	30	35	40	45
6	6	12	18	24	30	36	42	48	54
7	7	14	21	28	35	42	49	56	63
8	8	16	24	32	40	48	56	64	72
9	9	18	27	36	45	54	63	72	81

（かけられる数）

例えば，

$\begin{array}{|c|c|}\hline 8 & 10 \\\hline 12 & 15 \\\hline\end{array}$ のとき $8+10+12+15=45$，

$\begin{array}{|c|c|}\hline 10 & 15 \\\hline 12 & 18 \\\hline\end{array}$ のとき $10+15+12+18=55$ となります。

優さんは，$45=5\times9$，$55=5\times11$ となることから，次のように予想しました。

（予想Ⅰ）

縦横に隣り合う4つの数の和は，5の倍数である。

次の問いに答えなさい。

問1　予想Ⅰが正しいとはいえないことを，次のように説明するとき，[　ア　]～[　オ　]に当てはまる数を，それぞれ書きなさい。

（説明）

縦横に隣り合う4つの数が，

$a=$[　ア　]，$b=$[　イ　]，$c=$[　ウ　]，$d=$[　エ　]

のとき，4つの数の和，$a+b+c+d$ は，[　オ　]となり，5の倍数ではない。

したがって，縦横に隣り合う4つの数の和は，5の倍数であるとは限らない。

問2　優さんは，予想Ⅰがいつでも成り立つとは限らないことに気づき，縦横に隣り合う4つの数それぞれの，かけられる数とかける数に注目して，あらためて調べ，予想をノートにまとめました。

（優さんのノート）

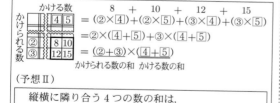

（予想Ⅱ）

縦横に隣り合う4つの数の和は，
(かけられる数の和) × (かける数の和) である。

予想Ⅱがいつでも成り立つことを，次のように説明するとき，[　ア　]～[　キ　]に当てはまる式を，それぞれ書きなさい。

（説明）

a を，かけられる数 m，かける数 n の積として $a=mn$ とすると，b, c, d は，それぞれ m, n を使って，$b=$[　ア　]，$c=$[　イ　]，$d=$[　ウ　]と表すことができる。

このとき，4つの数の和 $a+b+c+d$ は，

$a+b+c+d=mn+$[　ア　]$+$[　イ　]$+$[　ウ　]

$=4mn+2m+2n+1$

$=(2m+1)(2n+1)$

$=\{$[　エ　]$+($[　オ　]$)\}\{$[　カ　]$+($[　キ　]$)\}$ となる。

したがって，縦横に隣り合う4つの数の和は，(かけられる数の和) × (かける数の和) である。

問3　優さんは，図2の太線で囲んだ数のように，縦横に隣り合う6つの数の和について調べてみたところ，縦横に隣り合う6つの数の和も，(かけられる数の和) × (かける数の和) となることがわかりました。

図2

図2において，$p+q+r+s+t+u=162$ となるとき，p のかけられる数 x，かける数 y の値を，それぞれ求めなさい。

〈北海道〉

13 図1のように，整数を1から順に1段に7つずつ並べたものを考え，縦，横に2つずつ並んでいる4つの整数を四角形で囲む。ただし，○は整数を省略したものであり，囲んだ位置は例である。

図1

1	2	3	4	5	6	7
8	9	10	11	12	13	14
15	16	17	18	19	20	21
⋮	⋮	⋮	⋮	⋮	⋮	⋮
○	○	○	○	○	○	○
○	○	○	○	○	○	○
⋮	⋮	⋮	⋮	⋮	⋮	⋮

このとき，囲んだ4つの整数を

$\begin{array}{|c|c|}\hline a & b \\\hline c & d \\\hline\end{array}$

とすると，$ad-bc$ はつねに同じ値になる。

①　$ad-bc$ の値を求めなさい。

②　図2のように，1段に並べる整数の個数を n に変えたものを考える。ただし，n は2以上の整数とする。

このとき，$ad-bc$ はつねに n を使って表された同じ式になる。その式を解答用紙の（　）の中に書きなさい。また，それがつねに成り立つ理由を説明しなさい。

図2

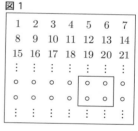

〈福島県〉

§14　図形と規則性

1 右の I 図のような，タイル A とタイル B が，それぞれたくさんある。タイル A とタイル B を，次の II 図のように，すき間なく規則的に並べたものを，1番目の図形，2番目の図形，3番目の図形，…とする。

┌─ I 図 ───────
　タイル A　タイル B

たとえば，2番目の図形において，タイル A は 4 枚，タイル B は 12 枚である。

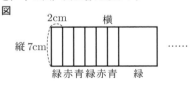
┌─ II 図 ─────────────────────
　1番目の図形　2番目の図形　3番目の図形

このとき，次の問い(1)～(3)に答えよ。
(1) 5番目の図形について，タイル A の枚数を求めよ。
(2) 12番目の図形について，タイル B の枚数を求めよ。
(3) n 番目の図形のタイル A の枚数とタイル B の枚数の差が 360 枚であるとき，n の値を求めよ。

　　　　　　　　　　　　　　　　　＜京都府＞

2 1辺の長さが 7 cm の正方形である緑，赤，青の3種類の色紙がある。

この色紙を，図のように左から緑，赤，青の順に繰り返して右に 2 cm ずつずらして並べていく。

表は，この規則に従って並べたときの色紙の枚数，一番右の色紙の色，横の長さについてまとめたものである。

このとき，下の(1)，(2)に答えなさい。

図
```
　　 2cm　　　　横
縦 7cm ┌─┬─┬─┬─┬─┬─┬─┐ ……
　　　 └─┴─┴─┴─┴─┴─┴─┘
　　　　緑赤青緑赤青　　緑
```

表

色紙の枚数(枚)	1	2	3	4	5	6	7	…	13
一番右の色紙の色	緑	赤	青	緑	赤	青	緑	…	□
横の長さ(cm)	7	9	11	*	*	*	*	…	*

*は，あてはまる数を省略したことを表している。

(1) **表**中の □ にあてはまる色をかきなさい。
(2) 色紙を n 枚並べたときの横の長さを n の式で表しなさい。

　　　　　　　　　　　　　　　　　＜和歌山県＞

3 正多角形のそれぞれの辺上に，頂点から頂点まで碁石を等間隔に並べる。例えば，右の図のように，正五角形の辺上に，碁石の個数がそれぞれ 5 個となるように碁石を並べると，20 個の碁石が必要であった。

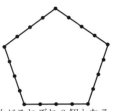

① 正六角形の辺上に，碁石の個数がそれぞれ 6 個となるように碁石を並べるときに必要な碁石の個数を求めなさい。
② n を 3 以上の自然数とする。正 n 角形の辺上に，碁石の個数がそれぞれ n 個となるように碁石を並べる。このときに必要な碁石の個数を n を使った式で表しなさい。

　　　　　　　　　　　　　　　　　＜熊本県＞

4 正 n 角形のそれぞれの辺上に頂点から頂点までに，ある規則にしたがって碁石を並べる。このとき，次の各問いに答えなさい。ただし，n は 3 以上の自然数とする。

[規則①] 　正 n 角形のそれぞれの辺上に頂点から頂点までを n 等分するように碁石を等間隔に並べる。

図1は [規則①] にしたがって，正三角形と正四角形の辺上に碁石を並べたものである。

図1

[規則②] 　正 n 角形のそれぞれの辺上に頂点から頂点までの碁石の個数が，ちょうど n 個となるように碁石を等間隔に並べる。

図2は [規則②] にしたがって，正三角形と正四角形の辺上に碁石を並べたものである。

図2

問1 [規則①] にしたがって，正五角形の辺上に碁石を並べるときに必要な碁石の個数を求めなさい。
問2 [規則①] にしたがって，正 n 角形の辺上に碁石を並べるときに必要な碁石の個数を n を使った式で表しなさい。
問3 [規則②] にしたがって碁石を並べるときに必要な碁石の個数を調べる。必要な碁石の個数は，正三角形で 6 個，正四角形で 12 個である。必要な碁石の個数が 870 個となるのは正何角形であるか答えなさい。

　　　　　　　　　　　　　　　　　＜沖縄県＞

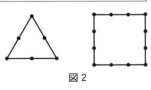

5 次の問いに答えなさい。

問1　太郎さんたちは，次の問題について考えています。

(問題)

> 図1のように，同じ長さのストローを並べて，五角形を n 個つくるのに必要なストローの本数を，n を用いた式で表しなさい。
>
> 図1　　　　n 個
>
>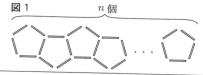

太郎さんはこの問題の考え方について，先生に確認しています。　ア　〜　ウ　に当てはまる数を，　エ　に当てはまる式を，それぞれ書きなさい。

太郎さん	「図1を使って，ストローの本数を数えると，五角形を1個つくるのに必要なストローの本数は5本です。また，五角形を2個つくるのに必要なストローの本数は　ア　本，五角形を3個つくるのに必要なストローの本数は　イ　本です。」
先生	「そうですね。五角形が1個増えると，ストローの本数はどのように増えるのでしょうか。」
太郎さん	「図2のように，ストローを囲むと1つの囲みにストローが　ウ　本ずつあるので，五角形が1個増えると，ストローの本数は　ウ　本増えます。」

図2

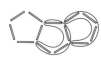

先生	「そうですね。では，五角形を n 個つくるのに必要なストローの本数を，n を使って表してみましょう。」
太郎さん	「図2と同じように考えて，ストローを囲むと，図3のようになります。

図3　　　　n 個

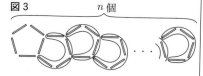

囲みの個数は，n を使って　エ　個と表すことができるので，五角形を n 個つくるのに必要なストローの本数を表す式は，$5+$　ウ　$\times($　エ　$)$ となります。」

先生	「そうですね。」

問2　図4は，2つの合同な正六角形を，1辺が重なるように並べて1つの図形にしたものです。図5のように，同じ長さのストローを並べて，図4の図形を n 個つくるのに必要なストローの本数を，n を用いた式で表しなさい。また，その考え方を説明しなさい。説明においては，図や表，式などを用いてもよい。

図4

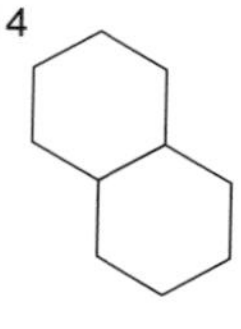

図5　　　　　　n 個

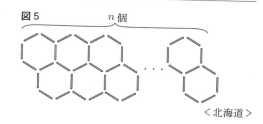

<北海道>

6 いくつかの碁石を，縦と横が等間隔となるように置き，正方形の形に並べることを考える。次の図のように，最初に黒い石を4つ並べて1番目の正方形とし，その外側に白い石を並べて2番目の正方形を作る。次に内側の黒い石を取り，いくつかの黒い石を加えて外側に並べ，3番目の正方形を作る。このように，3番目以降は，内側の石を取り，その石と同じ色の石をいくつか加えて外側に並べ，次の正方形を作っていく。後の(1)〜(3)の問いに答えなさい。

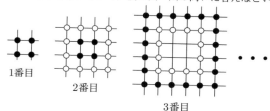

1番目　　　2番目　　　3番目

(1) 4番目の正方形を作ったとき，外側に並んでいる白い石の個数を求めなさい。

(2) n 番目の正方形を作ったとき，外側に並んでいる石の個数を，n を用いた式で表しなさい。

(3) 黒い石と白い石が，それぞれ300個ずつある。これらの石を使って図のように正方形を作っていったところ，何番目かの正方形を作ったときに，どちらかの色の石をちょうど使い切ることができ，もう一方の色の石は，いくつかが使われずに残った。このとき，次の①，②の問いに答えなさい。

① どちらかの色の石をちょうど使い切ったのは，何番目の正方形を作ったときか，求めなさい。
　ただし，答えを求める過程を書くこと。

② 使われずに残った石について，その石の色と残った個数をそれぞれ求めなさい。

<群馬県>

7 【図1】のような1辺の長さが 1 cm の正三角形のタイルをすき間なく並べて正六角形をつくる。

　例えば，1辺の長さが 1 cm の正六角形をつくると【図2】のようになる。また，1辺の長さが 2 cm の正六角形をつくると【図3】のようになる。

　このとき，㋐〜㋒の各問いに答えなさい。

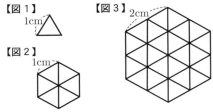

【図1】　　　　　　【図3】　2cm
1cm　△

【図2】
1cm

㋐　1辺の長さが 3 cm の正六角形を1個つくるとき，ちょうど何枚のタイルが必要か求めなさい。

㋑　1辺の長さが 6 cm の正六角形を1個つくるとき，ちょうど何枚のタイルが必要か求めなさい。

㋒　【図1】のタイルが 2023 枚あるとき，つくることができる正六角形の中で，最も大きな正六角形の1辺の長さを求めなさい。

　　ただし，正六角形の1辺の長さを表す数は整数とする。

<佐賀県>

8 図のように，5色のリングを左から青，黄，黒，緑，赤の順に繰り返し並べていく。

　下の**表**は，並べたときのリングの順番と色についてまとめたものである。

　このとき，下の(1)，(2)に答えなさい。

図

青　黒　赤　黄　緑　青　黒　……
　黄　緑　青　黒　赤　黄　緑

表

順番(番目)	1	2	3	4	5	6	7	8	9	10	11	12	13	14	…	27
色	青	黄	黒	緑	赤	青	黄	黒	緑	赤	青	黄	黒	緑		□

(1) **表**中の□にあてはまる27番目の色をかきなさい。

(2) 124 番目までに，黒色のリングは何個あるか，求めなさい。

<和歌山県>

9 次の【手順】に従って，右のような白，赤，青の3種類の長方形の色紙を並べて長方形を作る。3種類の色紙の縦の長さはすべて同じで，横の長さは，白の色紙が 1 cm，赤の色紙が 3 cm，青の色紙が 5 cm である。

白　赤　青

【手順】

下の図のように，長方形を作る。
・白の色紙を置いたものを 長方形1 とする。
・ 長方形1 の右端に赤の色紙をすき間なく重ならないように並べたものを 長方形2 とする。
・ 長方形2 の右端に白の色紙をすき間なく重ならないように並べたものを 長方形3 とする。
・ 長方形3 の右端に青の色紙をすき間なく重ならないように並べたものを 長方形4 とする。

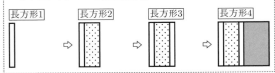

長方形1　⇨　長方形2　⇨　長方形3　⇨　長方形4

　このように，左から白，赤，白，青の順にすき間なく重ならないように色紙を並べ，5枚目からもこの【手順】をくり返して長方形を作っていく。

　たとえば， 長方形7 は，白，赤，白，青，白，赤，白の順に7枚の色紙を並べた右の図の長方形で，横の長さは 15 cm である。

長方形7

　このとき，次の1，2の問いに答えなさい。

1 長方形13 の右端の色紙は何色か。また， 長方形13 の横の長さは何 cm か。

2 AさんとBさんは，次の【課題】について考えた。下の【会話】は，2人が話し合っている場面の一部である。このとき，次の(1)，(2)の問いに答えよ。

【課題】

　 長方形2n の横の長さは何 cm か。ただし，n は自然数とする。

【会話】

A： 長方形2n は，3種類の色紙をそれぞれ何枚ずつ使うのかな。

B：白の色紙は ア 枚だね。赤と青の色紙の枚数は，n が偶数のときと奇数のときで違うね。

A：n が偶数のときはどうなるのかな。

B：n が偶数のとき， 長方形2n の右端の色紙は青色だね。だから， 長方形2n は，赤の色紙を イ 枚，青の色紙を ウ 枚だけ使うね。

A：そうか。つまり 長方形2n の横の長さは， エ cm となるね。

B：そうだね。それでは，n が奇数のときはどうなるのか考えてみよう。

(1)【会話】の中の ア 〜 エ にあてはまる数を n を用いて表せ。

(2)【会話】の中の下線部について，n が奇数のとき，長方形2n の横の長さを n を用いて表せ。ただし，求め方や計算過程も書くこと。

<鹿児島県>

10 Fさんは，右の写真のように大きさの異なる2種類のコーンがそれぞれ積まれているようすに興味をもち，図Ⅰ，図Ⅱのような模式図をかいて考えてみた。

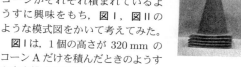

図Ⅰは，1個の高さが 320 mm のコーンAだけを積んだときのようすを表す模式図である。「コーンAの個数」が1のとき「積んだコーンAの高さ」は 320 mm であるとし，「コーンAの個数」が1増えるごとに「積んだコーンAの高さ」は 15 mm ずつ高くなるものとする。

図Ⅱは，1個の高さが 150 mm のコーンBだけを積んだときのようすを表す模式図である。「コーンBの個数」が1のとき「積んだコーンBの高さ」は 150 mm であるとし，「コーンBの個数」が1増えるごとに「積んだコーンBの高さ」は 10 mm ずつ高くなるものとする。

次の問いに答えなさい。

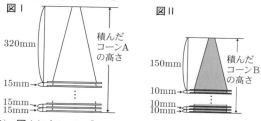

(1) 図Ⅰにおいて，「コーンAの個数」が x のときの「積んだコーンAの高さ」を y mm とする。

① 次の表は，x と y との関係を示した表の一部である。表中の(ア)，(イ)に当てはまる数をそれぞれ書きなさい。

x	1	2	$\cdots$	4	$\cdots$	8	$\cdots$
y	320	335	$\cdots$	(ア)	$\cdots$	(イ)	$\cdots$

② x を自然数として，y を x の式で表しなさい。
③ $y = 620$ となるときの x の値を求めなさい。

(2) FさんがコーンAを図Ⅰのように，コーンBを図Ⅱのようにそれぞれいくつか積んでいったところ，積んだコーンAの高さと積んだコーンBの高さが同じになった。
「コーンAの個数」を s とし，「コーンBの個数」を t とする。「コーンAの個数」と「コーンBの個数」との合計が39であり，「積んだコーンAの高さ」と「積んだコーンBの高さ」とが同じであるとき，s, t の値をそれぞれ求めなさい。

〈大阪府〉

11 右の図Ⅰのような1辺の長さが 5 cm である正方形の紙を，1 cm 重ねて貼り合わせていく。

このとき，あとの各問いに答えなさい。
ただし，あとの図Ⅱ〜図Ⅳの色のついた部分（⬛の部分）は，1 cm 重ねて貼り合わせた部分である。

問1 図Ⅰの正方形の紙6枚を，次の図Ⅱのように横に6枚貼り合わせてできる長方形Pと，図Ⅲのように縦に2枚，横に3枚貼り合わせてできる長方形Qがある。
このとき，あとの(1)，(2)に答えなさい。

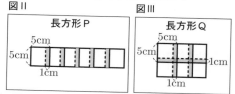

(1) 図Ⅲにおいて，長方形Qの面積を求めなさい。

(2) 長方形Pと長方形Qについて述べた文として正しいものを，次のア〜オからひとつ選び，記号で答えなさい。
ア 周の長さは長方形Pの方が長く，面積も長方形Pの方が大きい。
イ 周の長さは長方形Pの方が長く，面積は長方形Qの方が大きい。
ウ 周の長さは長方形Qの方が長く，面積は長方形Pの方が大きい。
エ 周の長さは長方形Qの方が長く，面積も長方形Qの方が大きい。
オ 長方形Pと長方形Qでは，周の長さも面積も等しい。

問2 図Ⅰの正方形の紙を，右の図Ⅳのように縦に3枚，横に a 枚貼り合わせてできる長方形の面積が 377 cm² になった。
このとき，a の値を求めなさい。
ただし，a は自然数とする。

問3 図Ⅰの正方形の紙を，縦に b 枚，横にも b 枚貼り合わせてできる正方形の面積が，3600 cm² 以下となるように，なるべく大きな正方形をつくる。
このとき，b の値を求めなさい。
ただし，b は自然数とする。

〈鳥取県〉

12 右の〔図1〕のように，横，右上がり，右下がりの3つの方向にそれぞれ平行な竹を，等間隔になるように編む「六ッ目編み」という編み方がある。

〔図2〕のように，横に置いた4本の竹は増やさずに，右上がり，右下がりの斜め方向に竹を加えて編んでいくことによってできる正六角形の個数について考える。

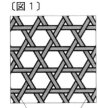

〔図1〕

右上がりの竹　右下がりの竹

横に置いた4本の竹と，斜め方向の4本の竹の合計8本を編むと正六角形が1個できる。これを1番目とする。

1番目の斜め方向の竹の右側に，斜め方向の竹を2本加えて合計10本を編んだものを2番目とする。

以下，同じように，斜め方向の竹を2本加えて編む作業を繰り返し，3番目，4番目，…とする。

なお，〔図2〕では竹を直線で表し，太線は新しく加えた竹を表している。

〔図2〕

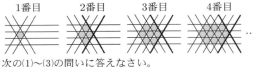

1番目　　2番目　　3番目　　4番目

次の(1)～(3)の問いに答えなさい。

(1) 6番目の正六角形の個数を求めなさい。

(2) n 番目の正六角形の個数を n を使って表しなさい。

(3) 正六角形を100個つくるとき，必要な竹は全部で何本か，求めなさい。

<大分県>

13 写真のような，「鱗文様」と呼ばれる日本の伝統文様がある。図1の三角形A △と三角形B ▽は合同な正三角形であり，この「鱗文様」は，図2のように，三角形Aと三角形Bをしきつめてつくったものとみることができる。次の(1)，(2)の問いに答えなさい。

写真

「鱗文様」の布

図1

三角形　　三角形
A　　　　B

図2

(1) 図3のように，1段目に三角形Aが1個あるものを1番目の図形とし，2番目の図形以降では，三角形Aと三角形Bをすき間なく規則的に並べて，「鱗文様」の正三角形をつくっていく。m 番目の図形の m 段目には，三角形Aが m 個ある。

図3

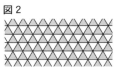

1番目　2番目　3番目　　…　　m番目
の図形　の図形　の図形　　　　　の図形

1段目
2段目
3段目

m段目

① 次の**表**は，1番目の図形，2番目の図形，3番目の図形，…にある三角形Aの個数，三角形Bの個数をまとめたものの一部である。ア，イにあてはまる数を書きなさい。

表

図形の番号　（番目）	1	2	3	4	5	6	7	…
三角形Aの個数　（個）	1	3	6				ア	…
三角形Bの個数　（個）	0	1	3				イ	…

② m 番目の図形に，三角形A，三角形Bを加えて，(m＋1) 番目の図形をつくる。加えた三角形Aの個数が16個，三角形Bの個数が15個のとき，m の値を求めなさい。

③ m 番目の図形にある三角形Aの個数の求め方を，次のように説明した。〔説明〕が正しくなるように，ウ，エにあてはまる式を書きなさい。

〔説明〕

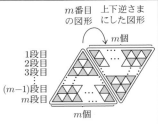

右の図は，図3の m 番目の図形の右側に，この図形を上下逆さまにした図形を置いたものです。

m番目　上下逆さまの図形　にした図形

1段目
2段目
3段目
(m−1)段目
m段目

m個

右の図で，三角形Aは，1段目に (1＋m) 個，2段目に {2＋(m−1)} 個あります。同様にして，三角形Aは，m 段目に (m＋1) 個あるので，三角形Aの個数は全部で　ウ　個となります。

このことから，図3の m 番目の図形にある三角形Aの個数は　エ　個となります。

(2) 三角形Aと三角形Bをすき間なく規則的に並べて，「鱗文様」の正六角形をつくっていく。図4のように，正六角形の辺の1つに，三角形Aが，1個並ぶ図形を1番目の正六角形，2個並ぶ図形を2番目の正六角形，3個並ぶ図形を3番目の正六角形，…とする。

n 番目の正六角形にある三角形Aの個数を，n を用いた式で表しなさい。

図4

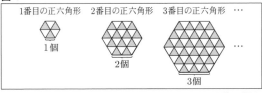

1番目の正六角形　2番目の正六角形　3番目の正六角形　…

1個　　　　2個　　　　3個

<秋田県>

14 幹奈さんと新一さんのクラスでは，文化祭で電球を並べて巨大な電飾のタワーを作ることになりました。タワーを作るために必要な電球の個数について，幹奈さんと新一さんが先生と話をしています。3人の会話を読んで，あとの問いに答えなさい。

ポスター

図において，電球を同じ大きさの○で表し，**図1**，**図3**は各段を真上から見た図とする。

幹奈：ポスターにあるようなタワーを参考にして作ります。タワーは40段で，形は正四角錐にしましょう。一番上の段を1段目として，1段目は1個，2段目以降は，n段目の正方形の一辺にn個ずつ電球を並べます。**図1**は，各段に並ぶ電球のうち，1段目から5段目までを表したものです。

図1

1段目 ○
4段目
2段目
3段目
5段目

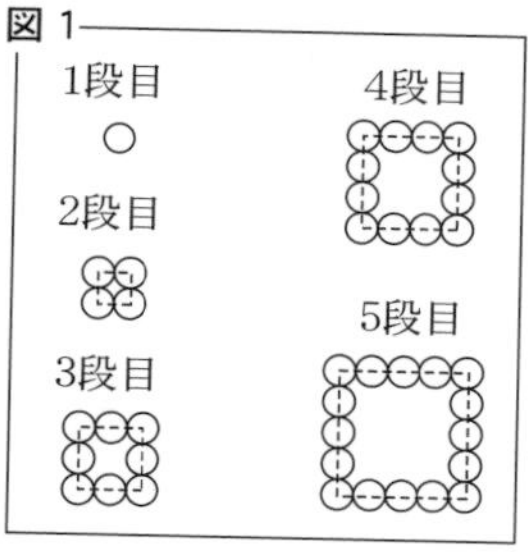

新一：まず，1段目から6段目までに電球が何個必要かを考えてみます。1段ずつ考えると，1段目は1個，2段目は4個，3段目は8個，4段目は12個，5段目は16個，6段目は □(ア) 個となるので，1段目から6段目までの電球の個数の合計は □(イ) 個です。

幹奈：1段目から順番に40段目までの電球の個数を足していくと，計算が大変ですね。

新一：奇数段目と偶数段目に分けて考えてみましょう。奇数段目は**図2**のように1段目から順に組み合わせて，しきつめていくと計算しやすいですね。**図2**を利用して，1段目，3段目，5段目，…，39段目の電球の個数の合計は □(ウ) × □(ウ) という式で計算できます。

図2

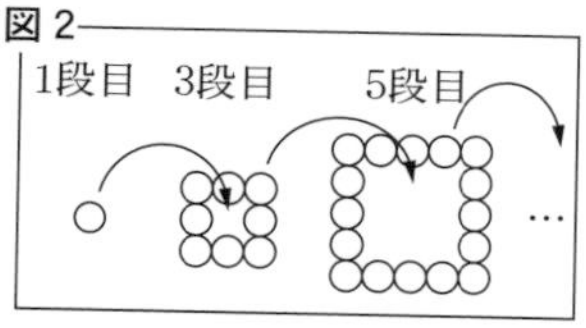

1段目 3段目 5段目

…

幹奈：偶数段目も同じように計算できますね。

新一：1段目から40段目までの電球の個数の合計は □(エ) 個になりました。

先生：よくできましたね。でも，そんなに多いと予算を超えてしまいますよ。

幹奈：では，正四角錐はあきらめて，正三角錐で作りましょう。1段目は1個，2段目以降は，n段目の正三角形の一辺にn個ずつ電球を並べます。1段目から40段目までの電球の個数の合計は何個になるかを考えてみます。今度も工夫して計算

図3

1段目 ○
4段目
2段目
5段目
3段目
6段目

できないのかな。

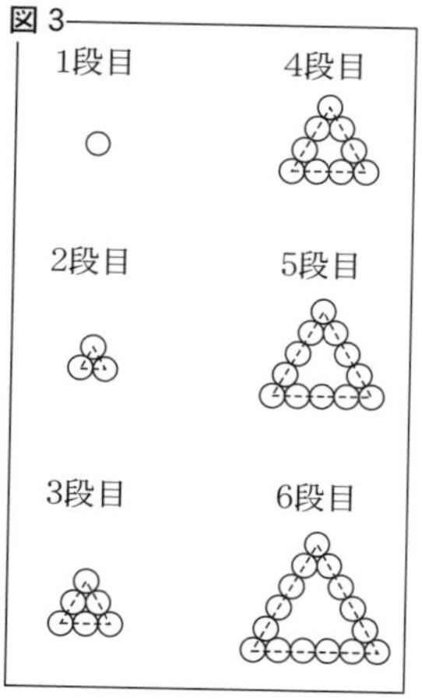

先生：**図3**を利用して，まず6段目までで段をどのように分けて組み合わせるかを考えてみましょう。

新一：わかりました。1段目から6段目までを，□(オ)，□(カ)，□(キ) の3組に分けて，それぞれ組み合わせると，しきつめることができますね。

幹奈：その考え方を利用すれば，1段目から40段目までの個数の合計も求められそうです。でも，正方形のときと同じようには計算できませんね。

先生：例えば，**図4**の点線で囲まれた電球の個数は，同じ個数の電球を**図4**のように逆向きにして並べると計算できませんか。

図4

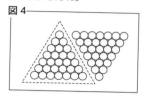

（数分後）

新一：できました。**図4**の点線で囲まれた電球の個数は
$$\frac{\Box(ク)\,(\,\Box(ク)\,+1\,)}{\Box(ケ)}$$
という式で計算できます。

幹奈：この考え方を使うと，正三角錐で作る場合，1段目から40段目までの電球の個数の合計は □(コ) 個になりますね。これで予算内に収まりますか。

問1 □(ア)，□(イ)，□(ウ)，□(エ) にあてはまる自然数を答えよ。

問2 □(オ)，□(カ)，□(キ) にあてはまる段の組を答えよ。

問3 □(ク)，□(ケ) にあてはまる1けたの自然数を答えよ。

問4 □(コ) にあてはまる自然数を答えよ。

〈長崎県〉

15 1辺の長さが n cm（n は2以上の整数）の正方形の板に，図1のような1辺の長さが1cmの正方形の黒いタイル，または斜辺の長さが1cmの直角二等辺三角形の白いタイルを貼る。板にタイルを貼るときは，黒いタイルを1枚使う【貼り方Ⅰ】，または白いタイルを4枚使う【貼り方Ⅱ】を用いて，タイルどうしが重ならないように板にすき間なくタイルをしきつめることとする。

黒いタイル　白いタイル
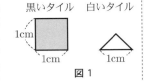
図1

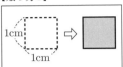
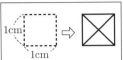

例えば，$n=3$ の場合について考えるとき，図2は黒いタイルを7枚，白いタイルを8枚，合計15枚のタイルを使って板にタイルをしきつめたようすを表しており，図3は黒いタイルを4枚，白いタイルを20枚，合計24枚のタイルを使って板にタイルをしきつめたようすを表している。

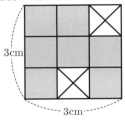
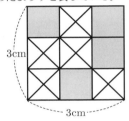
図2　　　　　図3

このとき，次の1，2，3の問いに答えなさい。

1　$n=4$ の場合について考える。白いタイルだけを使って板にタイルをしきつめたとき，使った白いタイルの枚数を求めなさい。

2　$n=5$ の場合について考える。黒いタイルと白いタイルを合計49枚使って板にタイルをしきつめたとき，使った黒いタイルと白いタイルの枚数をそれぞれ求めなさい。

3　次の文章の①，②，③に当てはまる式や数をそれぞれ求めなさい。ただし，文章中の a は2以上の整数，b は1以上の整数とする。

> $n=a$ の場合について考える。はじめに，黒いタイルと白いタイルを使って板にタイルをしきつめたとき，使った黒いタイルの枚数を b 枚とすると，使った白いタイルの枚数は a と b を用いて（　①　）枚と表せる。
> 次に，この板の【貼り方Ⅰ】のところを【貼り方Ⅱ】に，【貼り方Ⅱ】のところを【貼り方Ⅰ】に変更した新しい正方形の板を作った。このときに使ったタイルの枚数の合計は，はじめに使ったタイルの枚数の合計よりも225枚少なくなった。これを満たす a のうち，最も小さい値は（　②　），その次に小さい値は（　③　）である。

〈栃木県〉

16 次の図のように，縦の長さが1cm，横の長さが2cmの長方形のタイルを1枚置き，1番の図形とする。1番の図形の下に，タイル2枚を半分ずらしてすきまなく並べてできた図形を2番の図形，2番の図形の下に，タイル3枚を半分ずらしてすきまなく並べてできた図形を3番の図形とする。以下，この作業を繰り返してできた図形を，4番の図形，5番の図形，…とする。

ひかるさんとゆうきさんは，1番，2番，3番，…と，図形の番号が変わるときの，タイルの枚数や周の長さについて話している。ただし，図形の周の長さとは，太線（──）の長さである。2人の［会話Ⅰ］，［会話Ⅱ］を読んで，それぞれについて，あとの問いに答えなさい。

［会話Ⅰ］

> ひかる　図形のタイルの枚数を調べると，1番の図形は1枚，2番の図形は3枚になり，6番の図形は　ア　枚になるね。
> ゆうき　私は図形の周の長さを調べてみたよ。1番の図形は6cm，2番の図形は12cmになり，n 番の図形は n を使って表すと，　イ　cmとなるね。

(1)　［会話Ⅰ］の　ア　にあてはまる数を求めなさい。

(2)　［会話Ⅰ］の　イ　にあてはまる式を，n を使って表しなさい。

［会話Ⅱ］

> ひかる　図形のタイルの枚数について，表にまとめてみたよ。
>
> | 図形の番号（番） | 1 | 2 | … |
> |---|---|---|---|
> | タイルの枚数（枚） | 1 | 3 | … |
>
> ゆうき　私は図形の周の長さについて，表にまとめてみたよ。
>
> | 図形の番号（番） | 1 | 2 | … |
> |---|---|---|---|
> | 周の長さ（cm） | 6 | 12 | … |
>
> ひかる　2つの表をくらべると，　ウ　番の図形では，タイルの枚数が　エ　枚で，周の長さが　エ　cmとなって，数値が等しくなっているよ。
> ゆうき　そうだね。単位はちがっても，数値が等しくなるのはおもしろいね。

(3)　［会話Ⅱ］の　ウ　，　エ　にあてはまる数をそれぞれ求めなさい。

〈富山県〉

第2章　**関数**

§1　関数を式で表す

1 直方体の形をした水そうがあり，水そうの底から7cmの高さまで水が入っている。この水そうに，毎分3cmずつ水面が上がるように水を入れる。水を入れ始めてから x 分後の水そうの底から水面までの高さを y cm としたとき，水そうが満水になるまでの x と y の関係について，y を x の式で表しなさい。ただし，x の変域はかかなくてよい。

〈山口県〉

2 次の条件にあてはまる関数を，あとのア～エの中からすべて選び，その記号をかきなさい。

条件 $x > 0$ の範囲で，x の値が増加するにつれて，y の値が減少する。

ア　$y = 2x$　　イ　$y = -\dfrac{8}{x}$　　ウ　$y = -x - 2$

エ　$y = -x^2$

〈和歌山県〉

3 y が x の関数である4つの式 $y = ax$，$y = \dfrac{a}{x}$，$y = ax + b$，$y = ax^2$ について，a と b が0でない定数のとき，下の**例**のように，ある特徴に当てはまるか当てはまらないかを考え，グループ分けする。次の(1)，(2)の問いに答えなさい。

例

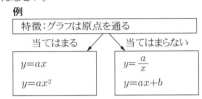

(1) **図Ⅰ**のように，特徴を「変化の割合は一定である」とするとき，次の①，②の式は，どちらにグループ分けできるか。当てはまるグループの場合は〇を，当てはまらないグループの場合は×を書きなさい。

①　$y = ax + b$　　②　$y = ax^2$

図Ⅰ

(2) 次のア～エのうち，**図Ⅱ**の特徴であるＡとして適切なものをすべて選び，記号で答えなさい。

ア　グラフは y 軸について対称である

イ　グラフは y 軸と交点をもつ

ウ　$x = 1$ のとき，$y = a$ である

エ　$a > 0$ で $x > 0$ のとき，x が増加すると y も増加する

図Ⅱ

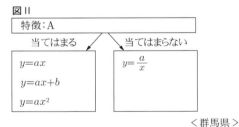

〈群馬県〉

§2 比例・反比例

1 次のア〜エから，y が x に反比例するものを1つ選び，その記号を書きなさい。

ア　$x\,\mathrm{mL}$ のジュースを5人で均等に分けるときの1人分のジュースの量が $y\,\mathrm{mL}$ である。

イ　面積が $50\,\mathrm{cm}^2$ の長方形の縦の長さが $x\,\mathrm{cm}$ であるときの横の長さが $y\,\mathrm{cm}$ である。

ウ　点Pが直線上を毎分 $x\,\mathrm{cm}$ の速さで3分間進んだときの道のりが $y\,\mathrm{cm}$ である。

エ　定価が x 円の品物を定価の20%引きで買ったときの代金が y 円である。

<山梨県>

2 y は x に比例し，$x = -2$ のとき $y = 10$ である。x と y の関係を式に表しなさい。

<徳島県>

3 y は x に比例し，$x = -3$ のとき，$y = 18$ である。$x = \dfrac{1}{2}$ のときの y の値を求めなさい。

<青森県>

4 y は x に比例し，$x = 10$ のとき，$y = -2$ である。このとき，$y = \dfrac{2}{3}$ となる x の値を求めなさい。

<三重県>

5 y は x に反比例し，$x = 4$ のとき $y = -5$ である。このときの比例定数を求めなさい。

<山梨県>

6 y は x に反比例し，$x = 3$ のとき $y = 2$ である。y を x の式で表しなさい。

<山口県>

7 y は x に反比例し，$x = -2$ のとき $y = 8$ である。y を x の式で表しなさい。

<栃木県>

8 y は x に反比例し，$x = 2$ のとき $y = 3$ である。$x = 5$ のときの y の値を求めなさい。

<熊本県>

9 y は x に反比例し，$x = -6$ のとき $y = 2$ である。$y = 3$ のときの x の値を求めなさい。

<兵庫県>

10 y は x に反比例し，$x = 4$ のとき $y = \dfrac{5}{4}$ である。x と y の関係を式に表しなさい。

〈徳島県〉

11 y は x に反比例し，$x = 4$ のとき，$y = 8$ である。$x = 2$ のとき，y の値を求めよ。

〈長崎県〉

12 y は x に反比例し，$x = 2$ のとき $y = 9$ である。$x = -3$ のときの y の値を求めよ。

〈福岡県〉

13 関数 $y = \dfrac{12}{x}$ について，x の変域が $3 \leqq x \leqq 6$ のときの y の変域を求めなさい。

〈栃木県〉

14 右の図は，反比例のグラフである。y を x の式で表しなさい。

〈石川県〉

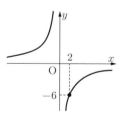

15 右の図のように，関数 $y = \dfrac{a}{x}$ のグラフがあります。このグラフが，点 A$(-3, 2)$ を通るとき，a の値を求めなさい。

〈広島県〉

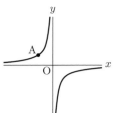

16 次のア〜エは，$y = ax$ のグラフまたは $y = \dfrac{a}{x}$ のグラフと，点 A$(1, 1)$ を表したものです。ア〜エのうち，$y = \dfrac{a}{x}$ の a の値が 1 より大きいグラフを表しているものはどれですか。一つ選び，その記号を書きなさい。

〈岩手県〉

17 関数 $y = \dfrac{6}{x}$ で，x の値が 1 から 3 まで増加するときの変化の割合を求めなさい。求める過程も書きなさい。

〈秋田県〉

18 関数 $y = \dfrac{10}{x}$ について，x の値が 1 から 5 まで増加するときの変化の割合を求めなさい。

〈大阪府〉

19 関数 $y = \dfrac{16}{x}$ のグラフ上にあり，x 座標，y 座標がともに整数となる点の個数を求めよ。

〈京都府〉

20 y が x に反比例し，$x = \dfrac{4}{5}$ のとき $y = 15$ である
関数のグラフ上の点で，x 座標と y 座標がともに正
の整数となる点は何個あるか，求めなさい。
＜愛知県＞

21 右の図のように，y 軸上に
点 A (0, 5) があり，関数
$y = \dfrac{a}{x}$ のグラフ上に，y 座標が
5 より大きい範囲で動く点 B と y
座標が 2 である点 C があります。
直線 AB と x 軸との交点を D と
します。また，点 C から x 軸に
垂線を引き，x 軸との交点を E
とします。ただし，$a > 0$ とします。
　次の(1)・(2)に答えなさい。

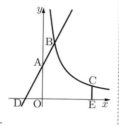

(1) $a = 8$ のとき，点 C の x 座標を求めなさい。
(2) DA = AB，DE = 9 となるとき，a の値を求めなさい。
＜広島県＞

§3　一次関数

1 次のアからエまでの中から，y が x の一次関数であるものをすべて選んで，そのかな符号を書きなさい。

ア　1辺の長さが x cm である立方体の体積 y cm^3

イ　面積が 50 cm^2 である長方形のたての長さ x cm と横の長さ y cm

ウ　半径が x cm である円の周の長さ y cm

エ　5%の食塩水 x g に含まれる食塩の量 y g

＜愛知県＞

2 下の図のア〜エのグラフは，1次関数 $y = 2x - 3$，$y = 2x + 3$，$y = -2x - 3$，$y = -2x + 3$ のいずれかである。1次関数 $y = 2x - 3$ のグラフをア〜エの中から1つ選び，記号で答えなさい。

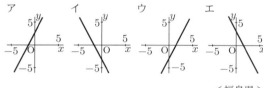

＜福島県＞

3 2点 $(-1, 1)$，$(2, 7)$ を通る直線の式を答えなさい。

＜新潟県＞

4 右の図において，曲線は関数 $y = \dfrac{6}{x}$ のグラフで，曲線上の2点 A，B の x 座標はそれぞれ -6，2 です。

2点 A，B を通る直線の式を求めなさい。

＜埼玉県＞

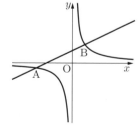

5 一次関数 $y = -3x + 5$ について述べた文として正しいものを，次のア〜エからひとつ選び，記号で答えなさい。

ア　グラフは点 $(-3, 5)$ を通る直線である。

イ　x の値が2倍になるとき，y の値も2倍になる。

ウ　x の変域が $1 \leqq x \leqq 2$ のとき，y の変域は $-1 \leqq y \leqq 2$ である。

エ　x の値が1から3まで変わるとき，y の増加量は -3 である。

＜鳥取県＞

6 1次関数 $y = -2x + 1$ について，x の変域が $-1 \leqq x \leqq 2$ のとき，y の変域を求めよ。

＜長崎県＞

7 関数 $y = -2x + 1$ について，x の変域が $-1 \leqq x \leqq 3$ のときの y の変域を求めなさい。

＜栃木県＞

8 関数 $y = -2x + 7$ について，x の値が -1 から4まで増加するときの y の増加量を求めよ。

＜福岡県＞

9 関数 $y = ax + b$ について，x の値が2増加すると y の値が4増加し，$x = 1$ のとき $y = -3$ である。このとき，a，b の値をそれぞれ求めなさい。

＜青森県＞

10 2つの方程式 $3x + 2y + 16 = 0$，$2x - y + 6 = 0$ のグラフの交点が，方程式 $ax + y + 10 = 0$ のグラフ上にある。このときの a の値を求めなさい。

＜高知県＞

11 右の図のように，関数 $y = -2x + 8 \cdots$ ① のグラフがあります。①のグラフと x 軸との交点を A とします。点 O は原点とします。点 A の座標を求めなさい。

〈北海道〉

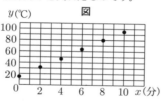

12 一次関数 $y = \dfrac{5}{2}x + a$ のグラフは，点 $(4, 3)$ を通る。このグラフと y 軸との交点の座標を求めなさい。

〈徳島県〉

13 たくみさんの家には，電気で調理ができる IH 調理器（電磁調理器）があります。その IH 調理器は，「強火」，「中火」，「弱火」の3段階で火力を調節できます。たくみさんは，お湯を沸かすときの電気料金を調べたいと考え，3段階の火力で15℃の水 1.5 L を沸かす実験をしました。

右の**表Ⅰ**は「中火」のときの熱した時間と水の温度の変化をまとめたもので，**図**は，熱し始めてからの時間を x 分，水の温度を y℃として，その結果をかき入れたものです。

表Ⅰ 「中火」の実験結果

時間(分)	0	2	4	6	8	10
温度(℃)	15	31	47	63	79	95

たくみさんは，**図**にかき入れた点が1つの直線上に並ぶので，95℃になるまでは，y は x の1次関数であるとみなしました。

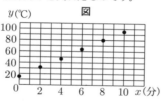

このとき，たくみさんの考えにもとづいて，次の(1)，(2)の問いに答えなさい。

(1) この1次関数の変化の割合を求めなさい。

(2) たくみさんは「強火」と「弱火」でも，15℃の水 1.5 L を沸かす実験を行い，右の**表Ⅱ**，**表Ⅲ**にまとめました。この結果から，「強火」と「弱火」でも「中火」と同様に，熱した時間と水の温度の関係は，1次関数であるとみなしました。

表Ⅱ 「強火」の実験結果

時間(分)	0	2	4	6
温度(℃)	15	39	63	87

表Ⅲ 「弱火」の実験結果

時間(分)	0	2	4	6
温度(℃)	15	23	31	39

また，この IH 調理器の1分あたりの電気料金を調べ，**表Ⅳ**にまとめました。

表Ⅳ 1分あたりの電気料金

火力	電気料金（円）
強火	0.6
中火	0.4
弱火	0.2

15℃の水 1.5 L を95℃まで沸かすときの電気料金はいくらですか。「強火」と「弱火」のときの料金をそれぞれ求め，「強火」の方が安い，「弱火」の方が安い，同じのうち，あてはまるものを一つ選びなさい。

〈岩手県〉

14 学校の花壇に花を植えることになった E さんは，花壇の端のレンガから 10 cm 離して最初の花を植え，あとは 25 cm 間隔で一列に花を植えていくことにした。下図は，花壇に花を植えたときのようすを表す模式図である。

下図において，O, P は直線 l 上の点である。「花の本数」が x のときの「線分 OP の長さ」を y cm とする。x の値が1増えるごとに y の値は25ずつ増えるものとし，$x = 1$ のとき $y = 10$ であるとする。

次の問いに答えなさい。

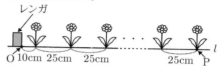

(1) 次の表は，x と y との関係を示した表の一部である。表中の(ア)，(イ)に当てはまる数をそれぞれ書きなさい。

x	1	2	…	4	…	9	…
y	10	35	…	(ア)	…	(イ)	…

(2) x を自然数として，y を x の式で表しなさい。

(3) $y = 560$ となるときの x の値を求めなさい。

〈大阪府〉

15 A さんは駅を出発し，初めの 10 分間は平らな道を，そのあとの 9 分間は坂道を歩いて図書館に行きました。右の図は，A さんが駅を出発してから x 分後の駅からの距離を y m とし，x と y の関係をグラフに表したもので，$10 \leqq x \leqq 19$ のときの y を x の式で表すと $y = 40x + 280$ です。B さんは，A さんが駅を出発した8分後に自転車で駅を出発し，A さんと同じ道を通って，平らな道，坂道ともに分速 160 m で図書館に行きました。B さんはその途中で A さんに追いつきました。B さんが A さんに追いついたのは，駅から何 m のところですか。

〈広島県〉

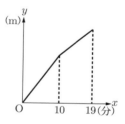

16 AさんとBさんが同時に駅を出発し，同じ道を通って，2700 m 離れた博物館に向かった。Aさんは自転車に乗り，はじめは分速 160 m で走っていたが，途中のP地点で自転車が

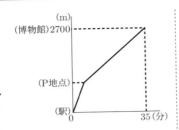

故障し，P地点から自転車を押して，分速 60 m で歩き，駅を出発してから 35 分後に博物館に到着した。Bさんは駅から走り，Aさんより 5 分早く博物館に到着した。図は，Aさんが駅を出発してからの時間と駅からの距離の関係を表したものである。ただし，Aさんが自転車で走る速さ，Aさんが歩く速さ，Bさんが走る速さは，それぞれ一定とする。

次の問いに答えなさい。

(1) Bさんが走る速さは分速何 m か，求めなさい。

(2) Aさんが自転車で走った時間と歩いた時間を，連立方程式を使って，次のように求めた。　ア　にあてはまる式を書き，　イ　，　ウ　にあてはまる数をそれぞれ求めなさい。

> Aさんが自転車で走った時間を a 分，歩いた時間を b 分とすると，
> $$\begin{cases} a+b=35 \\ \boxed{\text{ア}} = 2700 \end{cases}$$
> これを解くと，$a = \boxed{\text{イ}}$，$b = \boxed{\text{ウ}}$
> この解は問題にあっている。
> Aさんが自転車で走った時間は　イ　分，歩いた時間は　ウ　分である。

(3) BさんがAさんに追いつくのは，駅から何 m の地点か，求めなさい。

〈兵庫県〉

17 ある遊園地に，図1のような，A駅からB駅までの道のりが 4800 m のモノレールの線路がある。モノレールは，右の表の時刻に従ってA駅とB駅の間を往復し，走行中の速さは一定である。

図1

モノレールの時刻表	
A発 → B着	B発 → A着
13:00 → 13:08	13:16 → 13:24
13:32 → 13:40	13:48 → 13:56

表

モノレールが 13 時にA駅を出発してから x 分後の，B駅からモノレールのいる地点までの道のりを y m とする。13 時から 13 時 56 分までの x と y の関係をグラフに表すと，図2のようになる。

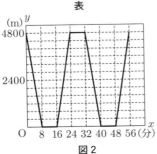

図2

次の(1)〜(3)の問い

に答えなさい。ただし，モノレールや駅の大きさは考えないものとする。

(1) モノレールがA駅とB駅の間を走行するときの速さは，分速何 m であるかを求めなさい。

(2) x の変域を次の(ア)，(イ)とするとき，y を x の式で表しなさい。

(ア) $0 \le x \le 8$ のとき

(イ) $16 \le x \le 24$ のとき

(3) 花子さんは 13 時にB駅を出発し，モノレールの線路沿いにある歩道をA駅に向かって一定の速さで歩いた。花子さんはB駅を出発してから 56 分後に，モノレールと同時にA駅に到着した。

(ア) 花子さんが初めてモノレールとすれ違ったのは，モノレールが 13 時にA駅を出発してから，何分後であったかを求めなさい。

(イ) 花子さんは，初めてモノレールとすれ違った後，A駅に向かう途中で，B駅から戻ってくるモノレールに追い越された。花子さんが初めてモノレールとすれ違ってから途中で追い越されるまでに，歩いた道のりは何 m であったかを求めなさい。

〈岐阜県〉

18 Aさんは，10 時ちょうどにP地点を出発し，分速 a m でP地点から 1800 m 離れている図書館に向かった。10 時 20 分にP地点から 800 m 離れているQ地点に到着し，止まって休んだ。10 時 30 分にQ地点を出発し，分速 a m で図書館に向かい，10 時 55 分に図書館に到着した。

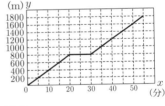

右のグラフは，10 時 x 分におけるP地点とAさんの距離を y m として，x と y の関係を表したものである。

このとき，次の各問いに答えなさい。

ただし，P地点と図書館は一直線上にあり，Q地点はP地点と図書館の間にあるものとする。

① a の値を求めなさい。

② Bさんは，AさんがP地点を出発してから 10 分後に図書館を出発し，止まらずに一定の速さでP地点に向かい，10 時 55 分にP地点に到着した。AさんとBさんが出会ったあと，AさんとBさんの距離が 1000 m であるときの時刻を求めなさい。

③ Cさんは，AさんがP地点を出発してから 20 分後にP地点を出発し，止まらずに分速 100 m で図書館に向かった。CさんがAさんに追いついた時刻を求めなさい。

〈三重県〉

19 A駅とB駅の間（道のり 64 km）を途中で停車することなく走行する列車がある。次の表は，それらの列車の時刻表の一部である。

	A駅発	B駅着		B駅発	A駅着
列車P	9：00	9：48	列車Q	9：24	10：12

9時から x 分経過したときの，それぞれの列車のA駅からの道のりを y km として，列車がすれ違う時刻と位置を求める方法について考える。

x と y の関係を1次関数とみなして考えるものとして，それぞれの列車について y を x の式で表すと，次の①，②のようになる。

【列車P】
$$y = \frac{4}{3}x \cdots ①$$
x の変域は，$0 \leqq x \leqq 48$

【列車Q】
$$y = -\frac{4}{3}x + 96 \cdots ②$$
x の変域は，$24 \leqq x \leqq 72$

このとき，次の1〜4に答えなさい。ただし，列車の長さは考えないものとする。

1 x と y の関係を1次関数とみなすことについて述べた次の文で，（ ）に当てはまる言葉として正しいものを，下のア〜エから1つ選び，その記号を書きなさい。

x と y の関係を1次関数とみなすということは，（ ）ということである。

ア　列車が互いにすれ違うと考える
イ　列車の走行時間を48分間と考える
ウ　列車の速さを一定と考える
エ　列車の走行距離を64 km と考える

2 A駅からB駅方向への道のりが 20 km の位置に踏切がある。列車Pは，この踏切を何時何分に通過することになるか，①の式を用いて求めなさい。

3 2つの列車の x と y の関係は，次のようなグラフに表すことができる。列車Pと列車Qがすれ違う時刻と位置は，下のグラフから求めたり，①，②の式から求めたりすることができる。列車Pと列車Qがすれ違う時刻と位置について，グラフから求める方法と式から求める方法をそれぞれ説明しなさい。

ただし，実際に時刻と位置を求める必要はない。

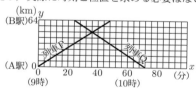

4 列車Qは，10時3分にもA駅からB駅まで走行する別の列車Rとすれ違う。列車Rは，A駅を何時何分に出発していることになるか求めなさい。

ただし，列車Rも x と y の関係を1次関数とみなし，列車Pと同じ速さで走行するものとする。

〈山梨県〉

20 右の図は，底面が縦 30 cm，横 60 cm で高さが 36 cm の直方体の形をした水そうであり，水そうの底面は，高さが 18 cm で底面に垂直な板によって，縦 30 cm，横 40 cm の長方形の底面Pと，縦 30 cm，横 20 cm の長方形の底面Qの2つの部分に分けられている。

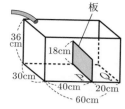

いま，この水そうが空の状態から，底面Pの方へ毎秒 200 cm³ ずつ水を入れていき，水そうが完全に水で満たされたところで水を止める。

このとき，次の □ 中の説明を読んで，あとの(i)，(ii)に答えなさい。ただし，水そうや板の厚さは考えないものとする。

底面Pから水面までの高さに着目すると，水を入れ始めてから a 秒後に水面までの高さが板の高さと同じになり，a 秒後からしばらくは板を超えて底面Qの方へ水が流れるため水面までの高さは変わらないが，その後，再び水面までの高さは上がり始める。

(i) □ 中の a の値を求めなさい。

(ii) 水を入れ始めてから x 秒後の，底面Pから水面までの高さを y cm とするとき，水を入れ始めてから水を止めるまでの x と y の関係を表すグラフとして最も適するものを次の1〜4の中から1つ選び，その番号を答えなさい。

1.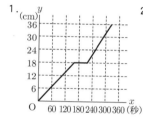

2.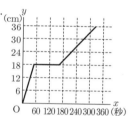

3.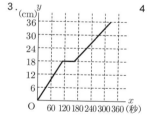

4.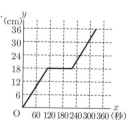

〈神奈川県〉

21 右の**図1**のように空の水そうがあり，P，Qからそれぞれ出す水をこの中に入れる。最初に，P，Qから同時に水を入れ始めて，その6分後に，Qから出す水を止め，Pからは出し続けた。さらに，その4分後に，Pから出す水も止めたところ，水そうの中には230Lの水が入った。

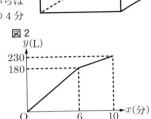

図1

図2

P，Qから同時に水を入れ始めてから，x分後の水そうの中の水の量をyLとする。右の**図2**は，P，Qから同時に水を入れ始めてから，水そうの中の水の量が230Lになるまでの，xとyの関係をグラフに表したものである。このとき，次の(1)～(3)の問いに答えなさい。ただし，P，Qからは，それぞれ一定の割合で水を出すものとする。

(1) **図2**について，$0 \leqq x \leqq 6$のとき，直線の傾きを答えなさい。

(2) **図2**について，$6 \leqq x \leqq 10$のとき，xとyの関係を$y = ax + b$の形で表す。このとき，次の①，②の問いに答えなさい。

① bの値を答えなさい。

② 次の文は，bの値について述べたものである。このとき，文中の　　　　に当てはまる最も適当なものを，下のア～エから1つ選び，その符号を書きなさい。

> bの値は，P，Qから同時に水を入れ始めてから，水そうの中の水の量が230Lになるまでの間の，　　　　と同じ値である。

ア 「Pから出た水の量」と「Qから出た水の量」の和

イ 「Pから出た水の量」から「Qから出た水の量」を引いた差

ウ Pから出た水の量

エ Qから出た水の量

(3) Pから出た水の量と，Qから出た水の量が等しくなるのは，P，Qから同時に水を入れ始めてから何分何秒後か，求めなさい。

〈新潟県〉

22 美咲さんは，自分が住んでいる市の水道料金について調べた。右の**表**は，1か月当たりの基本料金と使用量ごとの料金をそれぞれ表したものであり，右の**図**は，1か月間に水を$x\,\mathrm{m}^3$使用したときの水道料金をy円として，xとyの関係をグラフに表したものである。

なお，1か月当たりの水道料金は，

(基本料金)＋(使用量ごとの料金)×(使用量)…⑦

で計算するものとする。

例えば，1か月間の水の使用量が$5\,\mathrm{m}^3$のときの水道料金は，

$400 + 40 \times 5 = 600$（円），

1か月間の水の使用量が$15\,\mathrm{m}^3$のときの水道料金は，

$400 + 40 \times 10 + 120 \times 5 = 1400$（円）となる。

表

基本料金	使用量ごとの料金（1m³につき）	
400円	0m³から10m³まで	40円
	10m³をこえて20m³まで	120円
	20m³をこえた分	140円

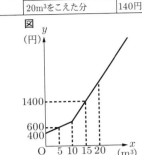

図

① 美咲さんが住んでいる市で1か月間に水を$23\,\mathrm{m}^3$使用したとき，1か月当たりの水道料金はいくらになるか，求めなさい。

② 大輔さんが住んでいる市の1か月当たりの水道料金も，⑦と同じ式で計算されている。ただし，大輔さんが住んでいる市の使用量ごとの料金は，どれだけ使用しても$1\,\mathrm{m}^3$につき80円である。また，大輔さんが住んでいる市の1か月当たりの水道料金は，1か月間の水の使用量が$28\,\mathrm{m}^3$のとき，美咲さんが住んでいる市で1か月間に水を$28\,\mathrm{m}^3$使用したときの水道料金と同じ料金になる。

このとき，大輔さんが住んでいる市の1か月当たりの水道料金の基本料金を求めなさい。

〈熊本県〉

23 マユさんとリクさんは数学の授業で，下のように，ホワイトボードに書かれた【問題】を解いた。次の(1)，(2)に答えなさい。

【問題】

1個120円のりんごと1個150円のなしがある。1つの箱にりんごとなしを詰め合わせて，箱代40円をふくめて6700円になるとき，詰め合わせたりんごとなしの個数をそれぞれ求めなさい。ただし，次の〔条件〕を満たすこと。

〔条件〕りんごとなしを合わせて50個詰め合わせる。

〔マユさん〕

りんごを a 個とすると，なしは（ あ ）個とすることができる。

a についての方程式をつくると，

$120a + 150$（ あ ）$+40 = 6700$ となる。

これを解くと，$a = 28$ となるので，

りんご28個，なし22個

- -

〔リクさん〕

りんごを a 個，なしを b 個とする。

a，b についての連立方程式をつくると，

　　　　　　　　い

これを解くと，$a = 28$，$b = 22$ となるので，

りんご28個，なし22個

(1) あ ， い にあてはまる式をそれぞれ書きなさい。

(2) 【問題】を解いた後，先生からプリントが配られた。下は，マユさんが取り組んだプリントの一部である。あとのア，イに答えなさい。

●【問題】の〔条件〕を，次の〔条件A〕と〔条件B〕に変えて，その2つを満たすりんごとなしの個数をそれぞれ求めましょう！

〔条件A〕りんごとなしはどちらも18個以上詰め合わせる。

〔条件B〕りんごとなしを合わせて50個より多く詰め合わせる。

〔解答〕

〔条件A〕を満たすために，りんごとなしの個数をそれぞれ $(x+18)$ 個，$(y+18)$ 個とする。

（x，y は0以上の整数）

x，y についての二元一次方程式をつくると，

　　　う　　　 $= 6700$ となる。

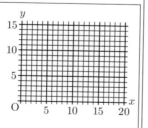

え これを整理すると，$4x + 5y = 60$ となる。
この式の解を座標とする点は，すべて1つの直線上にあるから，〔条件A〕を満たす x，y の値は，次の4組である。
$(x, y) = ($ ， $)$，$($ ， $)$，$($ ， $)$，$($ ， $)$

お さらに，〔条件B〕を満たすのは，
$(x, y) = ($ ， $)$ だけだから，
りんご ☐ 個，なし ☐ 個となる。

●今日の授業を通して，気づいたことを書きましょう！

ア う にあてはまる式を書きなさい。

イ え ，お の ☐ について，あてはまる座標や数をそれぞれ求めなさい。

<青森県>

24 下の表は，3台のトラックA車，B車，C車について，調べたことをまとめたものである。ただし，3台それぞれのトラックについて，燃料タンクいっぱいに燃料を入れて出発し，x km 走ったときの残りの燃料の量を y L とするとき，y は x の一次関数とみなす。

A車	・燃料タンクの容量は50Lである。 ・1km走るごとに0.1Lずつ燃料を使う。
B車	・燃料タンクいっぱいに燃料を入れて出発すると，400km走ったときの残りの燃料の量は0Lになる。 ・1km走るごとに0.2Lずつ燃料を使う。
C車	・燃料タンクの容量は240Lである。 ・燃料タンクいっぱいに燃料を入れて出発すると，200km走ったときの残りの燃料の量は190Lになる。 ・1km走るごとに一定の量ずつ燃料を使う。

※燃料は，走ることだけに使い，すべて使いきることができるものとする。

また，右の図は，表をもとに，A車，B車それぞれについて x と y の関係をグラフに表したものである。
このとき，次の(1)～(3)に答えなさい。

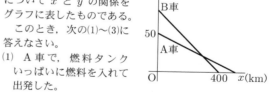

(1) A車で，燃料タンクいっぱいに燃料を入れて出発した。
70 km 走ったときの残りの燃料の量は何 L か，求めなさい。

(2) A車，B車で，燃料タンクいっぱいに燃料を入れて出発した。このとき，次の ☐ にあてはまる数を求めなさい。

A車，B車，それぞれが同じ距離 ☐ km 走ったとき，A車の残りの燃料の量がB車の残りの燃料の量よりも5L多かった。

(3) C車で，燃料タンクいっぱいに燃料を入れて出発した。途中で1回だけ，燃料タンクいっぱいになるように燃料を追加して，少なくとも 1800 km 走れるようにしたい。出発してから燃料を追加するまでに走る距離は何 km 以上，何 km 以下であればよいか，求めなさい。また，その考え方を説明しなさい。説明においては，図や表，式などを用いてよい。

<石川県>

§4　関数 $y=ax^2$

1 関数 $y=-2x^2$ について述べた文として正しいものを，ア～エから全て選び，符号で書きなさい。

ア　x の値が 1 ずつ増加すると，y の値は 2 ずつ減少する。

イ　x の変域が $-2 \leqq x \leqq 4$ のときと $-1 \leqq x \leqq 4$ のときの，y の変域は同じである。

ウ　グラフは x 軸について対称である。

エ　グラフは下に開いている。

<京都府>　　　　　　　　　　　　　　　<岐阜県>

2 x と y の関係が $y=ax^2$ で表され，$x=-2$ のとき，$y=8$ である。$x=3$ のときの y の値を求めなさい。ただし，答えを求める過程を書くこと。

<群馬県>

3 y は x の 2 乗に比例し，$x=-2$ のとき $y=12$ である。このとき，y を x の式で表しなさい。

<新潟県>

4 右の**表**は，関数 $y=ax^2$ について，x と y の関係を表したものです。このとき a の値および**表**の b の値を求めなさい。

表

x	$\cdots$	-6	$\cdots$	4	$\cdots$
y	$\cdots$	b	$\cdots$	6	$\cdots$

<滋賀県>

5 右図において，m は関数 $y=ax^2$ （a は定数）のグラフを表す。A は m 上の点であり，その座標は $(-4, 3)$ である。a の値を求めなさい。

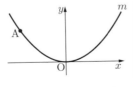

<大阪府>

6 関数 $y=-\dfrac{1}{2}x^2$ について，x の値が 2 から 6 まで増加するときの変化の割合を求めよ。

<京都府>

7 関数 $y=ax^2$ （a は定数）と $y=6x+5$ について，x の値が 1 から 4 まで増加するときの変化の割合が同じであるとき，a の値を求めなさい。

<愛知県>

8 関数 $y=ax^2$ のグラフが点 $(6, 12)$ を通っている。このとき，次の(1)，(2)に答えなさい。

(1) a の値を求めなさい。

(2) x の変域が $-4 \leqq x \leqq 2$ のとき，y の変域を求めなさい。

<鳥取県>

9 関数 $y=ax^2$ について，x の変域が $-2 \leqq x \leqq -1$ のとき，y の変域は $3 \leqq y \leqq 12$ である。このときの a の値を求めよ。

<高知県>

10 関数 $y=2x^2$ について，x の変域が $a \leqq x \leqq a+4$ のとき，y の変域は $0 \leqq y \leqq 18$ となりました。このとき，a の値を**すべて**求めなさい。

<埼玉県>

11 右の図の①～③の放物線は, 下のア～ウの関数のグラフです。①～③は, それぞれどの関数のグラフですか。ア～ウの中から選び, その記号をそれぞれ書きなさい。

ア　$y = 2x^2$

イ　$y = \frac{1}{3}x^2$

ウ　$y = -x^2$

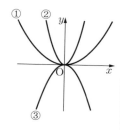

〈広島県〉

12 右の図において, Ⓐは関数 $y = ax^2$, Ⓑは関数 $y = bx^2$, Ⓒ は関数 $y = cx^2$, Ⓓ は関数 $y = dx^2$ のグラフである。a, b, c, d の値を小さい順に左から並べたとき正しいものを, 次のア～エから1つ選んで記号を書きなさい。

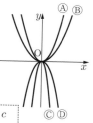

ア　c, d, a, b　　イ　b, a, d, c

ウ　d, c, b, a　　エ　c, d, b, a

〈秋田県〉

13 次のア～エは, 関数 $y = ax^2$ のグラフと, 一次関数 $y = bx + c$ のグラフをコンピュータソフトを用いて表示したものです。ア～エのうち, a, b, c がすべて同符号であるものを一つ選び, その記号を書きなさい。

ア 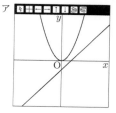　イ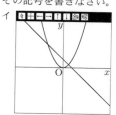

ウ 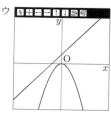　エ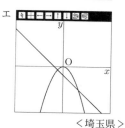

〈埼玉県〉

14 次の図のように, 長い斜面にボールをそっと置いたところ, ボールは斜面に沿って転がり始めた。ボールが斜面上にあるとき, 転がり始めてから x 秒後までにボールが進んだ距離を y m とすると, x と y の間には, $y = \frac{1}{2}x^2$ という関係が成り立っていることが分かった。

この関数について, x の値が1から3まで増加するときの変化の割合を調べて分かることとして, 次のア～エのうち正しいものを1つ選び, 記号で答えなさい。

ア　変化の割合は $\frac{1}{2}$ なので, 1秒後から3秒後までの間にボールが進んだ距離は $\frac{1}{2}$ m である。

イ　変化の割合は $\frac{1}{2}$ なので, 1秒後から3秒後までの間のボールの平均の速さは秒速 $\frac{1}{2}$ m である。

ウ　変化の割合は2なので, 1秒後から3秒後までの間にボールが進んだ距離は 2 m である。

エ　変化の割合は2なので, 1秒後から3秒後までの間のボールの平均の速さは秒速 2 m である。

〈群馬県〉

15 右の図のように, 関数 $y = \frac{1}{3}x^2$ のグラフ上に点Aがあり, 点Aの x 座標は -3 である。

このとき, 次の①, ②の問いに答えなさい。

① 点Aの y 座標を求めなさい。

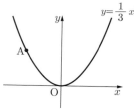

② 関数 $y = \frac{1}{3}x^2$ について, x の変域が $-3 \leqq x \leqq a$ のとき, y の変域が $0 \leqq y \leqq 3$ となるような整数 a の値をすべて求めなさい。

〈千葉県〉

16 右図において, m は関数 $y = ax^2$ (a は正の定数) のグラフを表す。A, B は m 上の点であって, Aの x 座標は3であり, Bの x 座標は -2 である。Aの y 座標は, Bの y 座標より2大きい。a の値を求めなさい。

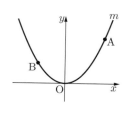

〈大阪府〉

17 右の図において，①は関数 $y = \frac{1}{2}x^2$ のグラフ，②は反比例のグラフ，③は関数 $y = ax^2$ のグラフである。

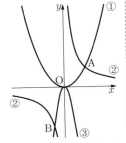

①と②は点 A で交わっていて，点 A の x 座標は 2 である。また，②と③との交点を B とする。このとき，次の問いに答えなさい。

(1) 関数 $y = \frac{1}{2}x^2$ について，x の値が -4 から 0 まで増加するときの変化の割合を求めなさい。

(2) 点 B の x 座標と y 座標がともに負の整数で，a が整数となるとき，a の値を求めなさい。

〈山形県〉

18 関数 $y = ax^2$ について，次の(1)～(3)に答えなさい。

(1) 次の ☐ にあてはまる数を答えなさい。

> 関数 $y = 5x^2$ のグラフと，x 軸について対称なグラフとなる関数は $y = \boxed{}x^2$ である。

(2) 関数 $y = -\frac{3}{4}x^2$ について，次のア～エの説明のうち，正しいものを2つ選び，記号で答えなさい。

ア　変化の割合は一定ではない。
イ　x の値がどのように変化しても，y の値が増加することはない。
ウ　x がどのような値でも，y の値は負の数である。
エ　グラフの開き方は，関数 $y = -x^2$ のグラフより大きい。

(3) 右の図のように，2つの放物線①，②があり，放物線①は関数 $y = -\frac{1}{2}x^2$ のグラフである。また，放物線①上にある点 A の x 座標は 4 であり，直線 AO と放物線②の交点 B の x 座標は -3 である。

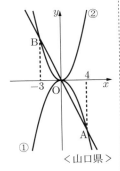

このとき，放物線②をグラフとする関数の式を求めなさい。

〈山口県〉

19 右の図で，放物線は関数 $y = \frac{1}{4}x^2$ のグラフであり，点 O は原点である。点 A は放物線上の点で，その x 座標は 4 である。点 B は x 軸上を動く点で，その x 座標は負の数である。2点 A，B を通る直線と放物線との交点のうち A と異なる点を C とする。次の 1～3 の問いに答えなさい。

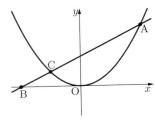

1　点 A の y 座標を求めよ。

2　点 B の x 座標が小さくなると，それにともなって小さくなるものを下のア～エの中からすべて選び，記号で答えよ。

ア　直線 AB の傾き　　イ　直線 AB の切片
ウ　点 C の x 座標　　エ　△OAC の面積

3　点 C の x 座標が -2 であるとき，次の(1)，(2)の問いに答えよ。

(1) 点 B の座標を求めよ。ただし，求め方や計算過程も書くこと。

(2) 大小2個のさいころを同時に投げ，大きいさいころの出た目の数を a，小さいさいころの出た目の数を b とするとき，座標が $(a - 2, b - 1)$ である点を P とする。点 P が 3 点 O，A，B を頂点とする △OAB の辺上にある確率を求めよ。ただし，大小2個のさいころはともに，1 から 6 までのどの目が出ることも同様に確からしいものとする。

〈鹿児島県〉

20 図において，①は関数 $y = \frac{1}{3}x^2$ のグラフであり，点 A，B，C は①上にある。点 A，B，C の x 座標はそれぞれ -3，6，9 である。

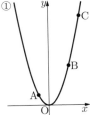

このとき，次の(1)～(3)に答えなさい。

(1) ①の関数 $y = \frac{1}{3}x^2$ において，x の変域が $-3 \leqq x \leqq 6$ であるとき，y の変域を求めなさい。

(2) 直線 AC の式を求めなさい。

(3) △ABC の面積を求めなさい。

〈山梨県〉

21 図1のように，針金の3か所を直角に折り曲げて長方形の枠を作る。その長方形の周の長さを x cm とし，面積を y cm^2 とする。ただし，針金の太さは考えないものとする。

このとき，次の(1)〜(3)に答えなさい。

図1

(1) $x = 22$ とする。横が縦より3 cm 長い長方形となるとき，縦の長さを求めなさい。

(2) 図2は，針金を折り曲げて正方形の枠を作るときの x と y の関係をグラフに表したものである。このグラフで表された関数について，x の値が8から20まで増加するときの変化の割合を求めなさい。

図2

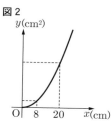

(3) 2つの針金をそれぞれ折り曲げて，縦と横の長さの比が 1:4 の長方形の枠と，縦が a cm で，横が縦より長い長方形の枠を作る。

図3は，この2通りの方法でできる長方形それぞれについて，x と y の関係をグラフに表したものである。これらのグ

図3

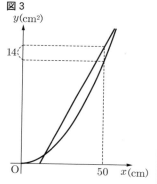

ラフから，2通りの方法でできるそれぞれの長方形の周の長さがともに 50 cm であるとき，面積の差が 14 cm^2 であることが読みとれる。

このとき，a の値を求めなさい。ただし，$a < \dfrac{25}{2}$ とする。なお，途中の計算も書くこと。

〈石川県〉

22 右の図のように，関数 $y = ax^2$（a は正の定数）…①のグラフがあります。点Oは原点とします。
次の問いに答えなさい。

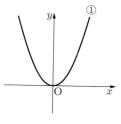

問1 $a = 4$ とします。①のグラフと x 軸について対称なグラフを表す関数の式を求めなさい。

問2 ①について，x の変域が $-2 \leqq x \leqq 3$ のとき，y の変域が $0 \leqq y \leqq 18$ となります。このとき，a の値を求めなさい。

問3 $a = 1$ とします。①のグラフ上に2点A，Bを，点Aの x 座標を2，点Bの x 座標を3となるようにとります。y 軸上に点Cをとります。線分 AC と線分 BC の長さの和が最も小さくなるとき，点Cの座標を求めなさい。

〈北海道〉

23 右の図において，①は関数 $y = -\dfrac{1}{2}x^2$ のグラフ，②は反比例のグラフである。①と②は点Aで交わっていて，点Aの x 座標は -2 である。また，②のグラフ上に x 座標が1である点Bをとる。このとき，次の問いに答えなさい。

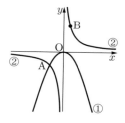

(1) 関数 $y = -\dfrac{1}{2}x^2$ について，x の変域が $-2 \leqq x \leqq 4$ のときの y の変域を求めなさい。

(2) x 軸上に点Pをとる。線分 AP と線分 BP の長さの和が最も小さくなるとき，点Pの x 座標を求めなさい。

〈山形県〉

24

右の図のア～エは 4 つの関数 $y = x^2$, $y = -x^2$, $y = -\dfrac{1}{2}x^2$, $y = -2x^2$ のいずれかのグラフを表したものである。アのグラフ上に 3 点 A, B, C があり, それぞれの x 座標は -1, 2, 3 である。

このとき, 次の問いに答えなさい。

(1) 関数 $y = -\dfrac{1}{2}x^2$ のグラフを右の図のア～エから 1 つ選び, 記号で答えなさい。

(2) 直線 AC の式を求めなさい。

(3) △ABC の面積を求めなさい。

〈富山県〉

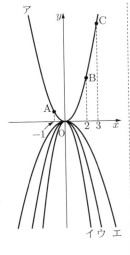

25

右の図のように, 関数 $y = \dfrac{1}{2}x^2$ のグラフ上に 3 点 A, B, C があり, それぞれの x 座標は -2, 4, 6 である。

このとき, 次の問いに答えなさい。

(1) 関数 $y = \dfrac{1}{2}x^2$ について, x の変域が $-4 \leqq x \leqq 2$ のときの y の変域を求めなさい。

(2) 点 A を通る傾き a の直線を l とする。

直線 l と関数 $y = \dfrac{1}{2}x^2$ のグラフの点 B から C の部分 ($4 \leqq x \leqq 6$) とが交わるとき, a の値の範囲を求めなさい。

(3) y 軸上に点 P をとる。BP＋CP が最小となるときの点 P の座標を求めなさい。

〈富山県〉

26

右の図で, 点 A は関数 $y = \dfrac{2}{x}$ と関数 $y = ax^2$ のグラフの交点である。点 B は点 A を y 軸を対称の軸として対称移動させたものであり, x 座標は -1 である。

このことから, a の値は ア であり, 関数 $y = ax^2$ について, x の値が 1 から 3 まで増加するときの変化の割合は イ であることがわかる。

このとき, 上の ア , イ に当てはまる数を, それぞれ書きなさい。

〈茨城県〉

27

ひかりさんは学校の交通安全教室で学んだことを, 次のようにレポートにまとめました。

レポート

自転車は急に止まれない！

空走距離：危険を感じてからブレーキがきき始めるまでに走った距離

制動距離：ブレーキがきき始めてから止まるまでに走った距離

停止距離：危険を感じてから止まるまでに走った距離

（空走距離）＋（制動距離）＝（停止距離）

危険を感じる　　　ブレーキがきき始める　　自転車が止まる

|←　空走距離　→|←　制動距離　→|

|←　　　　　停止距離　　　　　→|

路面が乾いている舗装道路での, ある自転車 A の速さと空走距離, 速さと制動距離の関係をそれぞれ表 I と表 II にまとめました。

表 I

速さ(km/h)	5	10	15
空走距離(m)	0.8	1.6	2.4

表 II

速さ(km/h)	5	10	15
制動距離(m)	0.1	0.4	0.9

表 I と表 II から, 空走距離は速さに比例し, 制動距離は速さの 2 乗に比例することが確かめられます。

このとき, レポートにもとづいて, 次の(1), (2)の問いに答えなさい。

(1) 自転車 A について, 速さ x km/h のときの制動距離 y m の関係を表す式を $y = ax^2$ とするとき, a の値を求めなさい。

(2) 自転車 A の停止距離が 8.4 m であるとき, 自転車 A は何 km/h で走っていましたか。その速さを求めなさい。

〈岩手県〉

28 モーター付きの2台の
模型のボートがあり，
それぞれボートA，ボートB
とする。この2台のボートを
流れのない水面に並べて浮か
べ，同時にスタートさせ，ゴー
ルまで 200 m を走らせた。
ただし，2台のボートは，そ
れぞれ一直線上を走ったもの
とする。

図1
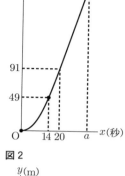

ボートがスタートしてから
x 秒間に進んだ距離を y m
とする。右の**図1**は，ボート
Aについて x と y の関係を
グラフに表したものであり，
$0 \leqq x \leqq 14$ では放物線，
$14 \leqq x \leqq a$ では直線である。
また，**図2**は，ボートBに
ついて x と y の関係をグラ
フに表したものであり，
$0 \leqq x \leqq 20$ では放物線，
$20 \leqq x \leqq b$ では直線である。
このとき，次の(1)〜(4)の問
いに答えなさい。

図2
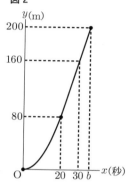

(1) ボートAについて，
$0 \leqq x \leqq 14$ のとき，y を
x の式で表しなさい。

(2) ボートAについて，ス
タートして 14 秒後からゴールするまでの速さは毎秒何
m か，答えなさい。

(3) **図1**のグラフ中の a の値を求めなさい。

(4) 次の文は，2台のボートを走らせた結果について述べ
たものである。このとき，文中の [ア] 〜 [ウ] に
当てはまる記号または値を，それぞれ答えなさい。ただ
し，記号は，AまたはBのいずれかとする。

> 先にゴールしたのはボート [ア] であり，ボート
> [イ] の [ウ] 秒前にゴールした。

<新潟県>

29 右の図のように，関
数 $y = \frac{1}{5}x^2$ のグラ
フ上に点Aがあり，点Aを
通り，y 軸に平行な直線と
関数 $y = ax^2$ のグラフとの
交点をBとする。点Aの x
座標は5で，点Bの y 座標
は -15 である。また，2点
A，Bと y 軸に関して対称
な点をそれぞれC，Dとし，
長方形 ACDB をつくる。

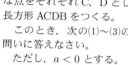

このとき，次の(1)〜(3)の
問いに答えなさい。

ただし，$a < 0$ とする。

(1) a の値を求めなさい。

(2) 2点B，Cを通る直線の式を求めなさい。

(3) 右の図のように，長方
形 ACDB と合同な長方
形 CEBF をかいた。

このとき，2点E，Fを
通る直線の式を求めなさ
い。

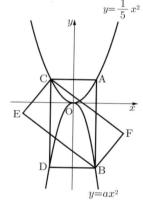

<千葉県>

§5 グラフを描く

1 関数 $y = -\dfrac{1}{3}x$ のグラフを図にかき入れなさい。
　　　　　　　　　　＜岩手県＞

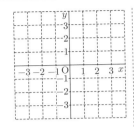

4 方程式 $2x + 3y = -6$ のグラフをかきなさい。
　　　　　　　　　　＜秋田県＞

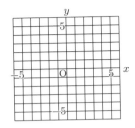

2 関数 $y = -\dfrac{6}{x}$ のグラフをかけ。
　　　　　　　　　　＜福岡県＞

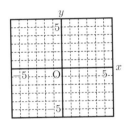

5 関数 $y = \dfrac{1}{4}x^2$ のグラフをかけ。
　　　　　　　　　　＜福岡県＞

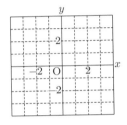

3 関数 $y = -\dfrac{4}{x}$ のグラフをかけ。
　　　　　　　　　　＜福岡県＞

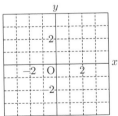

6 えりかさんの家から花屋を通って駅に向かう道があり，その道のりは 1200 m である。また，家から花屋までの道のりは 600 m である。えりかさんは家から花屋までは毎分 150 m の速さで走り，花屋に立ち寄った後，花屋から駅までは毎分 60 m の速さで歩いたところ，家を出発してから駅に着くまで 20 分かかった。

　右の図は，えりかさんが家を出発してから駅に着くまでの時間と道のりの関係のグラフを途中まで表したものである。
　えりかさんが家を出発してから駅に着くまでのグラフを完成させなさい。ただし，花屋の中での移動は考えないものとする。

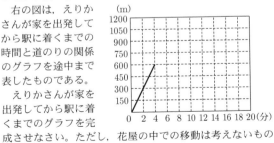

　　　　　　　　　　＜福島県＞

7 太郎さんは，午前9時ちょうどに学校を出発して，図書館に向かった。学校から図書館までは一本道であり，その途中に公園がある。学校から公園までの1200mの道のりは分速80mの一定の速さで歩き，公園で10分間休憩した後，公園から図書館までの1800mの道のりは分速60mの一定の速さで歩いた。

(1) 太郎さんが公園に到着したのは午前何時何分か求めよ。

(2) 太郎さんが学校を出発してから x 分後の学校からの道のりを y m とするとき，太郎さんが学校を出発してから図書館に到着するまでの x と y の関係を表すグラフをかけ。

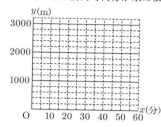

(3) 花子さんは，午前9時20分ちょうどに図書館を出発し，一定の速さで走って学校へ向かった。途中で太郎さんと出会い，午前9時45分ちょうどに学校に到着した。花子さんが太郎さんと出会ったのは午前何時何分何秒か求めよ。

〈愛媛県〉

8 図1のような，縦5cm，横12cmの長方形ABCDのセロハンがある。

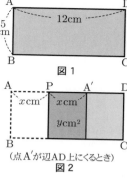

図1

辺AD上に点Pをとり，点Aが直線AD上の点A′にくるようにセロハンを点Pで折り返すと，図2や図3のように，セロハンが重なった部分の色が濃くなった。

APの長さを x cm，セロハンが重なって色が濃くなった部分の面積を y cm² とする。

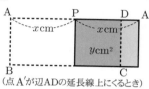

（点A′が辺AD上にくるとき）
図2

次の(1)〜(4)の問いに答えなさい。

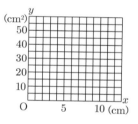

（点A′が辺ADの延長線上にくるとき）
図3

(1) 表中のア，イに当てはまる数を求めなさい。

x(cm)	0	…	2	…	6	…	8	…	12
y(cm²)	0	…	10	…	ア	…	イ	…	0

(2) x の変域を次の(ア)，(イ)とするとき，y を x の式で表しなさい。

(ア) $0 \leqq x \leqq 6$ のとき
(イ) $6 \leqq x \leqq 12$ のとき

(3) x と y の関係を表すグラフをかきなさい。
($0 \leqq x \leqq 12$)

(4) セロハンが重なって色が濃くなった部分の面積が，重なっていないセロハンの部分の面積の2倍になるときがある。このときのAPの長さのうち，最も長いものは何cmであるかを求めなさい。

〈岐阜県〉

9 図のような池の周りに1周
300 m の道がある。

Aさんは，S地点からスタートし，矢印の向きに道を5周走った。1周目，2周目は続けて毎分 150 m で走り，S地点で止まって3分間休んだ。休んだ後すぐに，3周目，4周目，5周目は続けて毎分 100 m で走り，S地点で走り終わった。

Bさんは，AさんがS地点からスタートした9分後に，S地点からスタートし，矢印の向きに道を自転車で1周目から5周目まで続けて一定の速さで走り，Aさんが走り終わる1分前に道を5周走り終わった。

このとき，次の①，②の問いに答えなさい。

① Aさんがスタートしてから x 分間に走った道のりを y m とする。Aさんがスタートしてから S 地点で走り終わるまでの x と y の関係を，グラフに表しなさい。

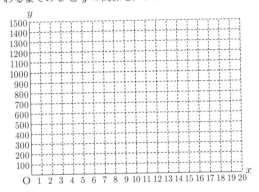

② BさんがAさんを追い抜いたのは何回か，答えなさい。

〈愛知県〉

10 右の**図1**のように，高さが 200 cm の直方体の水そうの中に，3つの同じ直方体が，合同な面どうしが重なるように階段状に並んでいる。3つの直方体および直方体と水そうの面との間にすきまはない。この水そうは水平に置かれており，給水口Ⅰと給水口Ⅱ，排水口がついている。

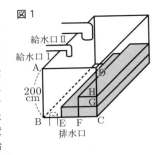

図2はこの水そうを面 ABCD 側から見た図である。点 E, F は，辺 BC 上にある直方体の頂点であり，BE = EF = FC である。また，点 G, H は，辺 CD 上にある直方体の頂点であり，CG = GH = 40 cm である。

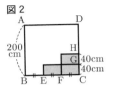

この水そうには水は入っておらず，給水口Ⅰと給水口Ⅱ，排水口は閉じられている。この状態から，次のア〜ウの操作を順に行った。

> ア　給水口Ⅰのみを開き，給水する。
> イ　水面の高さが 80 cm になったときに，給水口Ⅰを開いたまま給水口Ⅱを開き，給水する。
> ウ　水面の高さが 200 cm になったところで，給水口Ⅰと給水口Ⅱを同時に閉じる。
> ただし，水面の高さとは，水そうの底面から水面までの高さとする。

給水口Ⅰを開いてから x 分後の水面の高さを y cm とするとき，x と y の関係は，右の表のようになった。

表

x（分）	0	5	50
y（cm）	0	20	200

このとき，次の問いに答えなさい。

ただし，給水口Ⅰと給水口Ⅱ，排水口からはそれぞれ一定の割合で水が流れるものとする。

(1) $x = 1$ のとき，y の値を求めなさい。

(2) 給水口Ⅰを開いてから，給水口Ⅰと給水口Ⅱを同時に閉じるまでの x と y の関係を表すグラフをかきなさい。

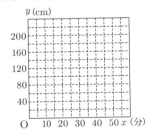

(3) 水面の高さが 100 cm になるのは，給水口Ⅰを開いてから何分何秒後か求めなさい。

(4) 水面の高さが 200 cm の状態から，給水口Ⅰと給水口Ⅱを閉じたまま排水口を開いたところ，60分後にすべて排水された。排水口を開いてから48分後の水面の高さを求めなさい。

〈富山県〉

§6 関数中心の図形との融合問題

① 線分の長さ・比，座標

1 右の図のように，関数
$y = \frac{1}{4}x^2 \cdots$①のグラフ上
に2点A，Bがある。Aの x
座標は -2，Bの x 座標は正
で，Bの y 座標はAの y 座
標より3だけ大きい。また，
点Cは直線ABと y 軸との
交点である。

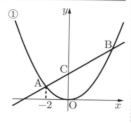

このとき，次の各問いに答えなさい。
(1) 点Aの y 座標を求めなさい。
(2) 点Bの座標を求めなさい。
(3) 直線ABの式を求めなさい。
(4) 線分BC上に2点B，Cとは異なる点Pをとる。また，
関数①のグラフ上に点Qを，線分PQが y 軸と平行に
なるようにとり，PQの延長と x 軸との交点をRとする。
PQ : QR = 5 : 1 となるときのPの座標を求めなさい。
〈熊本県〉

2 図で，Oは原点，A，Bは
関数 $y = \frac{1}{2}x^2$ のグラフ上
の点で，x 座標はそれぞれ -2，
4である。また，C，Dは関数
$y = -\frac{1}{4}x^2$ のグラフ上の点で，
点Cの x 座標は点Dの x 座標
より大きい。

四角形ADCBが平行四辺形
のとき，点Dの x 座標を求め
なさい。

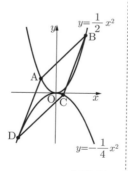

〈愛知県〉

3 右の図1で，点Oは原点，
曲線 l は関数 $y = \frac{1}{4}x^2$
のグラフを表している。
点Aは曲線 l 上にあり，x
座標は -8 である。
曲線 l 上にあり，x 座標が
-8 より大きい数である点をP
とする。
次の各問に答えよ。

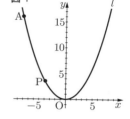

〔問1〕 次の　①　，　②　に当てはまる数を，あとの
ア～クのうちからそれぞれ選び，記号で答えよ。
点Pの x 座標を a，y 座標を b とする。
a のとる値の範囲が $-4 \leqq a \leqq 1$ のとき，b のとる値
の範囲は，　①　$\leqq b \leqq$　②　である。

ア　-4　　イ　-2　　ウ　0　　エ　$\frac{1}{4}$

オ　$\frac{1}{2}$　　カ　1　　キ　4　　ク　16

〔問2〕 次の　③　，　④　に当てはまる数を，下のア
～エのうちからそれぞれ選び，記号で答えよ。
点Pの x 座標が2のとき，2点A，Pを通る直線の
式は，
$$y = \boxed{③} x + \boxed{④}$$
である。

　③　　ア　$-\frac{3}{2}$　　イ　$-\frac{2}{3}$　　ウ　$\frac{2}{3}$　　エ　$\frac{3}{2}$

　④　　ア　$\frac{7}{3}$　　イ　$\frac{8}{3}$　　ウ　$\frac{7}{2}$　　エ　4

〔問3〕 右の図2は，図1に
おいて，点Pの x 座標が0
より大きく8より小さいと
き，点Aを通り y 軸に平行
な直線と，点Pを通り x 軸
に平行な直線との交点をQ
とした場合を表している。
点Aと点Oを結んだ線分
AOと直線PQとの交点を
Rとした場合を考える。
PR : RQ = 3 : 1 となるとき，点Pの x 座標を求めよ。

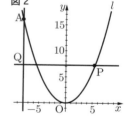

〈東京都〉

4 図Ⅰ，図Ⅱにおいて，m は関数 $y = \frac{1}{8}x^2$ のグラフを表す。

次の問いに答えなさい。

図Ⅰ

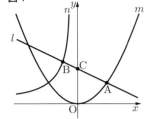

(1) 図Ⅰにおいて，n は関数 $y = -\frac{27}{x}$ $(x < 0)$ のグラフを表す。A は m 上の点であり，その x 座標は 6 である。B は n 上の点であり，その x 座標は -3 である。l は，2点 A，B を通る直線である。C は，l と y 軸との交点である。

① 次の文中の ⑦ ， ⑦ に入れるのに適している数をそれぞれ書きなさい。

> 関数 $y = \frac{1}{8}x^2$ について，x の変域が $-7 \leqq x \leqq 5$ のときの y の変域は ⑦ $\leqq y \leqq$ ⑦ である。

② B の y 座標を求めなさい。

③ C の y 座標を求めなさい。

(2) 図Ⅱにおいて，D，E は m 上の点である。D の x 座標は 4 であり，E の x 座標は D の x 座標より大きい。E の x 座標を t とし，$t > 4$ とする。F は，D を通り y 軸に平行な直線と，E を通り x 軸に平行な直線との交点である。

図Ⅱ

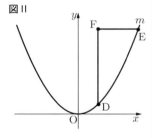

線分 FD の長さが線分 FE の長さより 8 cm 長いときの t の値を求めなさい。途中の式を含めた求め方も書くこと。ただし，原点 O から点 $(1, 0)$ まで，原点 O から点 $(0, 1)$ までの距離はそれぞれ 1 cm であるとする。

<大阪府>

5 右の図において，①は関数 $y = \frac{a}{x}$ のグラフ，②は関数 $y = bx$ のグラフである。

①のグラフ上に x 座標が 3 である点 A をとり，四角形 ABCD が正方形となるように，3 点 B，C，D をとると，2点 B，C の座標は，それぞれ $(7, 2)$，$(7, 6)$ となった。このとき，次の問いに答えなさい。

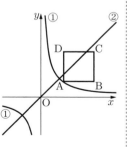

(1) a の値を求めなさい。

(2) 関数 $y = bx$ のグラフが四角形 ABCD の辺上の点を通るとき，b のとる値の範囲を，不等号を使って表しなさい。

<山形県>

6 O $(0, 0)$，A $(6, 0)$，B $(6, 6)$ とするとき，次の(1)，(2)の問いに答えなさい。

(1) 右の**図1**において，m は関数 $y = ax^2$ $(a > 0)$ のグラフを表し，C $(2, 2)$，D $(4, 4)$ とする。

① m が点 B を通るとき，a の値を求めなさい。

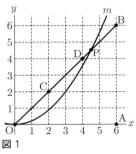

図1

② 次の文章の Ⅰ ～ Ⅲ に当てはまる語句の組み合わせを，下のア～カの中から1つ選んで，その記号を書きなさい。

> m と線分 OB との交点のうち，点 O と異なる点を P とする。はじめ，点 P は点 D の位置にある。
> ここで，a の値を大きくしていくと，点 P は Ⅰ の方に動き，小さくしていくと，点 P は Ⅱ の方に動く。
> また，a の値を $\frac{1}{3}$ とすると，点 P は Ⅲ 上にある。

ア　[Ⅰ　点 B　Ⅱ　点 C　Ⅲ　線分 OC]
イ　[Ⅰ　点 B　Ⅱ　点 C　Ⅲ　線分 CD]
ウ　[Ⅰ　点 B　Ⅱ　点 C　Ⅲ　線分 DB]
エ　[Ⅰ　点 C　Ⅱ　点 B　Ⅲ　線分 OC]
オ　[Ⅰ　点 C　Ⅱ　点 B　Ⅲ　線分 CD]
カ　[Ⅰ　点 C　Ⅱ　点 B　Ⅲ　線分 DB]

(2) 右の**図2**で，$y = bx$ で表される直線 l と2点 A，B を除いた線分 AB が交わるとき，その交点を E とする。

このとき，次の[条件1]と[条件2]の両方を満たす点の個数が 12 個になるのは，b がどのような値のときか。b のとりうる値の範囲を，不等号を使った式で表しなさい。

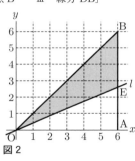

図2

> [条件1] x 座標も y 座標も整数である。
> [条件2] △OEB の辺上または内部にある。

<茨城県>

7 右の図のように，直線 $y = 4x$ 上の点 A と直線 $y = \frac{1}{2}x$ 上の点 C を頂点にもつ正方形 ABCD がある。点 A と点 C の x 座標は正で，辺 AB が y 軸と平行であるとき，次の(1)，(2)の問いに答えなさい。

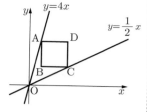

(1) 点 A の y 座標が 8 であるとき，次の①，②の問いに答えなさい。
　① 点 A の x 座標を求めなさい。
　② 2 点 A，C を通る直線の式を求めなさい。

(2) 正方形 ABCD の対角線 AC と対角線 BD の交点を E とする。点 E の x 座標が 13 であるとき，点 D の座標を求めなさい。
〈千葉県〉

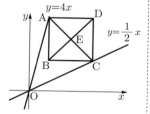

8 右の図のように，2 つの関数 $y = x^2$ と $y = ax^2 (0 < a < 1)$ のグラフがある。関数 $y = x^2$ のグラフ上に 2 点 A，B，関数 $y = ax^2$ のグラフ上に点 C があり，点 A の x 座標は 2，点 B，C の x 座標は -3 である。
(1)〜(4)に答えなさい。

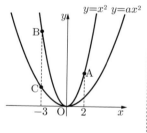

(1) 関数 $y = x^2$ のグラフと x 軸について線対称となるグラフの式を求めなさい。

(2) 2 点 A，B を通る直線の式を求めなさい。

(3) △ABC の面積を a を用いて表しなさい。

(4) 線分 AC と線分 OB との交点を D とし，点 E を y 軸上にとる。四角形 BDAE が平行四辺形となるとき，a の値を求めなさい。
〈徳島県〉

9 図1で，①は関数 $y = \frac{16}{x}$ のグラフであり，2 点 A，B は①上の点で x 座標がそれぞれ -4，8 である。点 P は y 軸上にあり，y 座標は点 B の y 座標と同じである。②は 2 点 A，B を通る直線であり，②と y 軸との交点を Q とする。次の(1)〜(3)に答えなさい。

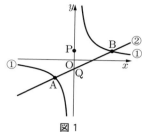

図1

(1) 点 A の y 座標を求めなさい。

(2) 点 P を通り，直線②に平行な直線の式を求めなさい。

(3) 図2は，図1に③，④をかき加えたもので，③は関数 $y = \frac{1}{4}x^2$ のグラフであり，④は直線 $x = t$ である。また，④と②，③の交点をそれぞれ R，S とする。このとき，次のア，イに答えなさい。

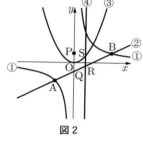

図2

　ア 点 S の y 座標を t を用いた式で表しなさい。

　イ 四角形 PQRS が平行四辺形になるとき，t の値をすべて求めなさい。
〈青森県〉

10 右の図において，⑦は関数 $y = x^2$，④は関数 $y = -\frac{1}{2}x^2$ のグラフである。点 A は y 軸上の点であり，y 座標は 3 である。点 B は⑦上の点であり，x 座標は正である。点 C は④上の点であり，x 座標は点 B の x 座標と等しい。

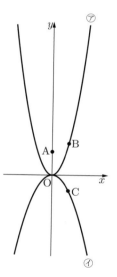

① 点 B の x 座標が 2 のとき，線分 BC の長さを求めなさい。ただし，原点 O から $(0, 1)$，$(1, 0)$ までの距離を，それぞれ 1 cm とする。

② 3 点 A，B，C を結んでできる △ABC が AB = AC の二等辺三角形になるとき，点 B の x 座標を求めなさい。
〈秋田県〉

11

右の**図Ⅰ**のように，
関数 $y = \frac{1}{2}x^2$ のグ
ラフ上に2点A，Bがある。
点A，Bの x 座標は，そ
れぞれ -2，4である。

このとき，次の各問いに
答えなさい。

問1　点Aの y 座標を求
めなさい。

問2　2点A，Bを通る直
線の式を求めなさい。

問3　△OABの面積を求めなさい。

問4　右の**図Ⅱ**のように，
直線 $x = t$ と関数
$y = \frac{1}{2}x^2$ のグラフの交
点をP，直線 $x = t$ と直
線ABの交点をQ，直線
$x = t$ と x 軸の交点をR
とする。

このとき，次の(1)，(2)
に答えなさい。

ただし，$t > 4$ とする。

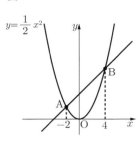
図Ⅰ

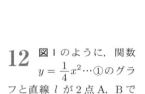
図Ⅱ

(1)　PQの長さを t を用
いて表しなさい。

(2)　PQ : QR = 7 : 2 となるとき，t の値を求めなさい。

<鳥取県>

12

図Ⅰのように，関数
$y = \frac{1}{4}x^2 \cdots$①のグラ
フと直線 l が2点A，Bで
交わり，点A，Bの x 座標は，
それぞれ -6，4である。

このとき，次の1～3の
問いに答えなさい。

1　点Aの y 座標を求め
なさい。

2　直線 l の式を求めなさい。

3　図Ⅱは，図Ⅰにおいて，
直線 l 上に点Cをとり，
点Cを通り y 軸に平行
な直線と①のグラフの交
点をD，点Dを通り x
軸に平行な直線と①のグ
ラフの交点をEとし，長
方形CDEFをつくったも
のである。

ただし，点Cの x 座標を t とし，t の変域は
$0 < t < 4$ とする。

このとき，次の(1)，(2)の問いに答えなさい。

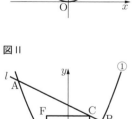
図Ⅰ

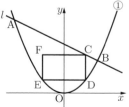
図Ⅱ

(1)　線分CDの長さを，t を用いて表しなさい。

(2)　長方形CDEFが正方形となるとき，点Cの座標を
求めなさい。

<宮崎県>

13

右の〔**図1**〕のよ
うに，関数
$y = ax^2$ のグラフ上に2
点A，Bがあり，点Aの
座標は $(-4, 4)$，点Bの
x 座標は2である。

次の(1)～(3)の問いに答
えなさい。

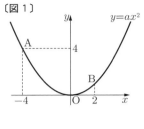
〔図1〕

(1)　a の値を求めなさい。

(2)　直線ABの式を求めなさい。

(3)　右の〔**図2**〕のよう
に，関数 $y = ax^2$ の
グラフと直線ABで囲
まれた図形をDとす
る。この図形Dに含
まれる点のうち，x 座
標，y 座標がともに整
数である点について考

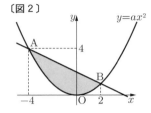
〔図2〕

える。ただし，図形Dは関数 $y = ax^2$ のグラフおよ
び直線AB上の点もすべて含む。

次の①，②の問いに答えなさい。

①　図形Dに含まれる点のうち，x 座標が -2 で，y 座
標が整数である点の個数を求めなさい。

②　直線 $y = \frac{9}{2}x + b$ で，図形Dを2つの図形に分け
る場合について考える。ただし，b は整数とする。こ
のとき，分けた2つの図形それぞれに含まれる x 座標，
y 座標がともに整数である点の個数が等しくなるよう
な b の値を求めなさい。

ただし，直線 $y = \frac{9}{2}x + b$ は，図形Dに含まれる
x 座標，y 座標がともに整数である点を通らないもの
とする。

<大分県>

②　面積，角度

1 右の図のように，直線
$y = \dfrac{1}{2}x + 2$ と直線
$y = -x + 5$ が点 A で交わって
いる。直線 $y = \dfrac{1}{2}x + 2$ 上に x
座標が 10 である点 B をとり，
点 B を通り y 軸と平行な直線
と直線 $y = -x + 5$ との交点を
C とする。また，直線
$y = -x + 5$ と x 軸との交点を
D とする。

このとき，次の問い(1)・(2)に答えよ。

(1)　2 点 B，C の間の距離を求めよ。また，点 A と直線
　　BC との距離を求めよ。

(2)　点 D を通り △ACB の面積を 2 等分する直線の式を求
　　めよ。

＜京都府＞

2 右の図のように，2 直線 l，
m があり，l，m の式はそ
れぞれ $y = \dfrac{1}{2}x + 4$，
$y = -\dfrac{1}{2}x + 2$ である。l と y
軸との交点，m と y 軸との交
点をそれぞれ A，B とする。ま
た，l と m との交点を P とする。

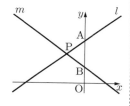

このとき，次の(1)，(2)の問いに答えなさい。

(1)　点 P の座標を求めなさい。

(2)　y 軸上に点 Q をとり，Q の y 座標を t とする。ただし，
　　$t > 4$ とする。Q を通り x 軸に平行な直線と l，m との
　　交点をそれぞれ R，S とする。

　　①　$t = 6$ のとき，△PRS の面積を求めなさい。

　　②　△PRS の面積が △ABP の面積の 5 倍になるときの
　　　　t の値を求めなさい。

＜福島県＞

3 右の図のように，2 点
A (8, 0)，B (2, 3) があ
る。直線⑦は 2 点 A，B を通
り，直線④は 2 点 O，B を通
る。点 C は，直線⑦と y 軸
の交点である。次の(1)～(3)の
問いに答えなさい。

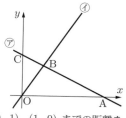

(1)　線分 AB の長さを求めな
　　さい。ただし，原点 O から (0, 1)，(1, 0) までの距離を，
　　それぞれ 1 cm とする。

(2)　直線⑦の式を求めなさい。求める過程も書きなさい。

(3)　直線④上に，x 座標が 2 より大きい点 P をとる。
　　△COP の面積と △BAP の面積が等しくなるとき，点
　　P の x 座標を求めなさい。

＜秋田県＞

4 右の図のように，2 点
A (3, 4)，B (0, 3) がある。
直線⑦は 2 点 A，B を通り，直線
④は関数 $y = 3x - 5$ のグラフで
ある。点 C は直線④と x 軸の交
点，点 D は直線④と y 軸の交点
である。次の(1)，(2)の問いに答え
なさい。

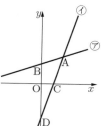

(1)　2 点 B，C を通る直線の式を
　　求めなさい。求める過程も書きなさい。

(2)　直線④上に，x 座標が正である点 P をとる。

　　①　線分 BD の長さと線分 PD の長さが等しくなるとき，
　　　　点 P の x 座標を求めなさい。

　　②　点 P の x 座標が 3 より大きいとき，直線 OP と直
　　　　線⑦の交点を Q とする。△OBQ の面積と △APQ の
　　　　面積が等しくなるとき，点 P の x 座標を求めなさい。

＜秋田県＞

5 右の図において，①は原
点 O を通る直線，②は関
数 $y = \dfrac{6}{x}$ のグラフである。
①と②は 2 つの交点をもつも
のとし，そのうちの x 座標が
正である点を A とする。
AO = AB となる点 B を x 軸

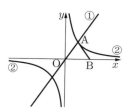

上にとり，三角形 AOB をつくる。このとき，次の(1)～(3)
の問いに答えなさい。

(1)　点 A の x 座標が 2 のとき，点 A の y 座標を求めよ。

(2)　三角形 AOB が直角二等辺三角形となるときの直線①
　　の式を求めよ。

(3)　三角形 AOB の面積は，点 A が②のグラフ上のどの位
　　置にあっても，常に同じ値であることが言える。
　　　点 A の x 座標を m とすると，m がどんな値であって
　　も，三角形 AOB の面積は一定であることを，言葉と
　　式を使って説明せよ。

＜高知県＞

6 図のように，関数 $y = \dfrac{a}{x}$ …①のグラフ上に2点A，Bがあり，点Aの座標は $(-2, 6)$，点Bの x 座標は4である。また，点C $(4, 9)$ をとり，直線BCと x 軸との交点をD とする。

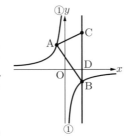

線分AB，ACをひくとき，次の(1)〜(3)の問いに答えなさい。

(1) a の値を求めなさい。

(2) △ABCの辺AC上にある点のうち，x 座標，y 座標がともに整数である点は，頂点A，Cも含めて，全部で何個あるか求めなさい。

(3) 点Dを通り，△ABCの面積を2等分する直線の式を求めなさい。

〈宮崎県〉

7 右の**図1**で，点Oは原点，点Aの座標は $(3, -2)$ であり，直線 l は一次関数 $y = \dfrac{1}{2}x + 1$ のグラフを表している。

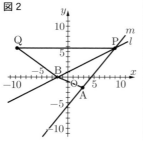

直線 l と x 軸との交点をBとする。

直線 l 上にある点をPとし，2点A，Pを通る直線を m とする。

次の各問に答えよ。

〔問1〕 点Pの y 座標が -1 のとき，点Pの x 座標を，次のア〜エのうちから選び，記号で答えよ。

　ア　-1　　イ　$-\dfrac{5}{2}$　　ウ　-3　　エ　-4

〔問2〕 次の ① と ② に当てはまる数を，下のア〜エのうちからそれぞれ選び，記号で答えよ。

　　線分BPが y 軸により二等分されるとき，直線 m の式は，$y = $ ① $x + $ ② である。

　　① ア -6　　イ -4　　ウ -3　　エ $-\dfrac{5}{2}$

　　② ア 5　　イ $\dfrac{11}{2}$　　ウ 7　　エ 10

〔問3〕 右の**図2**は，**図1**において，点Pの x 座標が0より大きい数であるとき，y 軸を対称の軸として点Pと線対称な点をQとし，点Aと点B，点Bと点Q，点Pと点Qをそれぞれ結んだ場合を表している。

△BPQの面積が △APBの面積の2倍であるとき，点Pの x 座標を求めよ。

〈東京都〉

8 **図1**のように，反比例 $y = \dfrac{a}{x}$ $(x > 0)$ のグラフ上に2点A，Bがあり，Aの y 座標は6，Bの x 座標は2である。また，比例 $y = ax$ のグラフ上に点C，x 軸上に点Dがあり，AとDの x 座標，BとCの x 座標はそれぞれ等しい。ただし，$0 < a < 12$ とする。

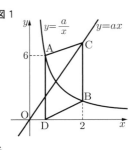

次の［会話］は，花子さんと太郎さんが四角形ADBCについて考察し，話し合った内容である。

［会話］
花子さん：a の値を1つとると，2つのグラフが定まり，4つの辺と面積も定まるね。点Aの座標は，反比例の関係 $xy = a$ から求めることができそうだよ。

太郎さん：例えば，$a = 1$ のときの四角形について調べてみようか。

・・・・・・・・・・・・

太郎さん：形を見ると，いつでも台形だね。平行四辺形になるときはあるのかな？

花子さん：私は，面積についても調べてみたよ。そうしたら，<u>$a = 1$ のときと面積が等しくなる四角形が他にもう1つある</u>ことがわかったよ。

このとき，次の(1)〜(3)の問いに答えなさい。

(1) **図2**は，**図1**において，$a = 1$ とした場合を表している。このとき，線分BCの長さを求めなさい。

(2) 四角形ADBCが平行四辺形になるときの a の値を求めなさい。

(3) ［会話］の下線部について，四角形ADBCの面積が $a = 1$ のときの面積と等しくなるような a の値を，$a = 1$ の他に求めなさい。

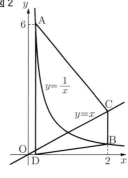

〈福島県〉

9 右の図のように関数 $y = -x^2$ のグラフがある。このグラフ上の点で，x 座標が -1 である点をA，x 座標が 2 である点をBとする。このとき，△OABの面積を求めなさい。

　ただし，原点Oから点 $(1, 0)$ までの距離と原点Oから点 $(0, 1)$ までの距離は，それぞれ $1\,\mathrm{cm}$ とする。

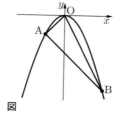

図

<茨城県>

10 右の図のように，関数 $y = ax^2$ のグラフ上に2点A，Bがある。点Aの x 座標を -2，点Bの x 座標を 4 とする。このとき，次の各問いに答えなさい。ただし，$a > 0$ とする。

問1　点Bの y 座標が 16 のとき，a の値を求めなさい。

問2　$a = \dfrac{1}{2}$ のとき，x の変域が $-2 \leqq x \leqq 4$ のときの y の変域を求めなさい。

問3　x の値が -2 から 4 まで増加するときの変化の割合を a の式で表しなさい。

問4　△OABの面積が $84\,\mathrm{cm}^2$ となるとき，a の値を求めなさい。ただし，原点Oから点 $(0, 1)$，点 $(1, 0)$ までの長さを，それぞれ $1\,\mathrm{cm}$ とする。

<沖縄県>

11 右の図のように，関数 $y = \dfrac{1}{2}x^2$ のグラフ上に2点A，Bがあり，x 座標はそれぞれ -4，2 である。

　このとき，次の問いに答えなさい。

(1)　関数 $y = \dfrac{1}{2}x^2$ について，x の変域が $-1 \leqq x \leqq 2$ のときの y の変域を求めなさい。

(2)　△OABの面積を求めなさい。

(3)　点Oを通り，△OABの面積を2等分する直線の式を求めなさい。

<富山県>

12 右の図のように，関数 $y = ax^2$（a は定数）…①のグラフ上に2点A，Bがある。Aの座標は $(-1, 2)$，Bの y 座標は 8 で，Bの x 座標は正である。また，点Cは直線ABと y 軸との交点であり，点Oは原点である。

　このとき，次の各問いに答えなさい。

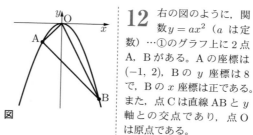

(1)　a の値を求めなさい。

(2)　点Bの x 座標を求めなさい。

(3)　直線ABの式を求めなさい。

(4)　線分BC上に2点B，Cとは異なる点Pをとる。△OPCの面積が，△AOBの面積の $\dfrac{1}{4}$ となるときのPの座標を求めなさい。

<熊本県>

13 右の図のように，関数 $y = ax^2$ のグラフ上に2点A，Bがあり，x 座標はそれぞれ -2，1 である。

　また，この関数は，x の値が -2 から 1 まで増加するときの変化の割合は 2 である。

　このとき，次の各問いに答えなさい。

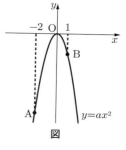

図

問1　a の値は次のように求めることができる。

　下の ① ， ② にあてはまる数や式を答えなさい。

関数 $y = ax^2$ について
　　$x = -2$ のとき，$y = $ ① である。
　　$x = 1$ のとき，$y = a$ である。
よって，変化の割合が 2 であることから，
a の値は ② である。

問2　2点A，Bを通る直線の式を求めなさい。

問3　△OABの面積を求めなさい。

問4　関数 $y = ax^2$ のグラフ上に x 座標が t である点Pをとると，△PABの面積と△OABの面積が等しくなった。

　このとき，点Pの座標を求めなさい。

　ただし，点Pは原点Oと異なり，$-2 \leqq t \leqq 1$ とする。

<沖縄県>

14 右の**図**のように，関数 $y = x^2$ のグラフ上に2点 A，B がある。

2点 A，B の x 座標がそれぞれ -4，2 であるとき，次の各問いに答えなさい。

問1　点 A の y 座標を求めなさい。

問2　2点 A，B を通る直線の式を求めなさい。

問3　△OAB の面積を求めなさい。

問4　図の関数 $y = x^2$ のグラフ上に x 座標が正である点 P をとる。直線 AP と x 軸との交点を Q とすると，△OPA の面積は △OPQ の面積と等しくなった。

このとき，点 P の座標を求めなさい。

＜沖縄県＞

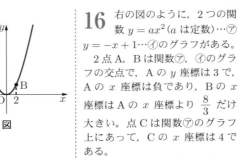

図

15 右の図のように，関数 $y = ax^2$ のグラフ上に3点 A，B，C がある。点 A の座標は A $(2, 2)$，点 B の x 座標は -6，点 C の x 座標は 4 である。

このとき，次の(1)〜(5)の各問いに答えなさい。

(1)　a の値を求めなさい。

(2)　点 C の y 座標を求めなさい。

(3)　2点 B，C を通る直線の切片を求めなさい。

(4)　点 A を通り △ABC の面積を2等分する直線と，2点 B，C を通る直線との交点の座標を求めなさい。

(5)　点 A を通り y 軸に平行な直線と，2点 B，C を通る直線との交点を P とする。また，点 P を通り △ABC の面積を2等分する直線と，2点 A，B を通る直線との交点を Q とする。

このとき，(ア)，(イ)の問いに答えなさい。

(ア)　△PAC の面積を求めなさい。

(イ)　点 Q の座標を求めなさい。

＜佐賀県＞

16 右の図のように，2つの関数 $y = ax^2$（a は定数）…⑦ $y = -x + 1$…⑦ のグラフがある。

2点 A，B は関数⑦，⑦のグラフの交点で，A の y 座標は3で，A の x 座標は負であり，B の x 座標は A の x 座標より $\frac{8}{3}$ だけ大きい。点 C は関数⑦のグラフ上にあって，C の x 座標は4である。

このとき，次の各問いに答えなさい。

(1)　a の値を求めなさい。

(2)　直線 AC の式を求めなさい。

(3)　関数⑦のグラフ上において2点 B，C の間に点 P を，直線 AC 上において点 Q を，直線 PQ が y 軸と平行になるようにとる。また，直線 PQ と関数⑦のグラフとの交点を R とする。

PQ : PR = 3 : 1 となるとき，

①　点 P の x 座標を求めなさい。

②　△ARC の面積は，△ABP の面積の何倍であるか，求めなさい。

＜熊本県＞

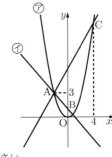

17 右の図のように，関数 $y = \frac{1}{2}x^2$ のグラフと直線 l があり，2点 A，B で交わっている。l の式は $y = x + 4$ であり，A，B の x 座標はそれぞれ -2，4 である。

A と x 軸について対称な点を C とするとき，次の(1)〜(3)の問いに答えなさい。

(1)　点 C の座標を求めなさい。

(2)　2点 B，C を通る直線の式を求めなさい。

(3)　関数 $y = \frac{1}{2}x^2$ のグラフ上に点 P をとり，P の x 座標を t とする。ただし，$0 < t < 4$ とする。

△PBC の面積が △ACB の面積の $\frac{1}{4}$ となる t の値を求めなさい。

＜福島県＞

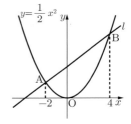

18 図1で, ①は関数 $y = -\frac{4}{9}x^2$ のグラフであり, 点Aの座標は $(2, -4)$, 点Bは①上の点で x 座標が負の値をとり, y 座標は -4 である。次の(1)〜(4)に答えなさい。ただし, 座標軸の単位の長さを $1\,\mathrm{cm}$ とする。

(1) 点Bの x 座標を求めなさい。

(2) ①の関数について, x の値が3から6まで増加するときの変化の割合を求めなさい。

(3) 点Pを x 軸上にとり, $AB = AP$ となる二等辺三角形 ABP をつくる。点Pの x 座標が正の値をとるとき, 点Pの座標を求めなさい。

(4) 図2は, 図1の①上に x 座標が6である点Cをとり, 四角形 OBCA をかき加えたものである。点Aを通り, 四角形 OBCA の面積を2等分する直線の式を求めなさい。

〈青森県〉

図1

図2

19 右の図1のように, 関数 $y = \frac{1}{2}x^2$ のグラフと直線 l が2点A, Bで交わっている。2点A, Bの x 座標が, それぞれ -2, 4であるとき, 次の(1), (2)の問いに答えなさい。

ただし, 原点Oから点 $(1, 0)$ までの距離及び原点Oから点 $(0, 1)$ までの距離をそれぞれ $1\,\mathrm{cm}$ とする。

(1) 直線 l の式を求めなさい。

(2) 右の図2のように, 図1において, 関数 $y = \frac{1}{2}x^2$ のグラフ上に x 座標が -2 より大きく4より小さい点Cをとり, 線分 AB, BC をとなり合う2辺とする平行四辺形 ABCD をつくる。

このとき, 次の①, ②の問いに答えなさい。

① 点Cが原点にあるとき, 平行四辺形 ABCD の面積を求めなさい。

② 平行四辺形 ABCD の面積が $15\,\mathrm{cm}^2$ となるとき, 点Dの y 座標をすべて求めなさい。

〈千葉県〉

図1
$y = \frac{1}{2}x^2$

図2
$y = \frac{1}{2}x^2$

20 右図において, m は関数 $y = ax^2$ (a は正の定数) のグラフを表し, l は関数 $y = \frac{1}{3}x - 1$ のグラフを表す。Aは, l と x 軸との交点である。Bは, Aを通り y 軸に平行な直線と m との交点である。Cは, Bを通り x 軸に平行な直線と m との交点のうちBと異なる点である。Dは, Cを通り y 軸に平行な直線と l との交点である。四角形 ABCD の面積は $21\,\mathrm{cm}^2$ である。a の値を求めなさい。答えを求める過程がわかるように, 途中の式を含めた求め方も説明すること。ただし, 原点Oから点 $(1, 0)$ までの距離, 原点Oから点 $(0, 1)$ までの距離はそれぞれ $1\,\mathrm{cm}$ であるとする。

〈大阪府〉

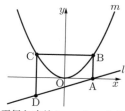

21 右の図で, 点Oは原点, 曲線 f は関数 $y = \frac{1}{2}x^2$ のグラフを表している。

3点A, B, Pは全て曲線 f 上にあり, 点Aの x 座標は -2, 点Bの x 座標は4であり, 点Pの x 座標を p とする。

x 軸上にあり, x 座標が点Aの x 座標と等しい点をCとする。

点Aと点C, 点Cと点P, 点Pと点Aをそれぞれ結ぶ。点Oから点 $(1, 0)$ までの距離, および点Oから点 $(0, 1)$ までの距離をそれぞれ $1\,\mathrm{cm}$ として, 次の各問に答えよ。

〔問1〕 $\triangle ACP$ が $PA = PC$ の二等辺三角形となるとき, p の値を全て求めよ。

〔問2〕 $\angle ACP = 45°$ のとき, p の値を全て求めよ。

〔問3〕 図において, 点Aと点B, 点Pと点Bをそれぞれ結んだ場合を考える。

$-2 < p < 4$ のとき, $\triangle ACP$ の面積と $\triangle ABP$ の面積が等しくなるような, p の値を求めよ。

ただし, 答えだけでなく, 答えを求める過程が分かるように, 途中の式や計算なども書け。

〈東京都立青山高等学校〉

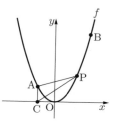

22 右の**図1**で，点Oは原点，曲線 l は関数 $y = ax^2$ ($a > 0$) のグラフを表している。

原点から点 $(1, 0)$ までの距離，および原点から点 $(0, 1)$ までの距離をそれぞれ 1 cm とする。

次の各問に答えよ。

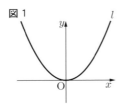
図1

〔問1〕 関数 $y = ax^2$ について，x の変域が $-3 \leqq x \leqq 4$ であるとき，y の変域を不等号と a を用いて $\boxed{} \leqq y \leqq \boxed{}$ で表せ。

〔問2〕 右の**図2**は，**図1**において，y 軸上にあり，y 座標が $p(p > 0)$ である点をPとし，点Pを通り，傾き $-\dfrac{1}{2}$ の直線を m，曲線 l と直線 m との交点のうち，x 座標が正の数である点をA，x 座標が負の数である点をBとし，点Oと点A，点Oと点Bをそれぞれ結んだ場合を表している。

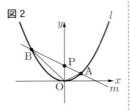
図2

次の(1)，(2)に答えよ。

(1) $p = \dfrac{3}{2}$，点Bの x 座標が -4 であるとき，$\triangle$OAB の面積は何 cm² か。

ただし，答えだけでなく，答えを求める過程がわかるように，途中の式や計算なども書け。

(2) $a = \dfrac{1}{4}$ とする。

右の**図3**は**図2**において，曲線 l 上にあり，x 座標が 5 である点をCとし，点Aと点C，点Bと点Cをそれぞれ結んだ場合を表している。

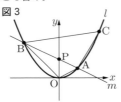
図3

$\triangle$OAB の面積を S cm²，$\triangle$CBA の面積を T cm² とする。

S : T = 4 : 7 であるとき，p の値を求めよ。

〈東京都立国立高等学校〉

23 右の図のように，関数 $y = ax^2$ (a は正の定数) …①のグラフがあります。①のグラフ上に点Aがあり，点Aの x 座標を t とします。点Oは原点とし，$t > 0$ とします。

次の問いに答えなさい。

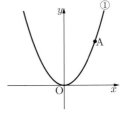

問1 点Aの座標が $(2, 12)$ のとき，a の値を求めなさい。

問2 太郎さんは，コンピュータを使って，**画面**のように，点Aを通り x 軸に平行な直線と①のグラフとの交点をBとし，$\triangle$OAB をかきました。

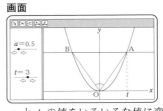
画面
$a = 0.5$
$t = 3$
a と t の値をいろいろな値に変化させて，$\angle$AOB の大きさを調べる。

次に，a と t の値をいろいろな値に変え，$\angle$AOB の大きさを調べたところ，「$\angle$AOB $= 90°$ となる a と t の値の組がある」ということがわかりました。

そこで，太郎さんは，a の値をいくつか決めて，$\angle$AOB $= 90°$ となるときの t の値を，それぞれ計算し，その関係を示した**表**と**予想**をノートにまとめました。

（太郎さんのノート）

表				予想

表		
a	1	2
t	1	X

予想
$\angle$AOB $= 90°$ となるとき，a と t の $\boxed{\text{Y}}$ は常に一定であり，一定の値は $\boxed{\text{Z}}$ である。

次の(1)，(2)に答えなさい。

(1) $\boxed{\text{X}}$，$\boxed{\text{Z}}$ に当てはまる数を，それぞれ書きなさい。また，$\boxed{\text{Y}}$ に当てはまる言葉として正しいものを，次のア～エから1つ選びなさい。
　ア　和　イ　差　ウ　積　エ　商

(2) 太郎さんの**予想**が成り立つことを説明しなさい。

〈北海道〉

24 右の図において，曲線は関数 $y = ax^2$ ($a > 0$) のグラフで，曲線上に x 座標が -3，3 である 2 点A，Bをとります。また，曲線上に x 座標が 3 より大きい点Cをとり，Cと y 座標が等しい y 軸上の点をDとします。

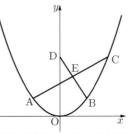

線分ACと線分BDとの交点をEとすると，AE $=$ EC で，AC $\perp$ BD となりました。このとき，a の値を求めなさい。

〈埼玉県〉

25 右の図のように，関数 $y = \dfrac{1}{4}x^2 \cdots$ ⑦のグラフ上に2点 A，B があり，点 A の x 座標が -2，点 B の x 座標が4である。3点 O，A，B を結び △OAB をつくる。

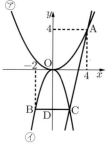

このとき，あとの各問いに答えなさい。

ただし，原点を O とする。

(1) 点 A の座標を求めなさい。

(2) 2点 A，B を通る直線の式を求めなさい。

(3) x 軸上の $x > 0$ の範囲に2点 C，D をとり，△ABC と △ABD をつくる。

このとき，次の各問いに答えなさい。

なお，各問いにおいて，答えに $\sqrt{}$ がふくまれるときは，$\sqrt{}$ の中をできるだけ小さい自然数にしなさい。

① △OAB の面積と △ABC の面積の比が 1:3 となるとき，点 C の座標を求めなさい。

② △ABD が ∠ADB $= 90°$ の直角三角形となるとき，点 D の座標を求めなさい。

<三重県>

26 右の図のように，関数 $y = \dfrac{1}{8}x^2 \cdots$ ①のグラフ上に2点 A，B がある。A の x 座標は -8，B の y 座標は2で，B の x 座標は正である。また，点 C は直線 AB と x 軸との交点であり，点 O は原点である。

このとき，次の各問いに答えなさい。

(1) 点 A の y 座標を求めなさい。

(2) 点 B の x 座標を求めなさい。

(3) 直線 AB の式を求めなさい。

(4) 直線 OA 上に x 座標が正である点 P をとる。△PAB の面積が，△OAC の面積と等しくなるときの P の座標を求めなさい。

<熊本県>

27 右の図のように，2つの関数
$y = ax^2$ （a は定数）$\cdots$ ⑦
$y = -x^2 \cdots$ ①
のグラフがある。

点 A は関数 ⑦のグラフ上にあり，A の座標は $(4, 4)$ である。2点 B，C は関数 ①のグラフ上にあり，B の x 座標は -2 で，線分 BC は x 軸と平行である。また，点 D は線分 BC と y 軸との交点である。

このとき，次の各問いに答えなさい。

(1) a の値を求めなさい。

(2) 直線 AC の式を求めなさい。

(3) 点 A から y 軸にひいた垂線と y 軸との交点を H とする。線分 AH 上に点 P を，線分 AC 上に点 Q を，QA $=$ QP となるようにとるとき，P の x 座標を t として，

① 点 Q の x 座標を，t を使った式で表しなさい。

② △QHD の面積が，△PHQ の面積の3倍となるような t の値をすべて求めなさい。

<熊本県>

28 右の〔図1〕のように，
関数 $y = \dfrac{a}{x}$，
関数 $y = x + 5$，
関数 $y = -\dfrac{1}{3}x + b$ の
グラフがある。

関数 $y = \dfrac{a}{x}$ と関数 $y = x + 5$ のグラフは2点 A，B で交わり，x 座標の大きい方の点を A，小さい方の点を B とする。点 A の x 座標は1である。また，関数 $y = x + 5$ のグラフと x 軸との交点を C とし，関数 $y = -\dfrac{1}{3}x + b$ のグラフは点 C を通る。

〔図1〕

次の(1)～(3)の問いに答えなさい。

(1) a の値を求めなさい。

(2) b の値を求めなさい。

(3) 右の〔図2〕のように，関数 $y = \dfrac{a}{x}$ のグラフ上に，x 座標が点 C と同じである点 D をとる。また，関数 $y = -\dfrac{1}{3}x + b$ のグラフ上に，四角形 ACDO の面積と △ACE の面積が等しくなるように点 E をとる。

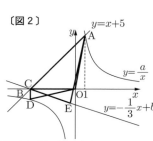

〔図2〕

点 E の x 座標を求めなさい。ただし，点 E の x 座標は点 C の x 座標より大きいものとする。

<大分県>

29 図1のように，関数 $y = \frac{1}{2}x + 3 \cdots$① のグラフ上に点 A (2, 4) があり，$x$ 軸上に点Pがある。

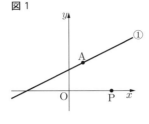

図1

次の〔問1〕〜〔問4〕に答えなさい。

〔問1〕　関数 $y = \frac{1}{2}x + 3$ について，x の増加量が4のとき，y の増加量を求めなさい。

〔問2〕　Pの x 座標が6のとき，直線 AP の式を求めなさい。

〔問3〕　図2のように，∠APO = 30° のとき，Pの x 座標を求めなさい。

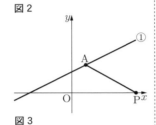

図2

〔問4〕　図3のように，①のグラフと y 軸との交点をBとする。

また，y 軸上に点Qをとり，△ABP と △ABQ の面積が等しくなるようにする。

Pの x 座標が4のとき，Qの座標をすべて求めなさい。

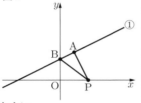

図3

〈和歌山県〉

30 右の図1で，点Oは原点，曲線 f は関数 $y = ax^2 (a > 0)$ のグラフを表している。

2点 A，Bはともに曲線 f 上にあり，x 座標はそれぞれ −2, 6である。

2点 A，Bを通る直線を引き，y 軸との交点をPとする。

原点から点 (1, 0) までの距離，および原点から点 (0, 1) までの距離をそれぞれ 1 cm とする。

次の各問に答えよ。

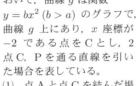

図1

〔問1〕　$a = \frac{1}{3}$ のとき，線分 AB 上にあり，x 座標と y 座標がともに整数である点の個数を求めよ。

〔問2〕　右の図2は，図1において，曲線 g は関数 $y = bx^2 (b > a)$ のグラフで，曲線 g 上にあり，x 座標が −2 である点をCとし，2点 C，Pを通る直線を引いた場合を表している。

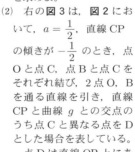

図2

(1)　点Aと点Cを結んだ場合を考える。

$a = \frac{1}{4}$，△ACP の面積が 5 cm^2 のとき，b の値を求めよ。

(2)　右の図3は，図2において，$a = \frac{1}{2}$，直線 CP の傾きが $-\frac{1}{2}$ のとき，点Oと点C，点Bと点Cをそれぞれ結び，2点 O，Bを通る直線を引き，直線 CP と曲線 g との交点のうち点Cと異なる点をDとした場合を表している。

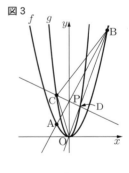

図3

点Dは直線 OB 上にあることを示せ。

また，△COD の面積と △CDB の面積の比を最も簡単な整数の比で表せ。

ただし，答えだけでなく，答えを求める過程が分かるように，途中の式や計算なども書け。

〈東京都立国立高等学校〉

31 右の**図1**で，点Oは原点，曲線 f は関数 $y = ax^2\ (a > 0)$ のグラフ，直線 l は1次関数 $y = bx + c\ (c > 0)$ のグラフを表している。

曲線 f と直線 l との交点のうち，x 座標が負の数である点をA，x 座標が正の数である点をBとする。

点Oから点 $(1,\ 0)$ までの距離，および点Oから点 $(0,\ 1)$ までの距離をそれぞれ1cmとして，次の各問に答えよ。

〔問1〕 $b > 0$ の場合を考える。

x の変域 $-1 \leqq x \leqq 3$ に対する，関数 $y = ax^2$ の y の変域と1次関数 $y = bx + c$ の y の変域が一致するとき，b を a を用いた式で表せ。

〔問2〕 右の**図2**は，**図1**において，$b < 0$ のとき，y 軸を対称の軸として，点Aと線対称な点をC，直線 l と x 軸との交点をD，2点B，Cを通る直線と2点C，Dを通る直線をそれぞれ引き，直線BC上にあり x 座標が点Cの x 座標より小さい点をEとし，$a = \dfrac{1}{3}$，点Aの x 座標が -3，直線BCの式が $y = \dfrac{7}{5}x - \dfrac{6}{5}$，直線CDの式が $y = 3x - 6$ の場合を表している。

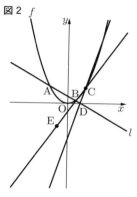

次の(1)，(2)に答えよ。

(1) 点Eの x 座標と y 座標がともに整数である点のうち，x 座標が最も大きい点Eの座標を求めよ。

(2) 点Aと点C，点Dと点Eをそれぞれ結んだ場合を考える。

△ADCの面積と△EDCの面積が等しくなるとき，点Eの座標を求めよ。

ただし，答えだけでなく，答えを求める過程が分かるように，途中の式や計算なども書け。

＜東京都立八王子東高等学校＞

32 右の**図1**で，点Oは原点，曲線 m は関数 $y = x^2$ のグラフを表している。

点A，点Bはともに曲線 m 上にあり，x 座標はそれぞれ1，-2 である。

点Aと点Bを結び，線分ABと y 軸との交点をCとし，曲線 m 上にあり，x 座標が $t\ (t > 1)$ である点をPとする。

次の各問に答えよ。

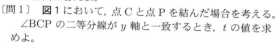

〔問1〕 **図1**において，点Cと点Pを結んだ場合を考える。

∠BCPの二等分線が y 軸と一致するとき，t の値を求めよ。

〔問2〕 右の**図2**は，**図1**において，点Pと点Oを結んだ場合を表している。

∠COP $= 30°$ のとき，t の値を求めよ。

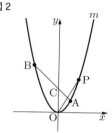

〔問3〕 右の**図3**は，**図1**において，点Pと点B，点Pと点C，点Oと点Aをそれぞれ結んだ場合を表している。

点Oから点 $(1,\ 0)$ までの距離，および点Oから点 $(0,\ 1)$ までの距離をそれぞれ1cmとして，次の(1)，(2)に答えよ。

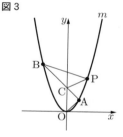

(1) $t = 3$ のとき，2点B，Pを通る直線の式を求めよ。

(2) △OACの面積を $S\,\mathrm{cm}^2$，△PBCの面積を $T\,\mathrm{cm}^2$ とする。

$S : T = 1 : 5$ のとき，t の値を求めよ。

ただし，答えだけでなく，答えを求める過程が分かるように，途中の式や計算なども書け。

＜東京都立墨田川高等学校＞

33 右の**図1**で，点Oは原点，曲線 f は関数 $y = \frac{1}{4}x^2$ のグラフ，曲線 g は関数 $y = x^2$ のグラフを表している。

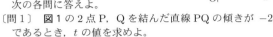

点Pは曲線 f 上にある点で，x 座標を $t\,(t > 0)$ とする。

また，点Qは曲線 g 上にある点で，x 座標を $-2t$ とする。

次の各問に答えよ。

〔問1〕　**図1**の2点P，Qを結んだ直線PQの傾きが -2 であるとき，t の値を求めよ。

〔問2〕　右の**図2**は，**図1**において，$t = 2$ のとき，曲線 g 上にあり，点Pと y 座標が等しく，x 座標が負の数である点を P'，曲線 f 上にあり，点Qと y 座標が等しく，x 座標が正の数である点を Q' とし，点Pと点 Q'，点 Q' と点Q，点Qと点 P'，点 P' と点Pをそれぞれ結び，線分 QQ' 上にある点をR，2点 P'，R を通る直線を l とした場合を表している。

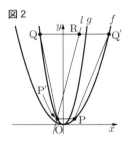

直線 l が四角形 $PQ'QP'$ の面積を二等分するとき，直線 l の式を求めよ。

ただし，答えだけでなく，答えを求める過程が分かるように，途中の式や計算なども書け。

〔問3〕　右の**図3**は，**図1**において，$t = \frac{3}{5}$ のとき，2点P，Q を通る直線を引き，x 軸との交点をA，y 軸との交点をB，線分 OB 上の点をCとし，点Aと点Cを結んだ場合を表している。

$\angle BAC = \angle OAC$ であるとき，点Cの y 座標を次のように求める。

以下の文章について，$\boxed{(ア)}$ から $\boxed{(ウ)}$ に入る値を答えよ。

$t = \frac{3}{5}$ のとき，$P\left(\frac{3}{5}, \frac{9}{100}\right)$，$Q\left(-\frac{6}{5}, \frac{36}{25}\right)$ であるから，直線PQの式は，$y = \boxed{(ア)}\, x + \frac{27}{50}$ となる。

これより，$AO : BO = 4 : \boxed{(イ)}$ であることが分かり，線分 AO と線分 AB の比率も求まる。

よって $\angle BAC = \angle OAC$ のとき，点Cの y 座標は，$\boxed{(ウ)}$ と求めることができる。

〈東京都立国分寺高等学校〉

34 右の**図1**で，点Oは原点，曲線 l は $y = ax^2\,(a < 0)$，曲線 m は $y = \frac{36}{x}\,(x < 0)$ のグラフを表している。

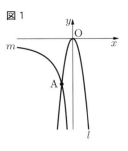

曲線 l と曲線 m との交点をAとする。

次の各問に答えよ。

〔問1〕　点Aの x 座標が -3 のとき，a の値を求めよ。

〔問2〕　右の**図2**は，**図1**において，点Aの x 座標を -4，y 軸を対称の軸として点Aと線対称な点をB，y 軸上にある点をCとし，点Oと点A，点Oと点B，点Aと点C，点Bと点Cをそれぞれ結んだ四角形 OACB がひし形となる場合を表している。

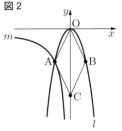

2点B，C を通る直線と曲線 l との交点のうち，点Bと異なる点をDとした場合を考える。

点Dの座標を求めよ。

ただし，答えだけでなく，答えを求める過程が分かるように，途中の式や計算なども書け。

〔問3〕　右の**図3**は，**図1**において点Aの x 座標と y 座標が等しいとき，曲線 m 上にあり，x 座標が -12 である点をE，曲線 l 上にあり，2点A，E を通る直線 AE 上にはなく，点Oにも一致しない点をPとし，点Oと点A，点Oと点E，点Aと点E，点Aと点P，点Eと点Pをそれぞれ結んだ場合を表している。

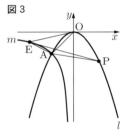

$\triangle OAE$ の面積と $\triangle AEP$ の面積が等しくなるときの点Pの x 座標を全て求めよ。

〈東京都立立川高等学校〉

35 右の**図1**で，点Oは原点，曲線 f は関数 $y = \dfrac{1}{2}x^2$ のグラフ，曲線 g は関数 $y = -\dfrac{1}{9}x^2$ のグラフを表している。

曲線 f 上にあり，x 座標が正の数である点をP，曲線 g 上にあり，x 座標が点Pと等しい点をQとする。

y 軸上にあり，y 座標が正の数である点をRとする。

原点から点 $(1, 0)$ までの距離，および原点から点 $(0, 1)$ までの距離をそれぞれ 1 cm として，次の各問に答えよ。

〔問1〕 点Pと点Qを結んだ場合を考える。

点Pの x 座標が $\dfrac{3}{2}$，点Pと点Rの y 座標が等しいとき，線分PQの長さは，線分ORの長さの何倍か。

〔問2〕 右の**図2**は，**図1**において，点Pと点R，点Qと点Rをそれぞれ結んだ場合を表している。

PR + QR = l cm とする。

点Pの x 座標が4，l の値が最も小さくなるとき，点Rの y 座標を求めよ。

〔問3〕 右の**図3**は，**図1**において，点Rの y 座標が3より大きいとき，曲線 f 上にあり，x 座標が負の数の点をS，曲線 g 上にあり，x 座標が負の数の点をTとし，点Pと点R，点Pと点S，点Qと点R，点Qと点T，点Rと点S，点Rと点Tをそれぞれ結んだ場合を表している。

点Pの x 座標が3，点Rの y 座標が r，点Sの x 座標が -2，PS // QT のとき，△PRS の面積と △QRT の面積の比が $5 : 21$ となる r の値を下の ▭ の中のように求めた。

▭（あ）▭，▭（い）▭ に当てはまる式をそれぞれ求め，▭（う）▭ には答えを求める過程が分かるように，途中の式や計算などの続きと答えを書き，解答を完成させよ。

図1
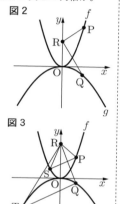

図2

図3

【解答】

2点P，Sを通る直線の式は $y = $ ▭（あ）▭ である。

2点Q，Tを通る直線の式は $y = $ ▭（い）▭ である。

▭

（う）

<東京都立新宿高等学校>

36 右の**図1**で，点Oは原点，点Aの座標は $(-1, 0)$，点Bの座標は $(0, 1)$ であり，曲線 f は関数 $y = x^2$ のグラフを表している。

2点C，Pはともに曲線 f 上にあり，点Cの x 座標は -2，点Pの x 座標は t $(t > -1)$ である。

点Oから点 $(1, 0)$ までの距離，および点Oから点 $(0, 1)$ までの距離をそれぞれ 1 cm として，次の各問に答えよ。

〔問1〕 $t = \dfrac{3}{2}$ のとき，2点C，Pの間の距離は何 cm か。

〔問2〕 右の**図2**は，**図1**において，点Aと点P，点Pと点B，点Bと点C，点Cと点Aをそれぞれ結んだ場合を表している。

このとき，線分AP，線分PB，線分BC，線分CAで作られる図形をDとする。

次の(1)，(2)に答えよ。

(1) 図形Dが三角形となるとき，t の値を全て求めよ。

ただし，答えだけでなく，答えを求める過程が分かるように，途中の式や計算なども書け。

(2) 右の**図3**は，**図2**において，図形Dが2つの三角形からなる場合を表しており，この2つの三角形の面積の和を図形Dの面積とする。

$t = 3$ のとき，図形Dの面積は何 cm² か。

図1

図2
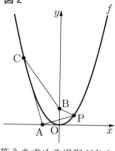

図3
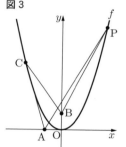

<東京都立西高等学校>

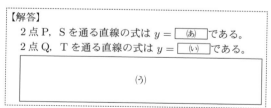

③　動点

1　右の図のような，1辺が 6 cm の正方形 ABCD がある。点 P は，頂点 A を出発し，辺 AD 上を毎秒 1 cm の速さで頂点 D まで進んで止まり，以後，動かない。また，点 Q は，点 P が頂点 A を出発するのと同時に頂点 D を出発し，毎秒 1 cm の速さで正方形 ABCD の辺上を頂点 C，頂点 B の順に通って頂点 A まで進んで止まり，以後，動かない。

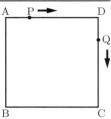

点 P が頂点 A を出発してから，x 秒後の △AQP の面積を y cm² とする。

このとき，次の問い(1)・(2)に答えよ。

(1)　$x = 1$ のとき，y の値を求めよ。また，点 Q が頂点 D を出発してから，頂点 A に到着するまでの x と y の関係を表すグラフとして最も適当なものを，次の(ア)～(エ)から 1 つ選べ。

(ア)　　(イ)　　(ウ)　　(エ)　

(2)　正方形 ABCD の対角線の交点を R とする。
$0 < x \leqq 18$ において，△RQD の面積が △AQP の面積と等しくなるような，x の値をすべて求めよ。

〈京都府〉

④ 回転体

1 右の図で，曲線は関数 $y = \dfrac{1}{2}x^2$ のグラフです。曲線上に x 座標が -3, 2 である 2 点 A, B をとり，この 2 点を通る直線 l をひきます。直線 l と x 軸との交点を C とするとき，$\triangle AOC$ を x 軸を軸として 1 回転させてできる立体の体積を求めなさい。

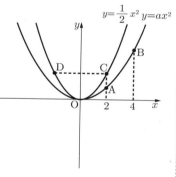

ただし，円周率は π とし，座標軸の単位の長さを $1\,\mathrm{cm}$ とします。

〈埼玉県〉

2 図のように，関数 $y = ax^2$ のグラフ上に 2 点 A, B があり，関数 $y = \dfrac{1}{2}x^2$ のグラフ上に 2 点 C, D がある。点 A と点 C の x 座標は 2，点 B の x 座標は 4，点 C と点 D は y 座標が等しい異なる 2 点である。また，関数 $y = ax^2$ で，x の値が 2 から 4 まで増加するときの変化の割合は $\dfrac{3}{2}$ である。

次の問いに答えなさい。

(1) 点 C の y 座標を求めなさい。

(2) a の値を求めなさい。

(3) 直線 AB 上に，点 D と x 座標が等しい点 E をとる。
　① 点 E の座標を求めなさい。
　② 四角形 ACDE を，直線 CD を軸として 1 回転させてできる立体の体積は何 cm^3 か，求めなさい。ただし，座標軸の単位の長さは $1\,\mathrm{cm}$ とし，円周率は π とする。

〈兵庫県〉

3 右の図のように，関数 $y = \dfrac{1}{2}x^2 \cdots$ ⑦ のグラフ上に 2 点 A, B があり，x 軸上に 2 点 C, D がある。2 点 A, C の x 座標はともに -2 であり，2 点 B, D の x 座標はともに 4 である。

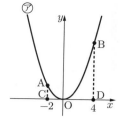

このとき，あとの各問いに答えなさい。

(1) 点 A の座標を求めなさい。

(2) ⑦について，x の変域が $-3 \leqq x \leqq 2$ のときの y の変域を求めなさい。

(3) 線分 AB 上に点 E をとり，四角形 ACDE と $\triangle BDE$ をつくる。四角形 ACDE の面積と $\triangle BDE$ の面積の比が $2:1$ となるとき，点 E の座標を求めなさい。

(4) 直線 AB と y 軸の交点を F とし，四角形 ACDF をつくる。四角形 ACDF を，x 軸を軸として 1 回転させてできる立体の体積を求めなさい。

ただし，円周率は π とする。

〈三重県〉

§7　その他の関数問題

1 室内の乾燥を防ぐため，水を水蒸気にして空気中に放出する電気器具として加湿器がある。

洋太さんの部屋には，「強」「中」「弱」の3段階の強さで使用できる加湿器Aがある。加湿器Aの水の消費量を加湿の強さごとに調べてみると，「強」「中」「弱」のどの強さで使用した場合も，水の消費量は使用した時間に比例し，1時間あたりの水の消費量は**表**のようになることがわかった。

表

加湿の強さ	強	中	弱
1時間あたりの水の消費量(mL)	700	500	300

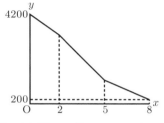

洋太さんは4200 mLの水が入った加湿器Aを，正午から「中」で午後2時まで使用し，午後2時から「強」で午後5時まで使用し，午後5時から「弱」で使用し，午後8時に加湿器Aの使用をやめた。午後8時に加湿器Aの使用をやめたとき，加湿器Aには水が200 mL残っていた。

図は，洋太さんが正午に加湿器Aの使用を始めてから x 時間後の加湿器Aの水の残りの量を y mLとするとき，正午から午後8時までの x と y の関係をグラフに表したものである。

次の(1)〜(3)に答えよ。

(1) 正午から午後1時30分までの間に，加湿器Aの水が何mL減ったか求めよ。

(2) 仮に，加湿器Aを，午後5時以降も「強」で使用し続けたとするとき，正午に加湿器Aの使用を始めてから何時間後に加湿器Aの水の残りの量が 0 mL になるかを，次の**方法**で求めることができる。

方法

　図において，x の変域が $2 \leqq x \leqq 5$ のとき，y を x の式で表すと，

$y = \boxed{}$（$2 \leqq x \leqq 5$）である。$x \geqq 5$ のときも，x と y について同じ関係が成り立つとして，この式に $y = 0$ を代入して x の値を求める。

このとき，**方法**の $\boxed{}$ にあてはまる式をかけ。

(3) 洋太さんの妹の部屋には加湿器Bがある。加湿器Bは，加湿の強さが一定で，使用した場合の水の消費量は，使用した時間に比例する。

洋太さんが正午に加湿器Aの使用を始めた後，洋太さんの妹は，午後2時に 4200 mL の水が入った加湿器Bの使用を始め，午後7時に加湿器Bの使用をやめた。午後7時に加湿器Bの使用をやめたとき，加湿器Bには水が200 mL残っていた。

午後2時から午後7時までの間で，加湿器Aと加湿器Bの水の残りの量が等しくなった時刻は，午後何時何分か求めよ。

〈福岡県〉

2 太郎さんが所属するサッカー部で，オリジナルマスクを作ることになり，かかる費用を調べたところ，A店とB店の料金は，それぞれ次の**表1**，**表2**のようになっていた。ただし，消費税は考えないものとする。

表1　A店の料金

注文のとき，初期費用として 50000 円かかり，それに加えて，マスク1枚につき 500 円かかる。

表2　B店の料金

注文の枚数による費用は，次の通りである。ただし，初期費用はかからない。
- 注文の枚数が 49 枚までのとき，マスク1枚につき 1500 円かかる。
- 注文の枚数が 50 枚から 99 枚までのとき，マスク1枚につき 1200 円かかる。
- 注文の枚数が 100 枚以上のとき，マスク1枚につき 1000 円かかる。

例えば，注文の枚数が 60 枚のとき，費用は $1200 \times 60 = 72000$（円）となる。

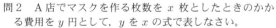

また，右の図は，B店でマスクを作る枚数を x 枚としたときのかかる費用を y 円として，x と y の関係をグラフに表したものです。ただし，このグラフで，端の点を含む場合は●，含まない場合は○で表している。

このとき，次の各問いに答えなさい。

問1　B店でマスクを 30 枚注文したとき，かかる費用を求めなさい。

問2　A店でマスクを作る枚数を x 枚としたときのかかる費用を y 円として，y を x の式で表しなさい。

問3　B店で作るときにかかる費用が，A店で作るときにかかる費用よりも<u>安くなる</u>のは，作る枚数が何枚以下のときか求めなさい。

〈沖縄県〉

第3章　データの活用

§1　データのちらばりと代表値

1 右の表は，ある中学校の生徒40人が行ったゲームの得点をまとめたものである。得点の中央値が12.5点であるとき，x，y の値を求めよ。

〈東京都立西高等学校〉

得点(点)	0	5	10	15	20	計
人数(人)	2	x	3	y	11	40

2 右の表は，あるクラスの生徒20人のハンドボール投げの記録を度数分布表に整理したものである。記録が 20 m 以上 24 m 未満の階級の相対度数を求めなさい。また，28 m 未満の累積相対度数を求めなさい。

〈青森県〉

階級(m)	度数(人)
16 以上 ～ 20 未満	4
20　～　24	6
24　～　28	1
28　～　32	7
32　～　36	2
合計	20

3 右の表は，A 中学校の3年生男子80人の立ち幅とびの記録を度数分布表にまとめたものです。度数が最も多い階級の相対度数を求めなさい。

〈北海道〉

階級(cm)	度数(人)
以上　　未満	
150 ～ 170	9
170 ～ 190	14
190 ～ 210	18
210 ～ 230	20
230 ～ 250	13
250 ～ 270	6
計	80

4 あるクラスの生徒14人の反復横とびの回数を測定したところ，全員が異なる回数であった。その測定した回数の少ない順に並べたとき，7番目の生徒と8番目の生徒の回数の差は6回で，中央値は48.0回であった。このとき，7番目の生徒の回数は何回か，求めなさい。

〈青森県〉

5 右の表は，あるクラスの生徒35人が水泳の授業で 25 m を泳ぎ，タイムを計測した結果を度数分布表にまとめたものである。

このとき，次の(1)，(2)の問いに答えなさい。
(1) 18.0 秒以上 20.0 秒未満の階級の累積度数を求めなさい。
(2) 度数分布表における，最頻値を求めなさい。

〈栃木県〉

階級(秒)	度数(人)
以上　　　未満	
14.0 ～ 16.0	2
16.0 ～ 18.0	7
18.0 ～ 20.0	8
20.0 ～ 22.0	13
22.0 ～ 24.0	5
計	35

6 右の図は，P 中学校の3年生25人が投げた紙飛行機の滞空時間について調べ，その度数分布表からヒストグラムをつくったものである。

例えば，滞空時間が2秒以上4秒未満の人は3人いたことがわかる。

このとき，紙飛行機の滞空時間について，最頻値を求めなさい。

〈三重県〉

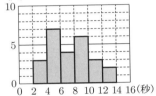

7 右のグラフは，あるクラスの20人が，読書週間に読んだ本の冊数と人数の関係を表したものである。この20人が読んだ本の冊数について代表値を求めたとき，その値が最も大きいものを，次のア〜ウから1つ選んで記号を書きなさい。

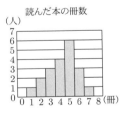

読んだ本の冊数

ア　平均値	イ　中央値	ウ　最頻値

〈秋田県〉

8 次の表は，ある学年の生徒の通学時間を調査し，その結果を度数分布表にまとめたものである。表中の ア ， イ にあてはまる数をそれぞれ求めなさい。

通学時間(分) 以上　　未満	度数(人)	相対度数	累積度数(人)
0 ～ 10	24	＊	＊
10 ～ 20	56	＊	＊
20 ～ 30	64	0.32	イ
30 ～ 40	40	0.20	＊
40 ～ 50	16	ア	＊
計	200	1.00	

＊は，あてはまる数を省略したことを表している。

<和歌山県>

9 右の表は，ある中学校のウェブページについて，1日の閲覧数を30日間記録し，度数分布表にまとめたものである。

この度数分布表から1日の閲覧数の最頻値を答えなさい。

<山口県>

閲覧数 (回) 以上　未満	度数 (日)
0 ～ 20	1
20 ～ 40	6
40 ～ 60	9
60 ～ 80	10
80 ～ 100	3
100 ～ 120	0
120 ～ 140	1
計	30

10 ある学級で，通学時間についてアンケート調査をしました。右の表は，その結果を度数分布表に整理したものです。40分以上50分未満の階級の相対度数を求めなさい。

<広島県>

階級(分) 以上　　未満	度数(人)
0 ～ 10	2
10 ～ 20	6
20 ～ 30	4
30 ～ 40	9
40 ～ 50	14
50 ～ 60	5
計	40

11 右の図のグラフは，あるクラスの生徒20人にクイズを6問出し，クイズに正解した問題数と人数の関係を表したものである。20人がクイズに正解した問題数について次のア～ウの代表値を求めたとき，その値が最も大きいものは ☐ である。次のア～ウのうちから1つ選び，記号で答えなさい。

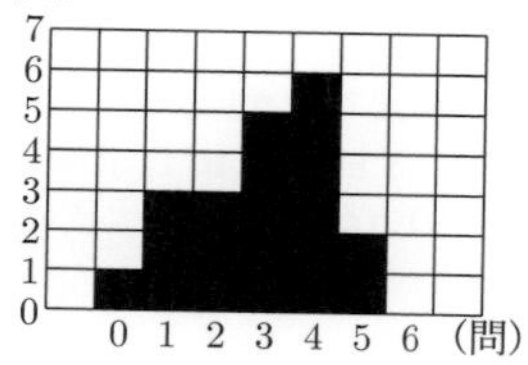

ア 平均値　　イ 中央値　　ウ 最頻値

<沖縄県>

12 ある中学校の50人の生徒に，平日における1日当たりのスマートフォンの使用時間についてアンケート調査をしました。下の表は，その結果を累積度数と累積相対度数を含めた度数分布表に整理したものです。しかし，この表の一部が汚れてしまい，いくつかの数値が分からなくなっています。この表において，数値が分からなくなっているところを補ったとき，度数が最も多い階級の階級値は何分ですか。

階級(分) 以上　　未満	度数(人)	相対度数	累積度数(人)	累積相対度数
0 ～ 60	4	0.08	4	0.08
60 ～ 120	11			
120 ～ 180				0.56
180 ～ 240				0.76
240 ～ 300		0.10	43	0.86
300 ～ 360	7	0.14	50	1.00
計	50	1.00		

<広島県>

13 下の2つの表は，A中学校の生徒20人とB中学校の生徒25人の立ち幅跳びの記録を，相対度数で表したものである。このA中学校の生徒20人とB中学校の生徒25人を合わせた45人の記録について，200cm以上220cm未満の階級の相対度数を求めよ。

A中学校

階級(cm) 以上　　未満	相対度数
160 ～ 180	0.05
180 ～ 200	0.20
200 ～ 220	0.35
220 ～ 240	0.30
240 ～ 260	0.10
計	1.00

B中学校

階級(cm) 以上　　未満	相対度数
160 ～ 180	0.04
180 ～ 200	0.12
200 ～ 220	0.44
220 ～ 240	0.28
240 ～ 260	0.12
計	1.00

<鹿児島県>

14 次の資料Ⅰと資料Ⅱは，ある中学校の2年1組と2年2組の図書だより11月号の一部です。

資料Ⅰ　　　　　　　　　資料Ⅱ

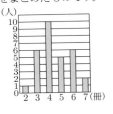

2年1組　図書だより　11月号

　みなさん，読書の秋は満喫しましたか？

　10月の読書月間では，30名全員が図書室から本を借りました。みなさんが借りた本の冊数と人数の関係を次の表にまとめました。

本の冊数（冊）	人数（人）
2	4
3	4
4	4
5	6
6	10
7	2
合計	30

2年2組　図書だより　11月号

　読書月間では素敵な本と出会えましたか？

　10月の読書月間では，30名全員が図書室から本を借りました。次のグラフは，借りた本の冊数と人数の関係をまとめたものです。

　次のア～エのうち，資料Ⅰと資料Ⅱをもとに，1組と2組を比較して述べた文として正しいものはどれですか。一つ選び，その記号を書きなさい。

ア　本を6冊以上借りた生徒の数が多いのは，2組である。
イ　借りた本の冊数の最頻値が大きいのは，2組である。
ウ　借りた本の冊数の中央値が大きいのは，1組である。
エ　借りた本の冊数の平均値が小さいのは，1組である。

＜岩手県＞

15 右の表は，ある運動部に所属する2，3年生14人の200m走の記録を，度数分布表に整理したものです。
14人の記録の平均値は，ちょうど27.5秒でした。
　このとき，下の(1)，(2)の問いに答えなさい。

記録（秒）	度数（人）
以上　　未満	
25.0 ～ 26.0	3
26.0 ～ 27.0	3
27.0 ～ 28.0	2
28.0 ～ 29.0	4
29.0 ～ 30.0	1
30.0 ～ 31.0	1
合計	14

(1) 2，3年生14人の記録の最頻値を求めなさい。
(2) この運動部に，1年生6人が入部しました。この6人の200m走の記録は，次のようになりました。

1年生の記録（秒）

25.5	27.5	28.1	28.9	30.2	30.8

　この運動部の1年生から3年生20人の200m走の記録の平均値を求めなさい。

＜岩手県＞

16 5人の生徒A，B，C，D，Eが，ある1日の家庭での学習時間をそれぞれ下の**[表]**のように記入したが，5人のうち1人が学習時間を誤って記入していることが分かった。誤って記入していた学習時間を実際の学習時間に訂正したところ，中央値は74分，平均値はちょうど73分であった。
　あとの文は，この誤りについて説明したものであるが，①にはA～Eのいずれかを，また，②には実際の学習時間を入れ，文を完成させなさい。

[表]

生　徒	A	B	C	D	E
学習時間（分）	74	70	68	78	72

　学習時間を誤って記入していた生徒は　①　で，その生徒の実際の学習時間は　②　分である。

＜佐賀県＞

17 A中学校とB中学校では，英語で日記を書く活動を行っている。A中学校P組の生徒数は25人で，B中学校Q組の生徒数は40人である。右の表は，P組，Q組の生徒全員について，ある月に英語で日記を書いた日数を度数分布表に整理したものである。

階級（日）	度数（人）	
	A中学校 P組	B中学校 Q組
以上　　未満		
0 ～ 5	3	2
5 ～ 10	3	5
10 ～ 15	6	12
15 ～ 20	7	8
20 ～ 25	5	8
25 ～ 30	1	5
計	25	40

　このとき，次の問いに答えなさい。
(1) P組について，0日以上5日未満の階級の相対度数を求めなさい。
(2) P組について，中央値がふくまれる階級を答えなさい。
(3) 度数分布表からわかることとして，必ず正しいといえるものを次のア～オからすべて選び，記号で答えなさい。
ア　Q組では，英語で日記を15日以上書いた生徒が20人以上いる。
イ　P組とQ組では，英語で日記を書いた日数の最頻値は等しい。
ウ　P組とQ組では，英語で日記を書いた日数が20日以上25日未満である生徒の割合は等しい。
エ　英語で日記を書いた日数の最大値は，Q組の方がP組より大きい。
オ　5日以上10日未満の階級の累積相対度数は，P組の方がQ組より大きい。

＜富山県＞

18　A市に住む中学生の翼さんは，ニュースで聞いたことをもとに，先生と話し合っています。

> 翼さん「昨日，ニュースで『今年の夏は暑くなりそうだ』と言っていましたよ。」
>
> 先生　「先生が子どもだった50年くらい前は，もっと涼しかったんですけどね。」
>
> 翼さん「どのくらい涼しかったんですか？」
>
> 先生　「最高気温が25℃以上の『夏日』は，最近よりずっと少なかったはずです。」
>
> 翼さん「そうなんですか。家に帰ったら調べてみますね。」

次の問いに答えなさい。

問1　翼さんは，今から50年前と2021年の夏日の日数を比べてみることにしました。翼さんは，A市の1972年と2021年における，7月と8月の日ごとの最高気温を調べ，その結果をノートにまとめました。次の｜ア｜～｜ウ｜に当てはまる数を，それぞれ書きなさい。

（翼さんのノート1）

A市の7～8月の
日ごとの最高気温の度数分布表

階級（℃）	1972年		2021年	
	度数（日）	累積度数（日）	度数（日）	累積度数（日）
以上 未満				
13～16	1	1	0	0
16～19	0	1	2	2
19～22	6	7	3	5
22～25	16	23	14	19
25～28	26	49	10	29
28～31	8	57	15	44
31～34	4	61	12	56
34～37	1	62	6	62
合　計	62		62	

【わかったこと】
　A市の7～8月の夏日（最高気温が25℃以上）の日数は，
　1972年が｜ア｜日，
　2021年が｜イ｜日である。

【結論】
　A市の夏日の日数は，
　1972年と2021年とでは｜ウ｜日しか変わらない。

問2　翼さんは，ノート1を見せながら，先生と話し合っています。

> 翼さん「A市の夏日の日数は，50年前とほとんど変わりませんでした。」
>
> 先生　「本当ですか。ん？7月と8月以外の月でも夏日になることがありますよ。それに，調べた1972年と2021年の夏日の日数が，たまたま多かった，あるいは，たまたま少なかったという可能性もありますよね。」
>
> 翼さん「たしかにそうですね。もう少し調べてみます！」

　翼さんは，A市の夏日の年間日数について，1962年から1981年までの20年間（以下，「X期間」とします。）と，2012年から2021年までの10年間（以下，「Y期間」とします。）をそれぞれ調べ，その結果をノートにまとめることにしました。

（翼さんのノート2）

A市の夏日の
年間日数の度数分布表

階級（日）	X期間		Y期間	
	度数（年）	相対度数	度数（年）	相対度数
以上 未満				
24～30	1	0.05	0	0.00
30～36	4	0.20	0	0.00
36～42	4	0.20	0	0.00
42～48	9	0.45	0	0.00
48～54	2	0.10	1	0.10
54～60	0	0.00	2	0.20
60～66	0	0.00	2	0.20
66～72	0	0.00	5	0.50
合　計	20	1.00	10	1.00

A市の夏日の
年間日数の相対度数
の度数折れ線（度数分布多角形）

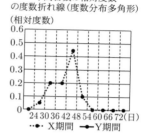

【まとめ】
　A市の夏日の年間日数について，X期間とY期間を比較した結果，50年くらい前は，今と比べて｜　｜といえる。

次の(1)～(3)に答えなさい。

(1)　ノート2の度数分布表をもとに，Y期間の相対度数の度数折れ線（度数分布多角形）を右の図にかき入れなさい。

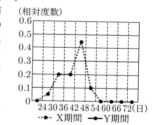

(2)　ノート2において，翼さんが「度数」ではなく「相対度数」をもとに比較している理由を説明しなさい。

(3)　｜　｜に当てはまる言葉として最も適当なものを，次のア～ウから選びなさい。また，選んだ理由を，X期間とY期間の2つの相対度数の度数折れ線（度数分布多角形）の特徴と，その特徴から読み取れる傾向をもとに説明しなさい。
　ア　暑かった　　イ　変わらなかった
　ウ　涼しかった

<北海道>

19 表は，ある中学校の1年生20人と2年生25人について，夏休みに読んだ本の冊数を調べ，その結果を冊数別にまとめたものである。なお，1年生の相対度数と2年生の度数は空欄にしてある。また，相対度数は正確な値であり，四捨五入などはされていないものとする。このとき，次の(1)〜(3)に答えよ。

表

冊数(冊)	1年生 度数(人)	1年生 相対度数	2年生 度数(人)	2年生 相対度数
0	0			0.04
1	1			0.20
2	4			0.16
3	7			0.24
4	2			0.20
5	6			0.16
合計	20	1.00	25	1.00

(1) 1年生20人の中で，3冊読んだ生徒の相対度数を求めよ。

(2) 1年生20人が読んだ本の冊数の平均値を求めよ。

(3) 1年生と2年生を比較したとき，次の①〜④の中から正しいものをすべて選び，その番号を書け。
　① 2冊読んだ生徒の相対度数は，1年生の方が大きい。
　② 4冊以上読んだ生徒の人数は，1年生の方が多い。
　③ 最頻値（モード）は，1年生の方が大きい。
　④ 1年生と2年生の中央値（メジアン）は等しい。
　　　　　　　　　　　　　　　　　　＜長崎県＞

20 右の表は，ある学校の2年生15人と3年生15人が，ハンドボール投げを行い，その記録の平均値，最大値，最小値についてまとめたものである。

（単位：m）

	2年生	3年生
平均値	24	25
最大値	30	32
最小値	15	17

2年生，3年生の記録について，この表から，かならずいえることを，次のア〜エからすべて選び，記号で答えなさい。
ア　2年生の記録を大きさの順に並べたとき，その中央の値は24mである。
イ　2年生の記録の合計は，3年生の記録の合計よりも小さい。
ウ　2年生の記録の範囲と3年生の記録の範囲は等しい。
エ　3年生の記録の中で，もっとも多く現れる値は32mである。
　　　　　　　　　　　　　　　　　　＜宮崎県＞

21 右図は，ある中学校の卓球部の部員が行った反復横とびの記録を箱ひげ図に表したものである。卓球部の部員が行った反復横とびの記録の四分位範囲を求めなさい。

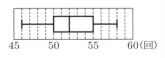

　　　　　　　　　　　　　　　　　　＜大阪府＞

22 下の記録は，ある中学校の生徒14人がハンドボール投げを行ったときの結果を，距離の短い方から順に並べたものである。

記録

8, 10, 10, 11, 11, 12, 12, 14, 14, 15, 16, 17, 17, 18

（単位：m）

① ハンドボール投げの記録の中央値を求めなさい。
② ハンドボール投げの記録の箱ひげ図をかきなさい。

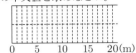

　　　　　　　　　　　　　　　　　　＜熊本県＞

23 次のア〜エの中から，箱ひげ図について述べた文として誤っているものを一つ選び，その記号を書きなさい。
ア　データの中に離れた値がある場合，四分位範囲はその影響を受けにくい。
イ　四分位範囲は第3四分位数から第1四分位数をひいた値である。
ウ　箱の中央は必ず平均値を表している。
エ　第2四分位数と中央値は必ず等しい。
　　　　　　　　　　　　　　　　　　＜埼玉県＞

24 次の図は，ある部活動の生徒15人が行った「20mシャトルラン」の回数のデータを，箱ひげ図にまとめたものである。後のア〜オのうち，図から読み取れることとして必ず正しいといえるものをすべて選び，記号で答えなさい。

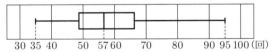

ア　35回だった生徒は1人である。
イ　15人の最高記録は95回である。
ウ　15人の回数の平均は57回である。
エ　60回以下だった生徒は少なくとも9人いる。
オ　60回以上だった生徒は4人以上いる。
　　　　　　　　　　　　　　　　　　＜群馬県＞

25 春奈さんたちの中学校では、3年生のA組30人全員と、B組30人全員の50m走の記録を調査しました。
次の問いに答えなさい。

問1 図1は、A組、B組全員の記録を、それぞれ箱ひげ図にまとめたものです。
次の(1)、(2)に答えなさい。

図1

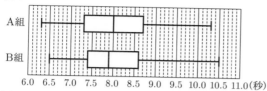

(1) B組の記録の第3四分位数を求めなさい。
(2) データの散らばり（分布）の程度について、図1から読みとれることとして最も適当なものを、次のア～エから1つ選びなさい。
　ア　範囲は、A組の方がB組よりも小さい。
　イ　四分位範囲は、A組の方がB組よりも大きい。
　ウ　平均値は、A組の方がB組よりも小さい。
　エ　最大値は、A組の方がB組よりも大きい。

問2 A組、B組には、運動部に所属する生徒がそれぞれ15人います。図2は、A組、B組の運動部に所属する生徒全員の記録を、箱ひげ図にまとめたものです。

図2

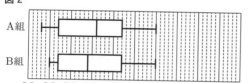

春奈さんたちは、運動部に所属する生徒全員の記録について、図2を見て話し合っています。　ア　，　イ　に当てはまる数を、それぞれ書きなさい。
また、　ウ　に当てはまる言葉を、下線部＿＿の答えとなるように書きなさい。

春奈さん「A組、B組の運動部に所属する生徒では、A組とB組のどちらに速い人が多いのかな。」
ゆうさん「どうやって比べたらいいのかな。何か基準があるといいよね。」
春奈さん「例えば、平均値を基準にしたらどうかな。先生、平均値は何秒でしたか。」
先生　「この中学校の運動部に所属する生徒の平均値は、7.5秒でしたよ。」
ゆうさん「それなら、7.5秒より速い人は、A組とB組のどちらの方が多いのか考えてみよう。」
春奈さん「B組の中央値は7.4秒だから、B組に7.5秒より速い人は、少なくても　ア　人いるよね。」
ゆうさん「A組の中央値は7.6秒だから、A組に7.5秒より速い人は、最も多くて　イ　人と考えられるね。」
春奈さん「つまり、7.5秒より速い人は、　ウ　の方が多いと言えるね。」

〈北海道〉

26 ある中学校の3年1組35人と2組35人に、家庭学習にインターネットを利用する平日1日あたりの時間について、調査を行った。図1は、それぞれの組の分布のようすを箱ひげ図に表したものである。また、図2は、2組のデータを小さい順に並べたものである。
このとき、あとの問いに答えなさい。

図1

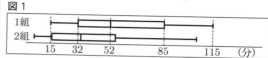

図2

5, 7, 8, 9, 12, 13, 14, 16, 16, 18, 19, 19, 21, 22, 23, 25, 30, 35, 38, 41, 42, 43, 45, 50, 51, 52, 55, 58, 62, 63, 65, 70, 85, 90, 105 （分）

(1) 1組の四分位範囲を求めなさい。
(2) 2組の第3四分位数を求めなさい。
(3) 上の2つの図1と図2から読みとれることとして、必ず正しいといえるものを次のア～オからすべて選び、記号で答えなさい。
　ア　1組と2組を比べると、2組のほうが、四分位範囲が大きい。
　イ　1組と2組のデータの範囲は等しい。
　ウ　どちらの組にも利用時間が55分の生徒がいる。
　エ　1組には利用時間が33分以下の生徒が9人以上いる。
　オ　1組の利用時間の平均値は52分である。

〈富山県〉

27 下の図は、ある中学校の3年A組の生徒35人と3年B組の生徒35人が1学期に読んだ本の冊数について、クラスごとのデータの分布の様子を箱ひげ図に表したものである。

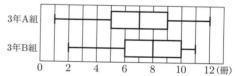

次の(1)～(3)の問いに答えなさい。
(1) 3年A組の第1四分位数を求めなさい。
(2) 3年A組の四分位範囲を求めなさい。
(3) 図から読み取れることとして正しいものを、ア～エから全て選び、符号で書きなさい。
　ア　3年A組と3年B組は、生徒が1学期に読んだ本の冊数のデータの範囲が同じである。
　イ　3年A組は、3年B組より、生徒が1学期に読んだ本の冊数のデータの中央値が小さい。
　ウ　3年A組は、3年B組より、1学期に読んだ本が9冊以下である生徒が多い。
　エ　3年A組と3年B組の両方に、1学期に読んだ本が10冊である生徒が必ずいる。

〈岐阜県〉

28 右の**図**は，ある中学校の3年生25人が受けた国語，数学，英語のテストの得点のデータを箱ひげ図で表したものである。

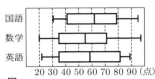

図

このとき，これらの箱ひげ図から読み取れることとして正しく説明しているものを，次のア〜エの中から2つ選んで，その記号を書きなさい。

ア　3教科の中で国語の平均点が一番高い。
イ　3教科の合計点が60点以下の生徒はいない。
ウ　13人以上の生徒が60点以上の教科はない。
エ　英語で80点以上の生徒は6人以上いる。

〈茨城県〉

29 あるクラスの生徒32人に対して，通学時間の調査を行いました。次の図は，通学時間の分布のようすを箱ひげ図に表したものです。

この箱ひげ図から，次のようなことを読み取ることができます。

> 通学時間が15分以上の生徒が8人以上いる。

このように読み取ることができるのはなぜですか。その理由を簡単に書きなさい。

ただし，理由には，次の語群から用語を1つ選んで用いること。

語群

第1四分位数	第2四分位数	第3四分位数

〈岩手県〉

30 ある学級のA班とB班がそれぞれのペットボトルロケットを飛ばす実験を25回ずつ行った。実験は，校庭に白線を1m間隔に引いて行い，例えば，17m以上18m未満の間に着地した場合，17mと記録した。

右の**表1**は，A班とB班の記録について，25回の平均値，最大値，最小値，範囲をそれぞれまとめたものである。また，右の**表2**は，A班とB班の記録を度数分布表に整理したものである。ただし，**表1**の一部は汚れて読み取れなくなっている。

表1

	A班	B班
平均値	28.6m	30.8m
最大値	46m	42m
最小値		16m
範囲	31m	

表2

記録(m)	A班 度数(回)	B班 度数(回)
以上　未満		
15 〜 20	2	3
20 〜 25	5	3
25 〜 30	7	5
30 〜 35	4	8
35 〜 40	5	5
40 〜 45	1	1
45 〜 50	1	0
合計	25	25

① A班の記録の最小値を求めなさい。
② 次の文は，太郎さんが表1と表2をもとにして，A班とB班のどちらのペットボトルロケットが遠くまで飛んだかを判断するために考えた内容である。

　下線部について，（　）に入る適切なものを，A，Bから1つ選び，記号で答えなさい。

　また，選んだ理由を，**中央値が入る階級を示して**説明しなさい。

> ・平均値を比べると，B班のほうが大きい。
> ・最大値を比べると，A班のほうが大きい。
> ・中央値を比べると，（　）班のほうが大きい。

〈福島県〉

31 右の**図**は，18人の生徒の通学時間をヒストグラムに表したものです。このヒストグラムでは，通学時間が10分以上20分未満の生徒の人数は2人であることを表しています。

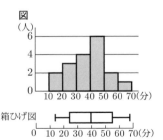

右の箱ひげ図は，このヒストグラムに**対応するものではない**と判断できます。その理由を，ヒストグラムの階級にふれながら説明しなさい。

〈埼玉県〉

32 下の図は，ある中学校の 3 年生 100 人を対象に 20 点満点の数学のテストを 2 回実施し，1 回目と 2 回目の得点のデータの分布のようすをそれぞれ箱ひげ図にまとめたものである。

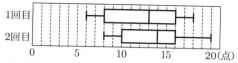

このとき，次の(1)，(2)の問いに答えなさい。

(1) 箱ひげ図から読み取れることとして正しいことを述べているものを，次のア，イ，ウ，エの中から 2 つ選び，記号で答えなさい。
　ア 中央値は，1 回目よりも 2 回目の方が大きい。
　イ 最大値は，1 回目よりも 2 回目の方が小さい。
　ウ 範囲は，1 回目よりも 2 回目の方が大きい。
　エ 四分位範囲は，1 回目よりも 2 回目の方が小さい。

(2) 次の文章は，「1 回目のテストで 8 点を取った生徒がいる」ことが正しいとは限らないことを説明したものである。 ┌┄┐ に当てはまる文を，特定の 2 人の生徒に着目して書きなさい。

> 箱ひげ図から，1 回目の第 1 四分位数が 8 点であることがわかるが，8 点を取った生徒がいない場合も考えられる。例えば，テストの得点を小さい順に並べたときに，┄┄┄┄┄┄┄┄┄┄┄┄┄┄┄┄ の場合も，第 1 四分位数が 8 点となるからである。

〈栃木県〉

33 美咲さんの住む地域では，さくらんぼの種飛ばし大会が行われている。この大会では，台の上に立ち，さくらんぼの実の部分を食べ，口から種を吹き飛ばして，台から最初に種が着地した地点までの飛距離を競う。下の図は，知也さんと公太さんが種飛ばしの練習を 20 回したときの記録を，それぞれヒストグラムに表したものである。これらのヒストグラムから，たとえば，2 人とも，1 m 以上 2 m 未満の階級に入る記録は 1 回であることがわかる。また，ヒストグラムから 2 人の記録の平均値を求めると，ともに 5 m で同じであることがわかる。

美咲さんは，2 人の記録のヒストグラムから，本番では知也さんのほうが公太さんよりも種を遠くに飛ばすと予想した。美咲さんがそのように予想した理由を，平均値，中央値，最頻値のいずれか 1 つを用い，数値を示しながら説明しなさい。

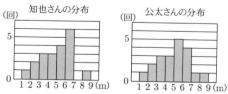

〈山形県〉

34 陸上競技部の A さんと B さんは 100 m 競走の選手である。次の**図 1**，**図 2** は，2 人が最近 1 週間の練習でそれぞれ 100 m を 18 回走った記録をヒストグラムに表したものである。これらのヒストグラムをもとに，次の 1 回でより速く走れそうな選手を 1 人選ぶとする。

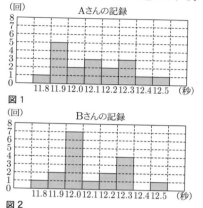

このとき，あなたならどちらの選手を選びますか。A さん，B さんのどちらか一方を選び，その理由を，2 人の中央値（メジアン）または最頻値（モード）を比較して説明しなさい。

〈茨城県〉

35 次の図は，A 中学校の生徒 30 人と B 中学校の生徒 40 人の，ハンドボール投げの記録について，0 m 以上 5 m 未満，5 m 以上 10 m 未満，10 m 以上 15 m 未満，…のように，階級の幅を 5 m として，それぞれの中学校における相対度数を折れ線グラフで表したものである。後のア〜エのうち，図から読み取れることとして必ず正しいといえるものを 1 つ選び，記号で答えなさい。

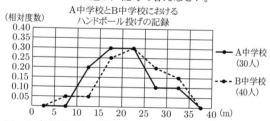

ア A 中学校では，記録が 15 m 未満の生徒が 20 人いる。
イ 20 m 以上 25 m 未満の階級においては，A 中学校と B 中学校の生徒の人数が等しい。
ウ 記録が 25 m 以上の生徒が各中学校において占める割合は，A 中学校より B 中学校の方が大きい。
エ 2 つの中学校の生徒 70 人の中で，最も遠くまで投げた生徒は，B 中学校の生徒である。

〈群馬県〉

36 A組，B組，C組の生徒について，6月の1か月間に図書館から借りた本の冊数を調査した。
このとき，次の(1)，(2)の問いに答えなさい。

(1) 右の**図1**は，A組20人について，それぞれの生徒が借りた本の冊数をまとめたものである。

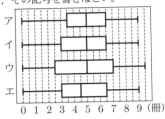
図1

① 本の冊数の平均値を求めなさい。
② **図1**に対応する箱ひげ図を，次のア～エの中から一つ選んで，その記号を書きなさい。

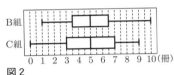

(2) 右の**図2**は，B組20人とC組20人について，それぞれの生徒が借りた本の冊数のデータを箱ひげ図に表したものである。これらの箱ひげ図から読み取れることとして，下の①～④は正しいといえるか。「ア　正しいといえる」，「イ　正しいといえない」，「ウ　これらの箱ひげ図からはわからない」の中からそれぞれ一つ選んで，その記号を書きなさい。

図2

① B組とC組の四分位範囲を比べるとB組の方が大きい。
② B組とC組の中央値は同じである。
③ B組もC組も，3冊以下の生徒が5人以上いる。
④ B組とC組の平均値は同じである。
〈茨城県〉

37 あるクラスの生徒35人が，数学と英語のテストを受けた。図は，それぞれのテストについて，35人の得点の分布のようすを箱ひげ図に表したものである。この図から読み取れることとして正しいものを，あとのア～エから全て選んで，その符号を書きなさい。

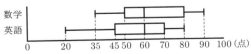

ア　数学，英語どちらの教科も平均点は60点である。
イ　四分位範囲は，英語より数学の方が大きい。
ウ　数学と英語の合計得点が170点である生徒が必ずいる。
エ　数学の得点が80点である生徒が必ずいる。
〈兵庫県〉

38 右の箱ひげ図は，太郎さんを含む15人のハンドボール投げの記録を表したものである。

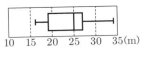

また，次の文は太郎さんと先生の会話の一部である。

太郎：先生，15人のハンドボール投げの記録の平均値は何mですか。わたしの記録は24.0mでした。
先生：平均値は23.9mです。
太郎：そうすると，わたしの記録は平均値より大きいから，15人の記録の中で上位8番以内に入りますね。

下線部の太郎さんの言った内容は正しくありません。その理由をかきなさい。
〈和歌山県〉

39 紙飛行機の飛行距離を競う大会が行われる。この大会に向けて，折り方が異なる2つの紙飛行機A，Bをつくり，飛行距離を調べる実験をそれぞれ30回行った。
図1，**図2**は，実験の結果をヒストグラムにまとめたものである。例えば，**図1**において，Aの飛行距離が6m以上7m未満の回数は3回であることを表している。

図1
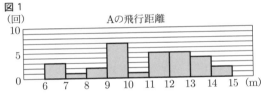

図2
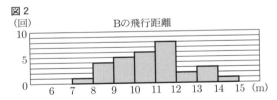

次の(1)，(2)に答えよ。
(1) **図1**において，13m以上14m未満の階級の相対度数を四捨五入して小数第2位まで求めよ。
(2) **図1**，**図2**において，AとBの飛行距離の平均値が等しかったので，飛行距離の中央値と飛行距離の最頻値のどちらかを用いて（どちらを用いてもかまわない。），この大会でより長い飛行距離が出そうな紙飛行機を選ぶ。
このとき，AとBのどちらを選ぶか説明せよ。
説明する際は，中央値を用いる場合は中央値がふくまれる階級を示し，最頻値を用いる場合はその数値を示すこと。
〈福岡県〉

40 ひびきさんは，A班 8 人，B班 8 人，C班 10 人が受けた，20 点満点の数学のテスト結果について，**図1**のように箱ひげ図にまとめた。**図2**は，ひびきさんが**図1**の箱ひげ図をつくるのにもとにした B 班の数学のテスト結果のデータである。

　このとき，あとの各問いに答えなさい。

　ただし，得点は整数とする。

　　　図1

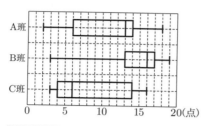

　　　図2　17, 14, 15, 17, 12, 19, m, n　（単位　点）

(1) A 班の数学のテスト結果の第1四分位数を求めなさい。

(2) B 班の数学のテスト結果について，m, n の値をそれぞれ求めなさい。

　　ただし，$m < n$ とする。

(3) C 班の数学のテスト結果について，データの値を小さい順に並べると，小さい方から 6 番目のデータとしてありえる数を<u>すべて</u>答えなさい。

(4) **図1**，**図2**から読みとれることとして，次の①，②は，「正しい」，「正しくない」，「**図1**，**図2**からはわからない」のどれか，下のア〜ウから最も適切なものをそれぞれ 1 つ選び，その記号を書きなさい。

① A 班の数学のテスト結果の範囲（はんい）と，B 班の数学のテスト結果の範囲は，同じである。

　ア．正しい

　イ．正しくない

　ウ．**図1**，**図2**からはわからない

② A 班，B 班，C 班のすべてに 14 点の人がいる。

　ア．正しい

　イ．正しくない

　ウ．**図1**，**図2**からはわからない

〈三重県〉

41 A 中学校の図書委員会は，全校生徒を対象として，ある日曜日の読書時間を調査した。次の(1)〜(3)の問いに答えなさい。

(1) **図1**のア〜エは，3 年 1 組を含む 4 つの学級の読書時間のデータを，ヒストグラムに表したものである。例えば，アの 10 〜 20 の階級では，読書時間が 10 分以上 20 分未満の生徒が 1 人いることを表している。4 つの学級の生徒数は，すべて 31 人である。

　3 年 1 組のヒストグラムは，最頻値が中央値よりも小さくなる。3 年 1 組のヒストグラムとして最も適切なものを，**図1**のア〜エから 1 つ選んで記号を書きなさい。

図1

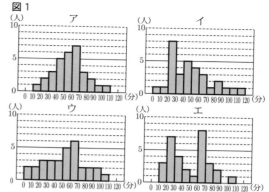

(2) 次の表は，3 年 2 組 30 人の読書時間のデータを，小さい順に並べたものである。このデータの範囲と第 1 四分位数をそれぞれ求めなさい。

3 年 2 組の読書時間（単位　分）

5	10	10	15	20	25	25	30	35	40
40	40	45	50	55	60	60	60	60	60
65	65	65	70	80	85	85	90	105	110

(3) 3 年 1 組，2 組，3 組で運動部に所属している生徒は，16 人ずついる。**図2**は，3 年 1 組の運動部の生徒をグループ 1，3 年 2 組の運動部の生徒をグループ 2，3 年 3 組の運動部の生徒をグループ 3 とし，それぞれの読書時間のデータを，箱ひげ図に表したものである。

図2

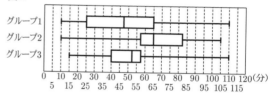

① **図2**から読み取れることとして正しいものを，次のア〜エからすべて選んで記号を書きなさい。

> ア　読書時間が 55 分以下の生徒数が最も少ないグループは，グループ 2 である。
> イ　読書時間が 55 分以上の生徒数が最も多いグループは，グループ 3 である。
> ウ　どのグループにも，読書時間が 80 分以上 100 分未満の生徒は必ずいる。
> エ　どのグループにも，読書時間が 100 分以上の生徒は必ずいる。

② **図2**において，読書時間のデータの散らばりぐあいが最も大きいグループを，次のア〜ウから 1 つ選んで記号を書きなさい。

　また，そのように判断した理由を，「範囲」と「四分位範囲」という両方の語句を用いて書きなさい。

> ア　グループ 1　　イ　グループ 2
> ウ　グループ 3

〈秋田県〉

42 ある中学校の1，2年生のバスケットボール部員40人が，9月にフリースローを1人あたり20本ずつ行った。その結果から，半年後の3月までに部員40人が，フリースローを1人あたり20本中15本以上成功することを目標に掲げた。3月になり部員40人が，フリースローを1人あたり20本ずつ行った。

次の図は，この中学校のバスケットボール部員40人の9月と3月のフリースローが成功した本数のデータの分布のようすを箱ひげ図にまとめたものである。

次の①，②の問いに答えなさい。

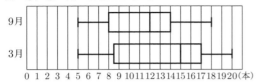

① 図の9月のデータの四分位範囲を求めなさい。
② 太郎さんは，上の図の箱ひげ図をもとに，9月に比べ3月は目標を達成した部員の割合が増えたと判断した。

次の〔説明〕は，太郎さんが，目標である15本以上成功した部員の**割合が増えた**と判断した理由を説明したものである。　ア　には適する数を，イ　には〔説明〕の続きを「**中央値**」の語句を用いて書きなさい。

〔説明〕
　9月の第3四分位数は　ア　本であるため，15本以上成功した部員の割合は25%以下である。

　イ

　ゆえに，9月に比べ3月は目標を達成した部員の割合が増えたと判断できる。

〈大分県〉

43 3つの都市A，B，Cについて，ある年における，降水量が1mm以上であった日の月ごとの日数を調べた。

このとき，次の(1)，(2)の問いに答えなさい。

(1) 下の表は，A市の月ごとのデータである。このデータの第1四分位数と第2四分位数（中央値）をそれぞれ求めなさい。また，A市の月ごとのデータの箱ひげ図をかきなさい。

	1月	2月	3月	4月	5月	6月	7月	8月	9月	10月	11月	12月
日数(日)	5	4	6	11	13	15	21	6	13	8	3	1

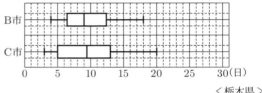

(2) 下の図は，B市とC市の月ごとのデータを箱ひげ図に表したものである。B市とC市を比べたとき，データの散らばりぐあいが大きいのはどちらか答えなさい。また，そのように判断できる理由を「範囲」と「四分位範囲」の両方の用語を用いて説明しなさい。

〈栃木県〉

44 A中学校の体育祭の大縄跳びでは，3分間に連続で跳んだ最高回数を記録として競う。3年生の桃花さんは，学年生徒会の取り組みとして，当日の結果とは別に，直前2週間の練習も3分間に連続で跳んだ最高回数を記録として何回か取り，それらの記録をもとに3学年の4つの学級の中から1つの学級を特別賞として表彰する企画を考えた。

桃花さんは，各学級の第1週の記録から第2週の記録への伸びに着目し，特別賞の学級の決め方を考えることとした。練習の記録のデータのうち，各学級の第1週の記録16回分をデータ①とし，第2週の記録12回分をデータ②とする。

このとき，次の1，2に答えなさい。

1 右の表は，2組の練習の記録を度数分布表に表したものである。

このとき，次の(1)，(2)に答えなさい。

(1) 右の表における階級の幅を求めなさい。

(2) 右の表において，データ②の方がデータ①よりも相対度数が大きい階級を，次のア～カからすべて選び，その記号を書きなさい。

ア　5回以上10回未満
イ　10回以上15回未満

2組の練習の記録

記録(回)	度数(回)	
	データ①	データ②
以上　　未満		
5 ～ 10	1	0
10 ～ 15	3	2
15 ～ 20	6	5
20 ～ 25	3	2
25 ～ 30	2	2
30 ～ 35	1	1
合計	16	12

ウ　15回以上20回未満
エ　20回以上25回未満
オ　25回以上30回未満
カ　30回以上35回未満

2　桃花さんは，特別賞の学級の決め方として，まず平均値に着目し，各学級のデータ②の平均値からデータ①の平均値をひいた値が他の学級より大きい2つの学級を選び，それらの学級について，箱ひげ図を用いて比べることとした。

右の図は，平均値に着目して選んだ1組と4組のデータ①とデータ②をそれぞれ箱ひげ図に表したものである。

このとき，次の(1)，(2)に答えなさい。

(1)　**1組の箱ひげ図**から，1組のデータ①の中央値と1組のデータ②の中央値をそれぞれ求めなさい。

(2)　**4組の箱ひげ図**から，「4組のデータ②は，4組のデータ①より記録が伸びている」と主張することができる。そのように主張することができる理由を，**4組の箱ひげ図**の2つの箱ひげ図の特徴を比較して説明しなさい。
　　　　　　　　　　　　　　　　　　　　　〈山梨県〉

45　ある高校において，2年1組の男子25人と女子15人，2年2組の男子15人と女子25人の握力を測定した。このとき，次の各問いに答えなさい。

(1)　右の**表1**は1組の男子25人の，**表2**は2組の男子15人の，測定結果を度数分布表に表したものである。

表1

握力 (kg)　以上　未満	度数 (人)
25 ～ 30	0
30 ～ 35	4
35 ～ 40	11
40 ～ 45	9
45 ～ 50	1
50 ～ 55	0
計	25

表2

握力 (kg)　以上　未満	度数 (人)
25 ～ 30	1
30 ～ 35	3
35 ～ 40	3
40 ～ 45	5
45 ～ 50	2
50 ～ 55	1
計	15

①　表1と表2の度数分布表について，次のア～エから正しいものをすべて選び，記号で答えなさい。

ア　表1において，最頻値は11人である。

イ　表2において，45 kg 未満の累積度数は12人である。

ウ　表1における範囲は，表2における範囲より大きい。

エ　表1における 30 kg 以上 35 kg 未満の階級の相対度数は，表2における 30 kg 以上 35 kg 未満の階級の相対度数より小さい。

②　1組の男子25人から無作為に1人を選んだときと，1組と2組の男子を合わせた40人から無作為に1人を選んだときで，握力が 40 kg 未満の男子が選ばれやすいのはどちらのときか。下のア，イから正しいものを1つ選び，記号で答えなさい。

また，それが正しいと考える理由を，累積相対度数を使って説明しなさい。

ア　1組の男子25人から選んだときである。
イ　1組と2組の男子を合わせた40人から選んだときである。

(2)　次は，1組の女子15人と2組の女子25人の握力について述べた文章である。　ア　，　イ　に当てはまる数を入れて，文章を完成しなさい。

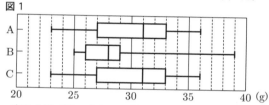

1組の女子15人のうちの一人である美咲さんの握力は，この測定をしたときには 21 kg であった。もし，このときの美咲さんの握力が a kg であれば，1組の女子15人の平均値は，美咲さんの握力が 21 kg のときと比べて，0.4 kg 大きくなる。

このとき，a の値は　ア　であり，1組と2組の女子を合わせた40人の平均値は，美咲さんの握力が 21 kg のときと比べて，　イ　kg 大きくなる。

　　　　　　　　　　　　　　　　　　　　　〈熊本県〉

46　農園に3つの品種A，B，Cのいちごがある。孝さんと鈴さんは，3つの品種のいちごの重さを比べるために，A～Cのいちごをそれぞれ30個ずつ集め，1個ごとの重さのデータを**図1**のように箱ひげ図に表した。

図1

次の会話文は，孝さんと鈴さんが，**図1**をもとに，「重いいちごの個数が多いのは，A～Cのどの品種といえるか」について，会話した内容の一部である。

（孝さん）　AとCは，箱ひげ図が同じ形だから，①範囲や四分位範囲などが異なるAとBを比べたいけど，どうやって比べたらいいかな。

（鈴さん）　基準となる重さを決めて，比べたらどうかな。例えば，基準を 25 g にすると，25 g 以上の個数は，Bの方がAより多いといえるよ。**図1**から，個数の差が1個以上あるとわかるからね。

　基準を 34 g にしても，34 g 以上の個数は，ひげの長さの違いだけではわからないから，AとBのどちらが多いとはいえないなあ。

　基準を 30 g にすると，30 g 以上の個数は，Aの方がBより多いといえるよ。

　②**図1**から，30 g 以上の個数は，Aが15個以上，Bが7個以下とわかるからだね。

　箱ひげ図を見て基準を決めると，重いいちご
の個数が多いのは，AとBのどちらであるか比
べられるね。では，箱ひげ図が同じ形の③AとCのデータの分布の違いをヒストグラムで見て
みようよ。

次の(1)～(3)に答えよ。
(1)　下線部①について，Aのデータの範囲とAのデータの四分位範囲を求めよ。
(2)　下線部②は，次の2つの値と基準の30gを比較した結果からわかる。

　　AのデータのⓍ　，　BのデータのⓎ

　　Ⓧ，Ⓨは，それぞれ次のア～カのいずれかである。Ⓧ,
　　Ⓨをそれぞれ1つずつ選び，記号をかけ。また，AのデータのⓍとBのデータのⓎを数値で答えよ。
　　ア　最小値　　イ　第1四分位数　　ウ　中央値
　　エ　平均値　　オ　第3四分位数　　カ　最大値
(3)　下線部③について，図2は，Aのデータをヒストグラムに表したものであり，例えば，Aの重さが22g以上24g未満の個数は1個であることを表している。

図2

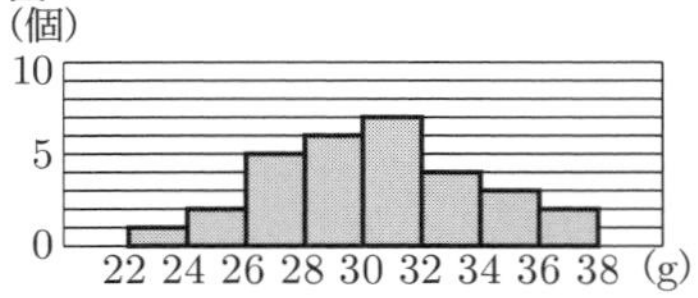

　図2において，重さが30g未満の累積度数を求めよ。また，Cのデータをヒストグラムに表したものが，次のア～エに1つある。それを選び，記号をかけ。

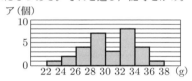

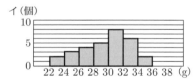

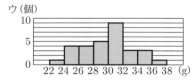

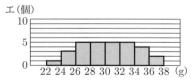

<福岡県>

1 次のア～エの調査は，全数調査と標本調査のどちらでおこなわれますか。標本調査でおこなわれるものを二つ選び，その記号を書きなさい。
- ア ある河川の水質調査
- イ ある学校でおこなう健康診断
- ウ テレビ番組の視聴率調査
- エ 日本の人口を調べる国勢調査

<埼玉県>

2 表は，ある農園でとれたイチジク 1000 個から，無作為に抽出したイチジク 50 個の糖度を調べ，その結果を度数分布表に表したものである。この結果から，この農園でとれたイチジク 1000 個のうち，糖度が 10 度以上 14 度未満のイチジクは，およそ何個と推定されるか，最も適切なものを，次のア～エから 1 つ選んで，その符号を書きなさい。

表　イチジクの糖度

階級（度）		度数（個）
以上	未満	
10 ～	12	4
12 ～	14	11
14 ～	16	18
16 ～	18	15
18 ～	20	2
計		50

- ア およそ 150 個
- イ およそ 220 個
- ウ およそ 300 個
- エ およそ 400 個

<兵庫県>

3 ある養殖池にいる魚の総数を，次の方法で調査しました。このとき，この養殖池にいる魚の総数を推定し，小数第 1 位を四捨五入して求めなさい。

> 【1】 網で捕獲すると魚が 22 匹とれ，その全部に印をつけてから養殖池にもどした。
> 【2】 数日後に網で捕獲すると魚が 23 匹とれ，その中に印のついた魚が 3 匹いた。

<埼玉県>

4 当たりくじとはずれくじが合わせて 1000 本入っている箱がある。この箱の中から 50 本のくじを無作為に抽出すると，当たりくじが 4 本であった。はじめにこの箱の中に入っていた当たりくじの本数はおよそ何本と考えられるか。

<長崎県>

5 M 中学校の全校生徒 450 人の中から無作為に抽出した 40 人に対してアンケートを行ったところ，家で，勉強のために ICT 機器を使用すると回答した生徒は 32 人であった。
　M 中学校の全校生徒のうち，家で，勉強のために ICT 機器を使用する生徒の人数は，およそ何人と推定できるか答えよ。

<福岡県>

6 袋の中に，白い碁石と黒い碁石が合わせて 500 個入っている。この袋の中の碁石をよくかき混ぜ，60 個の碁石を無作為に抽出したところ，白い碁石は 18 個含まれていた。この袋の中に入っている 500 個の碁石には，白い碁石がおよそ何個含まれていると推定できるか，求めなさい。

<秋田県>

7 箱の中に同じ大きさの白玉だけがたくさん入っている。この箱の中に，同じ大きさの黒玉を 50 個入れてよくかき混ぜた後，この箱の中から 40 個の玉を無作為に抽出すると，その中に黒玉が 3 個含まれていた。この結果から，はじめにこの箱の中に入っていた白玉の個数はおよそ何個と考えられるか。一の位を四捨五入して答えよ。

<京都府>

8 ねじがたくさん入っている箱から，30 個のねじを取り出し，その全部に印をつけて箱に戻す。その後，この箱から 50 個のねじを無作為に抽出したところ，印のついたねじは 6 個であった。
　この箱に入っているねじの個数は，およそ何個と推定できるか答えよ。

<福岡県>

9 和夫さんと紀子さんの通う中学校の3年生の生徒数は，A組35人，B組35人，C組34人である。

図書委員の和夫さんと紀子さんは，3年生のすべての生徒について，図書室で1学期に借りた本の冊数の記録を取り，その記録をヒストグラムや箱ひげ図に表すことにした。

次の図は，3年生の生徒が1学期に借りた本の冊数の記録を，クラスごとに箱ひげ図に表したものである。

次の(1)〜(3)に答えなさい。

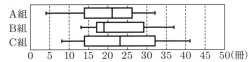

(1) 和夫さんは，図から読みとれることとして，次のように考えた。

和夫さんの考え

> （Ⅰ）四分位範囲が最も大きいのはA組である。
> （Ⅱ）借りた本の冊数が20冊以下である人数が最も多いのはB組である。
> （Ⅲ）どの組にも，借りた本の冊数が30冊以上35冊以下の生徒が必ずいる。

図から読みとれることとして，和夫さんの考え（Ⅰ）〜（Ⅲ）はそれぞれ正しいといえますか。次のア〜ウの中から最も適切なものを1つずつ選び，その記号をかきなさい。

ア　正しい　　イ　正しくない
ウ　この資料からはわからない

(2) C組の記録をヒストグラムに表したものとして最も適切なものを，次のア〜エの中から1つ選び，その記号をかきなさい。

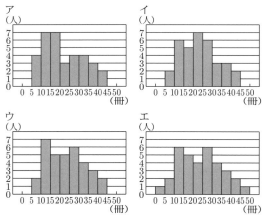

(3) 和夫さんと紀子さんは，「この中学校の生徒は，どんな本が好きか」ということを調べるために，アンケート調査をすることにした。次の文は，調査についての2人の会話の一部である。

> 紀子：1年生から3年生までの全校生徒300人にアンケート調査をするのは人数が多くてたいへんだから，標本調査をしましょう。
> 和夫：3年生の生徒だけにアンケート調査をして，その結果をまとめよう。
> 紀子：その標本の取り出し方は適切ではないよ。

下線部について，紀子さんが適切ではないといった理由を，簡潔にかきなさい。

<和歌山県>

§3 場合の数・確率

① 硬貨

1 3枚の硬貨を同時に投げるとき，2枚以上裏となる確率を求めなさい。ただし，硬貨は，表と裏のどちらが出ることも同様に確からしいとする。

<滋賀県>

2 100円硬貨1枚と，50円硬貨2枚を同時に投げるとき，表が出た硬貨の合計金額が100円以上になる確率を求めなさい。

ただし，硬貨の表と裏の出かたは，同様に確からしいものとします。

<埼玉県>

3 10円硬貨が2枚，50円硬貨が1枚，100円硬貨が1枚ある。この4枚のうち，2枚を組み合わせてできる金額は何通りあるか求めよ。

<鹿児島県>

4 100円と50円の硬貨がある。
このとき，次の(1)，(2)に答えなさい。
(1) 100円と50円の硬貨を合わせて320枚入れた袋がある。よくかき混ぜてから，ひとつかみ取り出して100円と50円の硬貨の枚数を調べたところ，100円硬貨は27枚，50円硬貨は21枚あった。
このとき，袋の中に入っていた100円硬貨はおよそ何枚と考えられるか，求めなさい。
(2) 100円硬貨が1枚，50円硬貨が2枚ある。この3枚を同時に投げたとき，表が出た硬貨の合計金額を a 円，裏が出た硬貨の合計金額を b 円とする。
このとき，$a - b \geqq 100$ が成り立つ確率を求めなさい。また，その考え方を説明しなさい。説明においては，図や表，式などを用いてよい。ただし，硬貨の表裏の出かたは同様に確からしいとする。

<石川県>

5 6枚のメダルがあり，片方の面にだけ1，2，4，6，8，9の数がそれぞれ1つずつ書かれている。ただし，6と9を区別するため，6は6，9は9と書かれている。数が書かれた面を表，書かれていない面を裏とし，メダルを投げたときは必ずどちらかの面が上になり，どちらの面が上になることも同様に確からしいものとする。

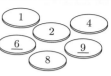

この6枚のメダルを同時に1回投げるとき，次の問いに答えなさい。
(1) 2枚が表で4枚が裏になる出方は何通りあるか，求めなさい。
(2) 6枚のメダルの表裏の出方は，全部で何通りあるか，求めなさい。
(3) 表が出たメダルに書かれた数をすべてかけ合わせ，その値を a とする。ただし，表が1枚も出なかったときは，$a = 0$ とし，表が1枚出たときは，そのメダルに書かれた数を a とする。
① 表が出たメダルが1枚または2枚で，$\sqrt{a}$ が整数になる表裏の出方は何通りあるか，求めなさい。
② $\sqrt{a}$ が整数になる確率を求めなさい。

<兵庫県>

②　さいころ

1 1から6までの目が出る大小2つのさいころを同時に投げるとき，出る目の数の和が素数になる確率を求めなさい。ただし，それぞれのさいころについて，どの目が出ることも同様に確からしいものとする。

＜徳島県＞

2 1から6までの目が出る2つのさいころA，Bを同時に投げるとき，出る目の数の積が偶数になる確率を求めよ。

ただし，さいころはどの目が出ることも同様に確からしいとする。

＜福岡県＞

3 2つのさいころA，Bを同時に投げるとき，出た目の大きい数から小さい数をひいた差が3となる確率を求めなさい。

ただし，それぞれのさいころの1から6までのどの目が出ることも同様に確からしいものとし，出た目の数が同じときの差は0とする。

＜富山県＞

4 2個のさいころを同時に投げるとき，出る目の数の和が6の倍数にならない確率を求めなさい。

＜岐阜県＞

5 2つのさいころを同時に投げるとき，出る目の数の積が12の約数になる確率を求めなさい。

ただし，さいころの1から6までのどの目が出ることも同様に確からしいものとする。

＜和歌山県＞

6 大小2つのさいころを同時に投げるとき，出る目の数の積が25以上になる確率を求めなさい。

＜栃木県＞

7 1から6までの目が出る大小1つずつのさいころを同時に1回投げる。

大きいさいころの出た目の数を a，小さいさいころの出た目の数を b とするとき，$3a + b$ が21の約数となる確率を求めよ。

ただし，大小2つのさいころはともに，1から6までのどの目が出ることも同様に確からしいものとする。

＜東京都立青山高等学校＞

8 大小2つのさいころを同時に1回投げ，大きいさいころの出た目の数を a，小さいさいころの出た目の数を b とする。

このとき，$\sqrt{a + b}$ の値が整数となる確率を求めなさい。

ただし，さいころは1から6までのどの目が出ることも同様に確からしいものとする。

＜鳥取県＞

9 1から6までの目のついた1つのさいころを2回投げるとき，1回目に出る目の数を a，2回目に出る目の数を b とする。このとき，$\dfrac{24}{a + b}$ が整数になる確率を求めなさい。

＜新潟県＞

10 1から6までの目の出る大小1つずつのさいころを同時に1回投げる。

大きいさいころの出た目の数を a，小さいさいころの出た目の数を b とするとき，$a\sqrt{b} < 4$ となる確率を求めよ。

ただし，大小2つのさいころはともに，1から6までのどの目が出ることも同様に確からしいものとする。

＜東京都立西高等学校＞

11 右の図のような1～6
までの目がある1個の
さいころを2回投げて、1回目
に出た目を a、2回目に出た目
を b とする。このとき、積 ab

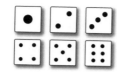

の値が12未満となる場合と12以上となる場合とでは、ど
ちらの方が起こりやすいか、次のア～ウからひとつ選び、
記号で答えなさい。また、そのように判断した理由を、確
率を計算し、その値を用いて説明しなさい。
　ただし、さいころの目はどの目が出ることも同様に確か
らしいものとする。
　ア　12未満になることの方が起こりやすい。
　イ　12以上になることの方が起こりやすい。
　ウ　どちらも起こりやすさは同じ。

〈鳥取県〉

12 2つのさいころA、Bを同時に投げる。Aの出た目
の数を十の位、Bの出た目の数を一の位として2け
たの整数 n をつくる。
　このとき、次の各問いに答えなさい。
　ただし、どちらのさいころも1から6までの目の出方は、
同様に確からしいものとする。
　問1　整数 n は全部で何通りできるか求めなさい。
　問2　$n \geqq 55$ となる確率を求めなさい。
　問3　整数 n が3の倍数となる確率を求めなさい。

〈沖縄県〉

13 次の図のように、玉が6個入った箱Aと、玉が5
個入った箱Bがある。1個のさいころを2回投げて、
1回目に出た目の数だけ玉を箱Aから箱Bに移し、2回目
に出た目の数だけ玉を箱Bから箱Aに移す。このとき、
下の(1)・(2)の問いに答えなさい。ただし、さいころはどの
目が出ることも同様に確からしいとする。

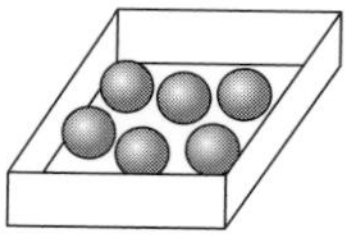

箱A 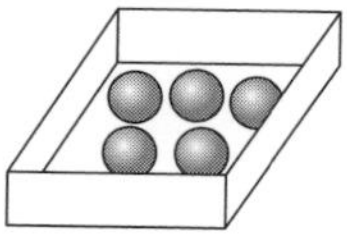　　　　　　　　　箱B

(1)　箱Aに入っている玉の個数が、5個になる確率を求め
なさい。
(2)　箱Aに入っている玉の個数が、箱Bに入っている玉
の個数より多くなる確率を求めなさい。

〈高知県〉

14 右の図1のように、場所P、
場所Q、場所Rがあり、
場所Pには、1、2、3、4、5、6
の数が1つずつ書かれた6個の
直方体のブロックが、書かれた数
の大きいものから順に、下から上
に向かって積まれている。

図1

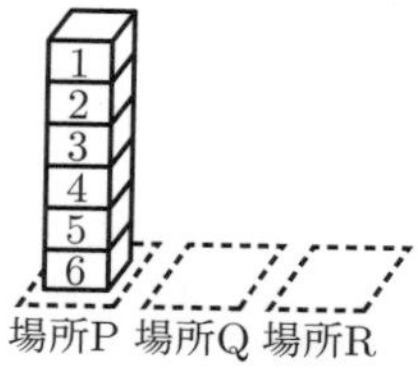

　大、小2つのさいころを同時に
1回投げ、大きいさいころの出た目の数を a、小さいさい
ころの出た目の数を b とする。出た目の数によって、次の
【操作1】、【操作2】を順に行い、場所P、場所Q、場所
Rの3か所にあるブロックの個数について考える。
【操作1】　a と同じ数の書かれたブロックと、その上に積
まれているすべてのブロックを、順番を変えずに
場所Qへ移動する。
【操作2】　b と同じ数の書かれたブロックと、その上に積
まれているすべてのブロックを、b と同じ数の書
かれたブロックが場所P、場所Qのどちらにあ
る場合も、場所Rへ移動する。

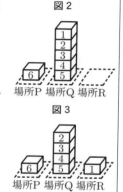

例
　大きいさいころの出た目の数
が5、小さいさいころの出た目
の数が1のとき、$a=5$、$b=1$
だから、
【操作1】　図1の、5が書かれ
たブロックと、その上に積ま
れているすべてのブロックを、
順番を変えずに場所Qへ移
動するので、図2のようにな
る。
【操作2】　図2の、1が書かれ
たブロックを、場所Rへ移動
するので、図3のようになる。

図2

図3

　この結果、3か所にあるブロックの個数は、場所Pに
1個、場所Qに4個、場所Rに1個となる。

　いま、図1の状態で、大、小2つのさいころを同時に1
回投げるとき、次の問いに答えなさい。ただし、大、小2
つのさいころはともに、1から6までのどの目が出ること
も同様に確からしいものとする。

(ア)　次の　　　の中の「け」「こ」「さ」にあてはまる数字を
それぞれ0～9の中から1つずつ選び、その数字を答え
なさい。
　　ブロックの個数が3か所とも同じになる確率は $\dfrac{け}{こさ}$
である。

(イ)　次の　　　の中の「し」「す」にあてはまる数字をそれ
ぞれ0～9の中から1つずつ選び、その数字を答えなさ
い。
　　3か所のうち、少なくとも1か所のブロックの個数が
0個になる確率は $\dfrac{し}{す}$ である。

〈神奈川県〉

15 1つのさいころを2回投げて【図】のようなマスの上でコマを動かす。コマはあとの【ルール】に従って動かすものとする。

　このとき【例】を参考にして，(ア)～(エ)の各問いに答えなさい。

　ただし，さいころの目の出方はどの目も同様に確からしいとする。また，最初，コマはAのマスにあるものとする。

【図】

コマ

| A | B | C | D | E | F | G | H |

【ルール】
・さいころを投げて，出た目の数だけコマを動かす。
・AからHの方向にコマを動かし，Hに到達したら折り返してHからAの方向にコマを動かす。

【例】
① 1回目に3の目，2回目に2の目が出たとき

3マス　2マス

| A | B | C | D | E | F | G | H |

② 1回目に4の目，2回目に5の目が出たとき

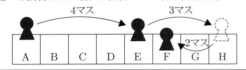
4マス　3マス
2マス

| A | B | C | D | E | F | G | H |

(ア) 1回目に6の目，2回目に5の目が出たとき，コマはA～Hのどのマスにあるか，記号を書きなさい。
(イ) コマがAのマスにある確率を求めなさい。
(ウ) コマがFのマスにある確率を求めなさい。
(エ) コマがHのマスにない確率を求めなさい。

〈佐賀県〉

16 正五角形を5等分して作られた三角形のカードA，B，C，D，Eがある。それぞれのカードは，一方の面が白色，もう一方の面が黒色であり，正五角形の形になるように置かれている。

　右の図は，カードAのみ黒色の面を上にして，こまをAの位置に置いたものである。この状態から，1から6までの目が出るさいころを使って，次の①，②の手順で【操作】をおこなう。

　このとき，下の(1)，(2)の問いに答えなさい。

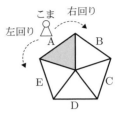
こま
左回り　右回り
A
B
E
C
D

【操作】

① さいころを1回投げて出た目の数だけ，こまを右回りに進め，こまが止まった位置のカードをうら返す。

② さいころを1回投げて出た目の数だけ，①の操作でこまが止まった位置から，こまを左回りに進め，こまが止まった位置のカードをうら返す。

※ 例えば，①の操作で，さいころを投げて2の目が出た場合は，こまはCに進み，カードCをうら返すと，正五角形は になる。そして，②の操作で，さいころを投げて3の目が出た場合は，こまはEに進み，カードEをうら返すと，正五角形は

になる。

(1) 次の文中の ［ア］ に当てはまる数を答えなさい。また，［イ］ には理由を書きなさい。

　①の操作で，さいころを投げて ［ア］ の目が出ると，②の操作の後は，黒色の面が上になるカードが，かならず1枚だけになる。その理由は ［イ］ である。

(2) ②の操作を終えたとき，例えば， のように，黒色の面が上になるカードが，となり合う3枚だけになる確率を求めなさい。

　ただし，さいころは，1から6までのどの目が出ることも同様に確からしいとする。

〈宮崎県〉

17 さいころが1つと大きな箱が1つある。

また，1，2，3，4，5，6の数がそれぞれ1つずつ書かれた玉がたくさんある。箱の中が空の状態から，次の［操作］を何回か続けて行う。そのあいだ，箱の中から玉は取り出さない。

あとの問いに答えなさい。ただし，玉は［操作］を続けて行うことができるだけの個数があるものとする。また，さいころの1から6までのどの目が出ることも同様に確からしいとする。

> ［操作］
> (i) さいころを1回投げ，出た目を確認する。
> (ii) 出た目の約数が書かれた玉を，それぞれ1個ずつ箱の中に入れる。
>
> 例：(i)で4の目が出た場合は，(ii)で1，2，4が書かれた玉をそれぞれ1個ずつ箱の中に入れる。

(1) (i)で6の目が出た場合は，(ii)で箱の中に入れる玉は何個か，求めなさい。

(2) ［操作］を2回続けて行ったとき，箱の中に4個の玉がある確率を求めなさい。

(3) ［操作］を n 回続けて行ったとき，次のようになった。

> ・n 回のうち，1の目が2回，2の目が5回出た。3の目が出た回数と5の目が出た回数は等しかった。
> ・箱の中には，全部で52個の玉があり，そのうち1が書かれた玉は21個であった。4が書かれた玉の個数と6が書かれた玉の個数は等しかった。

① n の値を求めなさい。

② 5の目が何回出たか，求めなさい。

③ 52個の玉のうち，5が書かれた玉を箱の中から全て取り出す。その後，箱の中に残った玉をよくかき混ぜてから，玉を1個だけ取り出すとき，その取り出した玉に書かれた数が6の約数である確率を求めなさい。ただし，どの玉が取り出されることも同様に確からしいとする。

<兵庫県>

18 右の**図1**のように，3つの箱P，Q，Rがあり，箱Pには1，2，4の数が1つずつ書かれた3枚のカードが，箱Qには3，5，6の数が1つずつ書かれた3枚のカードがそれぞれ入っており，箱Rには何も入っていない。

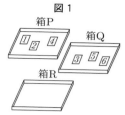

図1

箱P
箱Q
箱R

大，小2つのさいころを同時に1回投げ，大きいさいころの出た目の数を a，小さいさいころの出た目の数を b とする。出た目の数によって，次の【操作1】，【操作2】を順に行い，箱Rに入っているカードの枚数を考える。

【操作1】 カードに書かれた数の合計が a となるように箱Pから1枚または2枚のカードを取り出し，箱Qに入れる。

【操作2】 箱Qに入っているカードのうち b の約数が書かれたものをすべて取り出し，箱Rに入れる。ただし，b の約数が書かれたカードが1枚もない場合は，箱Qからカードを取り出さず，箱Rにはカードを入れない。

> 例
> 大きいさいころの出た目の数が5，小さいさいころの出た目の数が3のとき，$a=5$，$b=3$ である。
>
>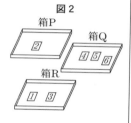
>
> 図2
> 箱P
> 箱Q
> 箱R
>
> このとき，【操作1】により，カードに書かれた数の合計が5となるように箱Pから ①と④ のカードを取り出し，箱Qに入れる。
> 次に，【操作2】により，箱Qに入っているカードのうち3の約数が書かれたものである ①と③ のカードを取り出し，箱Rに入れる。
>
> この結果，**図2**のように，箱Rに入っているカードは2枚である。

いま，**図1**の状態で，大，小2つのさいころを同時に1回投げるとき，次の問いに答えなさい。ただし，大，小2つのさいころはともに，1から6までのどの目が出ることも同様に確からしいものとする。

(ア) 箱Rに入っているカードが4枚となる確率として正しいものを次の1～6の中から1つ選び，その番号を答えなさい。

1. $\dfrac{1}{36}$　　2. $\dfrac{1}{18}$　　3. $\dfrac{1}{12}$

4. $\dfrac{1}{9}$　　5. $\dfrac{5}{36}$　　6. $\dfrac{1}{6}$

(イ) 箱Rに入っているカードが1枚となる確率を求めなさい。

<神奈川県>

③　玉

1 右の図のように，袋の中に，赤玉4個と白玉2個の合計6個の玉が入っている。この袋の中から同時に2個の玉を取り出すとき，赤玉と白玉が1個ずつである確率を求めよ。ただし，どの玉が取り出されることも同様に確からしいものとする。

〈愛媛県〉

2 赤玉3個と白玉2個が入っている袋があります。この袋から玉を1個取り出して色を確認して，それを袋に戻してから，もう一度玉を1個取り出して色を確認します。このとき，2回とも同じ色の玉が出る確率を求めなさい。

ただし，袋の中は見えないものとし，どの玉が出ることも同様に確からしいものとします。

〈埼玉県〉

3 赤玉1個，白玉2個，青玉2個が入っている袋Aと，赤玉2個，白玉1個が入っている袋Bがある。袋A，袋Bから，それぞれ1個ずつ玉を取り出すとき，取り出した2個の玉の色が異なる確率を求めなさい。

〈新潟県〉

4 袋の中に6個の玉が入っており，それぞれの玉には，図のように，-3，-2，-1，0，1，2の数字が1つずつ書いてある。この袋の中から同時に2個の玉を取り出すとき，取り出した2個の玉に書いてある数の和が正の数になる確率を求めなさい。ただし，袋から玉を取り出すとき，どの玉が取り出されることも同様に確からしいものとする。

袋に入っている玉

〈静岡県〉

5 右の図のように，1，2，3，4の数が，それぞれ書かれている玉が1個ずつ箱の中に入っている。この箱から玉を1個取り出し，その玉を箱の中に戻して箱の中をよくかき混ぜた後，もう一度箱から玉を1個取り出す。1回目に取り出した玉に書かれている数をa，2回目に取り出した玉に書かれている数をbとする。

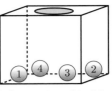

このとき，$a+b$が24の約数である確率を求めなさい。

ただし，どの玉が取り出されることも同様に確からしいものとする。

〈鳥取県〉

6 右の図のように，袋の中に1，2，3，4，5の数字がそれぞれ書かれた同じ大きさの玉が1個ずつ入っている。この袋から玉を1個取り出すとき，取り出した玉に書かれた数をaとし，その玉を袋にもどしてかき混ぜ，また1個取り出すとき，取り出した玉に書かれた数をbとする。

このとき，次の各問いに答えなさい。
① aとbの積が12以上になる確率を求めなさい。
② aとbのうち，少なくとも一方は奇数である確率を求めなさい。

〈三重県〉

7 Aさん，Bさん，Cさん，Dさんの4人がリレーの走る順番を，次の方法で決める。

方法

> ① 同じ大きさの玉を4つ用意する。それぞれの玉に，1，2，3，4の数字を1つずつかき，1つの箱に入れる。
> ② Aさん，Bさん，Cさん，Dさんの順に，箱の中の玉を1つずつ取り出していく。
>   ただし，取り出した玉はもとにもどさないものとする。
> ③ 取り出した玉にかかれた数字を走る順番とする。
>   例えば，2の数字がかかれた玉を取り出した場合は，第二走者となる。

このとき，第一走者がAさんで，第四走者がDさんとなる確率を求めなさい。

ただし，どの玉の取り出し方も，同様に確からしいものとする。

〈和歌山県〉

8 下の図のように，Aの箱の中には，1から3までの数字を1つずつ書いた3個の玉，Bの箱の中には，4から6までの数字を1つずつ書いた3個の玉，Cの箱の中には，7から10までの数字を1つずつ書いた4個の玉が，それぞれ入っている。

A，B，Cそれぞれの箱において，箱から同時に2個の玉を取り出すとき，取り出した2個の玉に書かれた数の和が偶数になることの起こりやすさについて述べた文として適切なものを，あとのア〜エから1つ選び，記号で答えなさい。

ただし，それぞれの箱において，どの玉が取り出されることも同様に確からしいものとする。

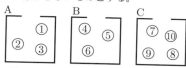

ア　Aの箱のほうが，B，Cの箱より起こりやすい。
イ　Bの箱のほうが，C，Aの箱より起こりやすい。
ウ　Cの箱のほうが，A，Bの箱より起こりやすい。
エ　起こりやすさはどの箱も同じである。

〈山形県〉

9 箱Pには，1, 2, 3, 4の数字が1つずつ書かれた4個の玉が入っており，箱Qには，2, 3, 4, 5の数字が1つずつ書かれた4個の玉が入っている。

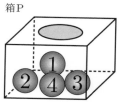 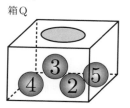

箱Pの中から玉を1個取り出し，その玉に書かれた数をaとする。箱Qの中から玉を1個取り出し，その玉に書かれた数をbとする。ただし，どの玉を取り出すことも同様に確からしいものとする。

次に，図のように円周上に5点A，B，C，D，Eをとり，Aにコインを置いた後，以下の〈操作〉を行う。

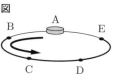

〈操作〉
Aに置いたコインを$2a+b$の値だけ円周上を反時計回りに動かす。例えば，$2a+b$の値が7のときは，A→B→C→D→E→A→B→Cと順に動かし，Cでとめる。

① コインが，点Dにとまる場合は何通りあるか求めなさい。

② コインが，点A，B，C，D，Eの各点にとまる確率の中で，もっとも大きいものを求めなさい。

〈福島県〉

10 右の図のように，袋Aと袋Bの2つの袋がある。袋Aには1, 3の数字が1つずつ書かれた2個の玉が入っており，袋Bには1, 3, 4の数字が1つずつ書かれた3個の玉が入っている。袋Aからは1個の玉を，袋Bからは同時に2個の玉を取り出し，取り出した3個の玉を用いて次のようにして得点を決めることにした。

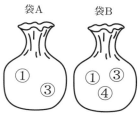

袋A　　袋B

・取り出した3個の玉に書かれた3つの数がすべて異なるときは，その3つの数の和を得点とする。
・取り出した3個の玉に書かれた3つの数のうち，2つの数が同じときは，その2つの数の積と残り1つの数との和を得点とする。

① 袋Aから3の数字が書かれた1個の玉を，袋Bから3, 4の数字が書かれた2個の玉を取り出したときの得点を求めなさい。

② 得点が奇数になる確率を求めなさい。ただし，どの玉が取り出されることも同様に確からしいものとする。

〈熊本県〉

11 図1のように，袋の中に1, 2, 3の数字が1つずつ書かれた3個の白玉が入っている。

このとき，次の(1), (2)に答えなさい。

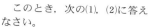

図1

(1) 袋から玉を1個ずつ2回続けて取り出し，取り出した順に左から並べる。

このとき，玉の並べ方は全部で何通りあるか，求めなさい。

(2) 図2のように，袋に赤玉を1個加え，次のような2つの確率を求めることにした。

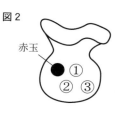

図2
赤玉

・玉を2個同時に取り出すとき，赤玉が出る確率をpとする。
・玉を1個取り出し，それを袋にもどしてから，また，玉を1個取り出すとき，少なくとも1回赤玉が出る確率をqとする。

このとき，pとqではどちらが大きいか，次のア〜ウから正しいものを1つ選び，その符号を書きなさい。また，選んだ理由も説明しなさい。説明においては，図や表，式などを用いてよい。ただし，どの玉が取り出されることも同様に確からしいとする。

ア　pが大きい。
イ　qが大きい。
ウ　pとqは等しい。

〈石川県〉

12 右の**図1**のように，袋の中に白玉3個と赤玉3個が入っている。それぞれの色の玉には1，2，3の数字が1つずつ書かれている。また，**図2**のように数直線上を動く点Pがあり，最初，点Pは原点（0が対応する点）にある。

白玉

赤玉

図1

袋の中の玉をよくかきまぜて1個を取り出し，下の規則に

正の方向 →
P
−6 −5 −4 −3 −2 −1 0 1 2 3 4 5 6
← 負の方向
図2

したがって点Pを操作したあと，玉を袋に戻す。さらに，もう一度袋の中の玉をよくかきまぜて1個を取り出し，下の規則にしたがって点Pを1回目に動かした位置から操作し，その位置を最後の位置とする。

［規則］
・白玉を取り出した場合，正の方向へ玉に書かれている数字と同じ数だけ動かす。
・赤玉を取り出した場合，負の方向へ玉に書かれている数字と同じ数だけ動かす。
・2回目に取り出した玉の色と数字がどちらも1回目と同じ場合，1回目に動かした位置から動かさない。

このとき，次の各問いに答えなさい。
ただし，どの玉を取り出すことも同様に確からしいとする。
問1　点Pの最後の位置が原点である玉の取り出し方は何通りあるか求めなさい。
問2　点Pの最後の位置が2に対応する点である確率を求めなさい。
問3　点Pの最後の位置が−4以上の数に対応する点である確率を求めなさい。

〈沖縄県〉

13 右の図のように，1，2，3，4，5，6の数字が1つずつ書かれた6個の玉が入っている袋がある。この袋の中から玉を1個ずつ2回取り出す。このとき，次の(1)・(2)の問いに答えなさい。ただし，この袋からどの玉が取り出されることも同様に確からしいものとする。

(1) 袋の中から1個目の玉を取り出し，その玉に書かれている数字を a とする。1個目の玉を袋の中に戻さずに，2個目の玉を取り出し，その玉に書かれている数字を b とする。このとき，a，b ともに奇数となる確率を求めよ。
(2) 袋の中から1個目の玉を取り出し，その玉に書かれている数字を m とする。1個目の玉を袋の中に戻してよく混ぜてから，2個目の玉を取り出し，その玉に書かれている数字を n とする。このとき，m^2 が $4n$ より大きくなる確率を求めよ。

〈高知県〉

14 咲子さんと健太さんは，次の【課題】について考えた。下の【会話】は，2人が話し合っている場面の一部である。
このとき，下の(1)，(2)の問いに答えなさい。

【課題】

右のように，1，2，3，4の数字が，それぞれ書かれた玉が1個ずつはいっている箱Aと，2，3，4の数字が，それぞれ書かれた玉が1個ずつはいっている箱Bがある。

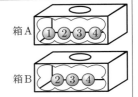

箱A

箱B

（Ⅰ）　箱Aの中から1個の玉を取り出すとき，3が書かれた玉が出る確率を求めなさい。
　　ただし，どの玉の取り出し方も同様に確からしいとする。
（Ⅱ）　箱A，箱Bの中からそれぞれ1個ずつ玉を取り出すとき，玉に書かれた数の和が5になる確率を求めなさい。
　　ただし，箱A，箱Bのそれぞれにおいて，どの玉の取り出し方も同様に確からしいとする。

【会話】

咲子：（Ⅰ）の答えは $\dfrac{1}{4}$①　だよね。

健太：そのとおりだね。それでは，（Ⅱ）の方はどうかな。

咲子：②2個の玉に書かれた数の和は，3，4，5，6，7，8の6通りあり，和が5になるのは1通りだから，答えは $\dfrac{1}{6}$ になると考えたよ。

健太：その考え方は，正しいのかな。もう一度，一緒に考えてみよう。

(1) 【会話】の中の下線部①について，この確率の意味を正しく説明している文を，次のア〜エから1つ選び，記号で答えなさい。
　ア　1個の玉を取り出してもとに戻すことを4回行うとき，かならず1回，3が書かれた玉が出る。
　イ　1個の玉を取り出してもとに戻すことを4回行うとき，少なくとも1回は，3が書かれた玉が出る。
　ウ　1個の玉を取り出してもとに戻すことを4000回行うとき，ちょうど1000回，3が書かれた玉が出る。
　エ　1個の玉を取り出してもとに戻すことを4000回行うとき，1000回ぐらい，3が書かれた玉が出る。

(2) この【会話】の後，咲子さんは下線部②の考え方がまちがっていることに気づきました。
　（Ⅱ）について，答えを求める過程がわかるように，樹形図や表を用いて説明を書き，正しい答えを求めなさい。

〈宮崎県〉

④ カード・くじ

1 箱の中に，数字を書いた6枚のカード $\boxed{1}$，$\boxed{2}$，$\boxed{3}$，$\boxed{3}$，$\boxed{4}$，$\boxed{4}$ が入っている。これらをよくかき混ぜてから，2枚のカードを同時に取り出すとき，少なくとも1枚のカードに奇数が書かれている確率を求めなさい。
＜新潟県＞

2 3，4，5，6，7の数字が書かれたカードが1枚ずつある。この5枚のカードから同時に2枚のカードを引くとき，2枚のカードの数字の積が2の倍数でなく，3の倍数でもない確率を求めなさい。ただし，どのカードを引くことも同様に確からしいとします。
＜滋賀県＞

3 1，2，3，4の数が1枚ずつ書かれた4枚のカードを袋の中に入れる。この袋の中をよく混ぜてからカードを1枚引いて，これを戻さずにもう1枚引き，引いた順に左からカードを並べて2けたの整数をつくる。このとき，2けたの整数が32以上になる確率を求めなさい。

＜群馬県＞

4 1，2，3，4，5の数字を1つずつ書いた5枚のカード $\boxed{1}$，$\boxed{2}$，$\boxed{3}$，$\boxed{4}$，$\boxed{5}$ がそれぞれ入った2つの袋A，Bがある。

2つの袋A，Bから同時に1枚ずつカードを取り出すとき，袋Aから取り出したカードに書かれている数を十の位の数，袋Bから取り出したカードに書かれている数を一の位の数とする2桁の整数が素数である確率を求めよ。

ただし，2つの袋A，Bのそれぞれにおいて，どのカードが取り出されることも同様に確からしいものとする。
＜東京都立八王子東高等学校＞

5 二つの箱A，Bがある。箱Aには自然数の書いてある3枚のカード $\boxed{1}$，$\boxed{2}$，$\boxed{3}$ が入っており，箱Bには奇数の書いてある4枚のカード $\boxed{1}$，$\boxed{3}$，$\boxed{5}$，$\boxed{7}$ が入っている。A，Bそれぞれの箱から同時にカードを1枚ずつ取り出すとき，取り出した2枚のカードに書いてある数の和が20の約数である確率はいくらですか。A，Bそれぞれの箱において，どのカードが取り出されることも同様に確からしいものとして答えなさい。
＜大阪府＞

6 あたる確率が $\dfrac{2}{7}$ であるくじを1回引くとき，あたらない確率を求めなさい。
＜山口県＞

7 5人の生徒A，B，C，D，Eがいる。これらの生徒の中から，くじびきで2人を選ぶとき，Dが選ばれる確率を求めなさい。
＜栃木県＞

8 5本のうち，あたりが2本はいっているくじがある。このくじをAさんが1本ひき，くじをもどさずにBさんが1本くじをひくとき，少なくとも1人はあたりをひく確率を求めなさい。
＜愛知県＞

9 箱の中に1，2，3，4，5，6，7，8の数字を1つずつ書いた8枚のカード $\boxed{1}$，$\boxed{2}$，$\boxed{3}$，$\boxed{4}$，$\boxed{5}$，$\boxed{6}$，$\boxed{7}$，$\boxed{8}$ が入っている。

箱の中から1枚のカードを取り出し，取り出したカードを箱に戻すという操作を2回繰り返す。

1回目に取り出したカードに書かれた数を a，2回目に取り出したカードに書かれた数を b とするとき，2桁の自然数 $10a+b$ が3の倍数となる確率を求めよ。

ただし，どのカードが取り出されることも同様に確からしいものとする。
＜東京都立国立高等学校＞

10 あたりくじが3本，はずれくじが4本の合計7本のくじが入った箱がある。3本のあたりくじのうち，1本が1等のあたりくじ，2本が2等のあたりくじである。このとき，(ア)〜(エ)の各問いに答えなさい。

(ア) この箱から1本のくじをひくとき，2等のあたりくじである確率を求めなさい。

(イ) この箱から同時に2本のくじをひくとき，2本とも2等のあたりくじである確率を求めなさい。

(ウ) この箱から同時に2本のくじをひくとき，1本はあたりくじで，もう1本ははずれくじである確率を求めなさい。

(エ) この箱から同時に2本のくじをひくとき，少なくとも1本はあたりくじである確率を求めなさい。

<佐賀県>

11 下の図のように，箱A，箱Bの2つの箱がある。箱Aには2，4の数字が1つずつ書かれた2枚の赤いカードと2の数字が書かれた1枚の白いカードが，箱Bには3，6の数字が1つずつ書かれた2枚の赤いカードと3，4，6の数字が1つずつ書かれた3枚の白いカードが入っている。箱Aと箱Bからそれぞれ1枚ずつカードを取り出し，取り出した2枚のカードを用いて次のように得点を決めることにした。

> ・取り出した2枚のカードの色が同じときは，その2枚のカードに書かれた数の積を得点とする。
> ・取り出した2枚のカードの色が異なるときは，その2枚のカードに書かれた数の和を得点とする。

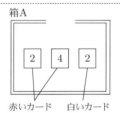 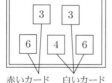

赤いカード　白いカード　　赤いカード　白いカード

① 得点の最大値を求めなさい。

② 次の ア ， イ に当てはまる数を入れて，文を完成しなさい。ただし，どのカードが取り出されることも同様に確からしいものとする。

> 得点が ア 点となる確率が最も高く，その確率は イ である。

<熊本県>

12 右の図のように，袋Aの中には1，3，5の整数が1つずつ書かれた3枚のカードが，袋Bの中には−2，2の整数が1つずつ書かれた2枚のカードが，袋Cの中には2，4，6の整数が1つずつ書かれた3枚のカードがそれぞれ入っている。

3つの袋A，B，Cから，それぞれ1枚のカードを取り出す。このとき，袋Aから取り出したカードに書かれた整数をa，袋Bから取り出したカードに書かれた整数をb，袋Cから取り出したカードに書かれた整数をcとする。

ただし，3つの袋それぞれにおいて，どのカードを取り出すことも同様に確からしいものとする。

① $ab+c=-4$ となる場合は何通りあるか求めなさい。

② $ab+c$ の値が正の数となる確率を求めなさい。

<福島県>

13 −3，−2，−1，1，2，3の数が一つずつ書かれた6枚のカードがある。その中から1枚のカードをひき，もとに戻し，再び1枚のカードをひく。1回目にひいたカードに書かれた数をa，2回目にひいたカードに書かれた数をbとする。

このとき，点(a, b)が関数$y=\dfrac{6}{x}$のグラフ上にある確率を求めなさい。

ただし，どのカードがひかれることも同様に確からしいとする。

<茨城県>

14 右の図のように，2つの袋A，Bがあり，袋Aの中には，グー のカードが2枚と チョキ のカードが1枚，袋Bの中には，チョキ のカードが2枚と パー のカードが1枚入っている。太郎さんが袋Aの中から，花子さんが袋Bの中から，それぞれカードを1枚取り出し，取り出したカードでじゃんけんを1回行う。

このとき，あいこになる確率を求めよ。ただし，それぞれの袋について，どのカードが取り出されることも同様に確からしいものとする。

<愛媛県>

15 右の図のように，A，B，C，D，Eのアルファベットが1つずつ書かれた5枚のカードが，上からA，B，C，D，Eの順に重なっている。

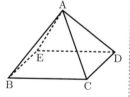

大小2つのさいころを同時に投げ，出た目の数の和と同じ回数だけ，一番上のカードを1枚ずつ一番下に移動させる。

例えば，出た目の数の和が2のとき，最初にAのカードを一番下に移動させ，次に一番上になっているBのカードを一番下に移動させるため，Cのカードが一番上になる。

ただし，大小2つのさいころのそれぞれについて，1から6までのどの目が出ることも，同様に確からしいものとする。

次の①，②の問いに答えなさい。

① 出た目の数の和が6のとき，6回カードを移動させた後，一番上になるカードのアルファベットを答えなさい。

② 出た目の数の和と同じ回数だけカードを移動させた後，Cのカードが一番上になる確率を求めなさい。

〈大分県〉

16 異なる3つの袋があり，1つの袋には[A]，[B]，[C]，[D]，[E]の5枚のカード，残りの2つの袋にはそれぞれ[B]，[C]，[D]の3枚のカードが入っている。

それぞれの袋から1枚のカードを同時に取り出すとき，次の問いに答えなさい。

ただし，それぞれの袋において，どのカードが取り出されることも同様に確からしいものとする。

(1) 取り出したカードの文字が3枚とも同じ文字となる取り出し方は何通りあるか，求めなさい。

(2) 図のように，全ての辺の長さが2cmである正四角すいABCDEがある。

それぞれの袋から取り出したカードの文字に対応する正四角すいの点に印をつけ，印がついた点を結んでできる図形Xを考える。異なる3点に印がついた場合，図形Xは三角形，異なる2点に印がついた場合，図形Xは線分，1点に印がついた場合，図形Xは点となる。

① 図形Xが，線分BCとなるカードの取り出し方は何通りあるか，求めなさい。

② 図形Xが線分となり，それを延長した直線と辺ABを延長した直線がねじれの位置にあるカードの取り出し方は何通りあるか，求めなさい。

③ 図形Xが，面積が2cm²の三角形となる確率を求めなさい。

〈兵庫県〉

17 のぞみさんは，グーのカードを2枚，チョキのカードを1枚，パーのカードを1枚持っており，4枚すべてを自分の袋に入れる。けいたさんは，グーのカード，チョキのカード，パーのカードをそれぞれ10枚持っており，そのうちの何枚かを自分の袋に入れる。のぞみさんとけいたさんは，それぞれ自分の袋の中のカードをかき混ぜて，カードを1枚取り出し，じゃんけんのルールで勝負をしている。

このとき，あとの各問いに答えなさい。

ただし，あいこの場合は，引き分けとして，勝負を終える。

(1) けいたさんが自分の袋の中に，グーのカードを1枚，チョキのカードを2枚，パーのカードを1枚入れる。このとき，けいたさんが勝つ確率を求めなさい。

(2) けいたさんが自分の袋の中に，グーのカードを1枚，チョキのカードを3枚，パーのカードをa枚入れる。のぞみさんが勝つ確率と，けいたさんが勝つ確率が等しいとき，aの値を求めなさい。

〈三重県〉

18 右のⅠ図のように，袋Xと袋Yには，数が1つ書かれたカードがそれぞれ3枚ずつ入っている。袋Xに入っているカードに書かれた数はそれぞれ1，9，12であり，袋Yに入っているカードに書かれた数はそれぞれ3，6，11である。

Ⅰ図

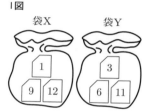

真人さんは袋Xの中から，有里さんは袋Yの中からそれぞれ1枚のカードを同時に取り出し，取り出したカードに書かれた数の大きい方を勝ちとするゲームを行う。

このとき，次の問い(1)・(2)に答えよ。ただし，それぞれの袋において，どのカードが取り出されることも同様に確からしいものとする。

(1) 真人さんが勝つ確率を求めよ。

(2) 右のⅡ図のように，新たに，数が1つ書かれたカードを7枚用意した。これらのカードに書かれた数はそれぞれ2，4，5，7，8，10，13である。4と書かれたカードを袋Xに，2，5，7，8，10，13と書かれたカードのうち，いずれか1枚を袋Yに追加してゲームを行う。

Ⅱ図

このとき，真人さんと有里さんのそれぞれの勝つ確率が等しくなるのは，袋Yにどのカードを追加したときか，次の(ア)〜(カ)からすべて選べ。

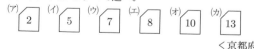

〈京都府〉

19 箱の中に 1, 2, 3 の数字を 1 つずつ書いた 3 枚のカード ①, ②, ③ が入っている。

箱の中から 1 枚カードを取り出し，取り出したカードを箱に戻すという作業を 3 回繰り返す。

1 回目に取り出したカードに書かれた数字を a，2 回目に取り出したカードに書かれた数字を b，3 回目に取り出したカードに書かれた数字を c とするとき，$a^2 + b^2 + c^2 \leqq 14$ となる確率を求めよ。

ただし，どのカードが取り出されることも同様に確からしいものとする。

＜東京都立国立高等学校＞

20 表が白色で裏が黒色の円盤が 6 枚ある。それらが図のように，
左端から 4 枚目の円盤は黒色の面が上を向き，他の 5 枚の円盤は白色の面が上を向いた状態で横一列に並んでいる。

1 から 6 までの自然数が書いてある 6 枚のカード ①, ②, ③, ④, ⑤, ⑥ が入った箱から 2 枚のカードを同時に取り出し，その 2 枚のカードに書いてある数のうち小さい方の数を a，大きい方の数を b とする。図の状態で並んだ 6 枚の円盤について，左端から a 枚目の円盤と左端から b 枚目の円盤の表裏をそれぞれひっくり返すとき，上を向いている面の色が同じである円盤が 3 枚以上連続して並ぶ確率はいくらですか。どのカードが取り出されることも同様に確からしいものとして答えなさい。

＜大阪府＞

21 右の図のような，数字 1, 2, 3, 4, 5 が 1 つずつ書かれた 5 枚のカードが入った袋がある。

袋の中のカードをよく混ぜ，同時に 3 枚取り出すとき，取り出した 3 枚のカードに書かれた数の和が 3 の倍数となる確率を求めなさい。

＜山口県＞

22 右の図のように，1 から n までの ①②③④⑤⑥……
自然数が順に 1 つずつ書かれた n 枚のカードがある。このカードをよくきって 1 枚取り出すとき，取り出したカードに書かれた自然数を a とする。

このとき，次の各問いに答えなさい。
① $n = 10$ のとき，$\sqrt{a}$ が自然数となる確率を求めなさい。
② $\dfrac{12}{a}$ が自然数となる確率が $\dfrac{1}{2}$ になるとき，n の値をすべて求めなさい。

＜三重県＞

23 あとの図のように，正五角形 ABCDE があり，点 P は頂点 A の位置にあります。点 P は，次のルールにしたがって動きます。

ルール

1, 2, 3, 4 の数字が 1 つずつかかれた 4 枚のカードをよくきってから同時に 2 枚ひく。ひいた 2 枚のカードにかかれた数の和の分だけ，点 P は頂点を 1 つずつ反時計回りに移動する。

例えば，3 と 4 の数字がかかれたカードをひいたとき，和は 7 となり，点 P は次の順に頂点を移動し，頂点 C で止まる。

A → B → C → D → E → A → B → C

このとき，もっとも起こりやすいのは，どの頂点で止まるときですか。A 〜 E のうちから一つ選び，その記号を書きなさい。また，そのときの確率を求めなさい。

ただし，どのカードをひくことも同様に確からしいものとします。

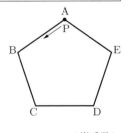

＜岩手県＞

24 箱の中に整数 1, 2, 3, 4 が 1 つずつ書かれているカードが 4 枚入っている。この箱の中からカードを取り出す。ただし，どのカードが取り出されることも同様に確からしいものとする。
① この箱の中からカードを 1 枚取り出すとき，カードに書かれている数が偶数である確率を求めなさい。
② この箱の中から，次の A，B で示した 2 つの方法でそれぞれカードを 2 枚取り出す。取り出した 2 枚のカードに書かれている数の和が 5 以上になるのは，どちらの方法のときが起こりやすいか。起こりやすいほうを A，B から 1 つ選んで記号を書きなさい。また，そのように判断した理由を，根拠となる数値を示して説明しなさい。

A　カードを 1 枚取り出し，箱の中に戻さずに続けてもう 1 枚取り出す。
B　カードを 1 枚取り出してカードに書かれている数を確認した後，カードを箱の中に戻し，再びこの箱の中から 1 枚取り出す。

＜秋田県＞

25

図1のように, 1, 2, 3, 4の数字が1つずつ書かれた4枚のカードがある。また, 図2のように正三角形 ABC があり, 点 P は, 頂点 A の位置にある。この4枚のカードをよくきって1枚取り出し, 書かれた数字を調べてもとにもどす。このことを, 2回繰り返し, 次の規則に従って P を正三角形の頂点上を反時計回りに移動させる。

ただし, どのカードの取り出し方も, 同様に確からしいものとする。

図1

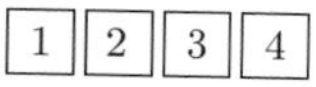

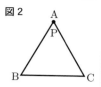

図2

規則

> 1回目は, A の位置から, 1回目に取り出したカードの数字だけ移動させる。
> 2回目は, 1回目に止まった頂点から, 2回目に取り出したカードの数字だけ移動させる。
> ただし, 1回目にちょうど A に止まった場合は, 2回目に取り出したカードの数字より1大きい数だけ A から移動させる。

例えば, 1回目に1のカード, 2回目に2のカードを取り出したとすると, P は図3のように動き, 頂点 A まで移動する。

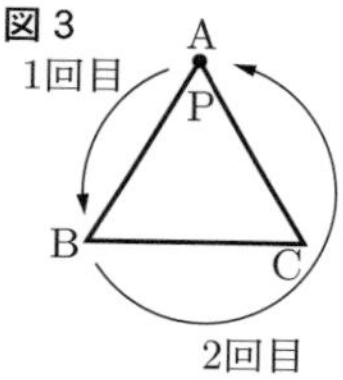

この規則に従って P を移動させるとき, 次の(1), (2)に答えなさい。

図3

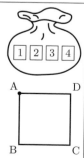

(1) 1回目の移動後に, P が B の位置にある確率を求めなさい。

(2) 2回目の移動後に, P が C の位置にある確率を求めなさい。

〈和歌山県〉

26

太郎さんと次郎さんは, 次の【ゲーム】において, 先にカードを取り出す人と, 後からカードを取り出す人とでは, どちらが勝ちやすいかを調べることにしました。

【ゲーム】

> 右の図のように, 1, 2, 3, 4の数字が1つずつ書かれた4枚のカードが入った袋があります。右下の図のように, 正方形 ABCD の頂点 A にコマを置きます。このコマを, 太郎さんと次郎さんの2人が, 下の<ルール>にしたがって, 正方形 ABCD の頂点から頂点へ移動させ, 勝敗を決めます。
>
> <ルール>
> ① 先に, 太郎さんが袋の中のカードをよく混ぜ, そこから1枚取り出し, カードに書かれた数字の数だけ, 正方形の頂点から頂点へ反時計まわりにコマを移動させる。
> ② 太郎さんは, 取り出したカードを袋に戻し, 次郎さんに交代する。
> ③ 次に, 次郎さんが袋の中のカードをよく混ぜ, そ

こから1枚取り出し, ①で移動させたコマが置いてある頂点から, カードに書かれた数字の数だけ, 正方形の頂点から頂点へ反時計まわりにコマを移動させる。
④ それぞれが移動させた後のコマの位置によって, 下の表の I ～ IV のように勝敗を決めることとする。

	太郎さんが移動させた後のコマの位置	次郎さんが移動させた後のコマの位置	勝敗
I	頂点B	頂点B	引き分け
II	頂点B	頂点B以外	太郎さんの勝ち
III	頂点B以外	頂点B	次郎さんの勝ち
IV	頂点B以外	頂点B以外	引き分け

例えば, 太郎さんが2の数字が書かれたカードを取り出したとき, 太郎さんはコマを A → B → C と移動させます。次に次郎さんが1の数字が書かれたカードを取り出したとき, 次郎さんはコマを C → D と移動させます。この場合は, 太郎さんが移動させた後のコマは頂点 C にあり, 次郎さんが移動させた後のコマは頂点 D にあるので, IV となり引き分けとなります。

次の(1)・(2)に答えなさい。

(1) この【ゲーム】において, 太郎さんが移動させた後のコマの位置が, 頂点 B である確率を求めなさい。

2人は, 太郎さんが勝つ確率と, 次郎さんが勝つ確率をそれぞれ求めました。その結果から, この【ゲーム】では, 先にカードを取り出す人と, 後からカードを取り出す人とでは, 勝ちやすさに違いがないことが分かりました。

(2) さらに, 【ゲーム】中の<ルール>の②だけを下の②′にかえた新しいゲームでも, カードを取り出す順番によって勝ちやすさに違いがないかを調べることにしました。

> ②′ 太郎さんは, 取り出したカードを袋に戻さず, 次郎さんに交代する。

この新しいゲームにおいて, 先にカードを取り出す人と, 後からカードを取り出す人とでは, 勝ちやすさに違いはありますか。下のア～ウの中から正しいものを1つ選び, その記号を書きなさい。また, それが正しいことの理由を, 確率を用いて説明しなさい。

ア 先にカードを取り出す人と後からカードを取り出す人とでは, 勝ちやすさに違いはない。

イ 先にカードを取り出す人が勝ちやすい。

ウ 後からカードを取り出す人が勝ちやすい。

〈広島県〉

⑤　図形

1 図1のように，箱の中に1，2，3の数字が1つずつ書かれた3個の赤玉と，1，2の数字が1つずつ書かれた2個の白玉が入っている。

図1

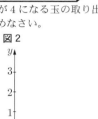

このとき，次の(1)，(2)に答えなさい。

(1) 箱から玉を2個同時に取り出すとき，玉に書かれた数の和が4になる玉の取り出し方は，全部で何通りあるか，求めなさい。

(2) 図2のように，座標軸と原点Oがある。

箱から玉を1個ずつ，もとにもどさずに続けて2回取り出す。1回目に取り出した玉の色と数字によって，点Pを □ の中の規則にしたがって座標軸上にとる。また，2回目に取り出した玉の色と数字によって，点Qを □ の中の規則にしたがって座標軸上にとる。

図2

（座標軸のグラフ）

＜規則＞
・赤玉を取り出したときは，玉に書かれた数を x 座標として x 軸上に点をとる。
・白玉を取り出したときは，玉に書かれた数を y 座標として y 軸上に点をとる。

このとき，O，P，Qを線分で結んだ図形が三角形になる確率を求めなさい。また，その考え方を説明しなさい。説明においては，図や表，式などを用いてよい。ただし，どの玉が取り出されることも同様に確からしいとする。

＜石川県＞

2 1から6までの目が出る大小1つずつのさいころを同時に1回投げる。

大きいさいころの出た目の数を a，小さいさいころの出た目の数を b とする。

右の図1で，点Oは原点，点Aの座標を (a, a+b)，点Bの座標を (a, 2b) とし，a = 3, b = 6 の場合を例として表している。

図1

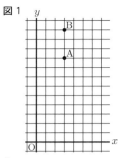

原点から点 (1, 0) までの距離，および原点から点 (0, 1) までの距離をそれぞれ 1 cm として，次の各問に答えよ。

ただし，大小2つのさいころはともに，1から6までのどの目が出ることも同様に確からしいものとする。

〔問1〕 点Bの y 座標が，点Aの y 座標より大きくなる確率を求めよ。

〔問2〕 右の図2は，図1において，直線 l を一次関数 y = x のグラフとした場合を表している。

点Aと点Bを結んだ場合を考える。

直線 l と線分 AB が交わる確率を求めよ。

ただし，点Aと点Bのどちらか一方が直線 l 上にある場合も，直線 l と線分 AB が交わっているものとする。

図2

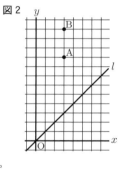

〔問3〕 右の図3は，図1において，点Oと点A，点Oと点B，点Aと点Bをそれぞれ結んだ場合を表している。

△OAB の面積が 3 cm² となる確率を求めよ。

＜東京都立新宿高等学校＞

図3

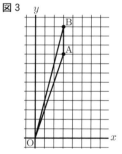

3 赤と白の2個のさいころを同時に投げる。このとき，赤いさいころの出た目の数を a，白いさいころの出た目の数を b として，座標平面上に，直線 y = ax + b をつくる。

例えば，a = 2, b = 3 のときは，座標平面上に，直線 y = 2x + 3 ができる。

次の(1)〜(3)の問いに答えなさい。

(1) つくることができる直線は全部で何通りあるかを求めなさい。

(2) 傾きが1の直線ができる確率を求めなさい。

(3) 3直線 y = x + 2, y = -x + 2, y = ax + b で三角形ができない確率を求めなさい。

＜岐阜県＞

4 次の文と会話を読んで，あとの各問に答えなさい。

先生「次の**設定**を使って，確率の問題をつくってみましょう。」

設定

座標平面上に 2 点 A (2, 1)，B (4, 5) があります。1 から 6 までの目が出る 1 つのさいころを 2 回投げ，1 回目に出た目の数を s，2 回目に出た目の数を t とするとき，座標が (s, t) である点を P とします。

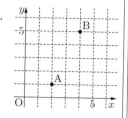

ただし，さいころはどの目が出ることも同様に確からしいものとし，座標軸の単位の長さを 1 cm とします。

【H さんがつくった問題】
∠APB ＝ 90° になる確率を求めなさい。

【E さんがつくった問題】
3 点 A，B，P を結んでできる図形が**三角形になる場合のうち**，△ABP の面積が 4 cm² 以上になる確率を求めなさい。

R さん「【H さんがつくった問題】について，∠APB ＝ 90° になる点 P は何個かみつかるけど，これで全部なのかな。」

K さん「円の性質を利用すると，もれなくみつけることができそうだよ。」

R さん「【E さんがつくった問題】は，【H さんがつくった問題】と違って，**三角形になる場合のうち**，としているから注意が必要だね。」

K さん「点 P の位置によっては，3 点 A，B，P を結んでできる図形が三角形にならないこともあるからね。」

R さん「点 P が直線 ［ ア ］ 上にあるときは三角形にならないから，三角形になる場合は全部で ［ イ ］ 通りになるね。」

K さん「そのうち，△ABP の面積が 4 cm² 以上になる点 P の個数がわかれば，確率を求めることができそうだね。」

(1) 【H さんがつくった問題】について，∠APB ＝ 90° になる確率を求めなさい。

(2) ［ ア ］ にあてはまる直線の式を求めなさい。また，［ イ ］ にあてはまる数を求めなさい。

(3) 【E さんがつくった問題】について，△ABP の面積が 4 cm² 以上になる確率を，途中の説明も書いて求めなさい。その際，右の図を用いて説明してもよいものとします。

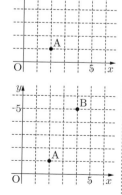

＜埼玉県＞

5 右の**図 1** のように，線分 PQ があり，その長さは 10 cm である。

図 1
P ------- 10cm ------- Q

大，小 2 つのさいころを同時に 1 回投げ，大きいさいころの出た目の数を a，小さいさいころの出た目の数を b とする。出た目の数によって，線分 PQ 上に点 R を，PR : RQ ＝ a : b となるようにとり，線分 PR を 1 辺とする正方形を X，線分 RQ を 1 辺とする正方形を Y とし，この 2 つの正方形の面積を比較する。

例

大きいさいころの出た目の数が 2，小さいさいころの出た目の数が 3 のとき，$a = 2$，$b = 3$ だから，線分 PQ 上に点 R を，PR : RQ ＝ 2 : 3 となるようにとる。

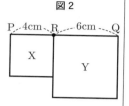

この結果，**図 2** のように，PR ＝ 4 cm，RQ ＝ 6 cm で，X の面積は 16 cm²，Y の面積は 36 cm² であるから，X の面積は Y の面積より 20 cm² だけ小さい。

いま，**図 1** の状態で，大，小 2 つのさいころを同時に 1 回投げるとき，次の問いに答えなさい。ただし，大，小 2 つのさいころはともに，1 から 6 までのどの目が出ることも同様に確からしいものとする。

(ア) 次の ［ ］ の中の「こ」「さ」にあてはまる数字をそれぞれ 0 〜 9 の中から 1 つずつ選び，その数字を答えなさい。

X の面積と Y の面積が等しくなる確率は $\dfrac{こ}{さ}$ である。

(イ) 次の ［ ］ の中の「し」「す」「せ」にあてはまる数字をそれぞれ 0 〜 9 の中から 1 つずつ選び，その数字を答えなさい。

X の面積が Y の面積より 25 cm² 以上大きくなる確率は $\dfrac{し}{すせ}$ である。

＜神奈川県＞

⑥　その他

1 3年生の応援合戦は，A組，B組，C組，D組の4クラスが1クラスずつ順に行う。応援合戦を行う順序のうち，A組がB組より先になるような場合は何通りあるか，求めなさい。

<岩手県> … 〈徳島県〉

2 次の文章中の ⬜ Ⅰ ⬜ にあてはまる式を書きなさい。また，⬜ Ⅱ ⬜ にあてはまる数を書きなさい。

> 1から9までの9個の数字から異なる3個の数字を選び，3けたの整数をつくるとき，つくることができる整数のうち，1番大きい数をA，1番小さい数をBとする。例えば，2，4，7を選んだときは，A＝742，B＝247となる。
> A－B＝396となる3個の数字の選び方が全部で何通りあるかを，次のように考えた。
> 選んだ3個の数字を，a，b，c（a＞b＞c）とするとき，A－Bをa，b，cを使って表すと，⬜ Ⅰ ⬜ となる。この式を利用することにより，A－B＝396となる3個の数字の選び方は，全部で ⬜ Ⅱ ⬜ 通りであることがわかる。

<愛知県>

3 放送委員会では，昼の放送で音楽を流します。流したい曲を5人の委員が1曲ずつ持ち寄り，A，B，C，D，Eの5曲が候補となりました。A，B，Cの3曲はポップスで，D，Eの2曲はクラシックです。明日とあさっての放送で1曲ずつ流します。放送委員長のしのさん，副委員長のれんさんとるいさんは，曲の選び方について話し合いました。次の文は，そのときの3人の会話です。

> れんさん「平等にくじびきで選ぶのがいいと思うよ。まず，5曲の中から明日流す1曲を選び，残りの4曲の中からあさって流す曲を選ぶ方法はどうだろう。」
> るいさん「くじびきには賛成だけれど，曲のジャンルが異なっている方がうれしい人が多くなると思う。だから，明日はポップスの3曲から選んで，あさってはクラシックの2曲から選ぶ方法はどうだろう。」
> しのさん「Aは，最近人気のアニメのテーマソングだから，Aが流れたら喜ぶ人が多いと思うけれど，れんさんの方法とるいさんの方法では，Aが選ばれやすいのはどちらかな。」

放送する2曲をくじびきで選ぶとき，れんさんの方法とるいさんの方法のうち，Aが選ばれやすいのは，どちらの方法ですか。れんさん，るいさんのどちらかの名前を書き，その理由を確率を用いて説明しなさい。
ただし，どのくじがひかれることも同様に確からしいものとします。

<岩手県>

4 下の**図1**のように ① から ⑦ までの番号の書かれた階段がある。地面の位置に太郎さん，⑦ の段の位置に花子さんがいる。太郎さん，花子さんがそれぞれさいころを1回ずつ振り，自分が出した目の数だけ，太郎さんは ①，②，③，…と階段を上り，花子さんは ⑥，⑤，④，…と階段を下りる。例えば，太郎さんが2の目を出し，花子さんが1の目を出したときは，下の**図2**のようになる。また，2段離れているとは，例えば，**図3**のような状態のこととする。

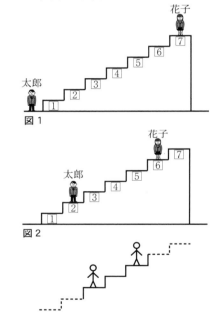

図1

図2

図3　2段離れている例

このとき，次の(1)～(3)の問いに答えなさい。
ただし，さいころは各面に1から6までの目が1つずつかかれており，どの目が出ることも同様に確からしいとする。
(1) 太郎さんと花子さんが同じ段にいる確率を求めなさい。
(2) 太郎さんと花子さんが2段離れている確率を求めなさい。
(3) 太郎さんと花子さんが3段以上離れている確率を求めなさい。

<茨城県>

第4章　**思考力活用編**

1 図1のような，4分割できる正方形のシートを25枚用いて，1から100までの数字が書かれたカードを作ることにした。そこで，【作り方Ⅰ】，【作り方Ⅱ】の2つの方法を考えた。

図1

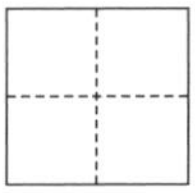

【作り方Ⅰ】

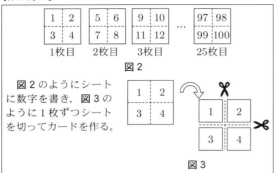

図2

図2のようにシートに数字を書き，図3のように1枚ずつシートを切ってカードを作る。

図3

【作り方Ⅱ】

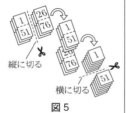

図4

図4のようにシートに数字を書き，図5のように1枚目から25枚目までを順に重ねて縦に切り，切った2つの束を重ね，横に切ってカードを作る。

縦に切る
横に切る
図5

このとき，次の1，2，3の問いに答えなさい。

1　【作り方Ⅰ】の7枚目のシートと【作り方Ⅱ】の7枚目のシートに書かれた数のうち，最も大きい数をそれぞれ答えなさい。

2　【作り方Ⅱ】の x 枚目のシートに書かれた数を，図6のように a, b, c, d とする。$a + 2b + 3c + 4d = ac$ が成り立つときの x の値を求めなさい。ただし，途中の計算も書くこと。

図6

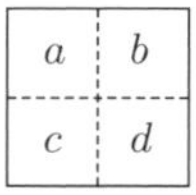

a	b
c	d

3　次の文の①，②に当てはまる式や数をそれぞれ求めなさい。

【作り方Ⅰ】の m 枚目のシートの4つの数の和と，【作り方Ⅱ】の n 枚目のシートの4つの数の和が等しくなるとき，n を m の式で表すと（　①　）となる。①を満たす m, n のうち，$m < n$ となる n の値をすべて求めると（　②　）である。ただし，m, n はそれぞれ25以下の正の整数とする。

＜栃木県＞

2 太郎さんは，家庭科の授業で学習した「中学生に必要な栄養を満たす食事」に興味をもち，食事とエネルギーの関係について調べた。このことに関する次の問題に答えなさい。

1　チーズ1個のエネルギー量を59 kcal，ビスケット1枚のエネルギー量を33 kcal とする。m 個のチーズと2枚のビスケットのエネルギー量の合計は何 kcal か，m を使った式で表しなさい。

2　太郎さんは，レストランで次のようなメニューを見つけた。このメニューのカレーライスとサラダの重さはそれぞれ何 g か求めなさい。

カレーライス・サラダセット		100g当たりの エネルギー量（kcal）
エネルギー量…950kcal 重さ…………800g	カレーライス	130
	サラダ	70

3　太郎さんは，三大栄養素（たんぱく質，脂質，炭水化物）とエネルギーの関係について調べ，次のようにまとめた。

太郎さんが調べたこと

①食事でとった各栄養素の重さ（g）から総エネルギー量（kcal）を求める式

たんぱく質を a g，脂質を b g，炭水化物を c g とるとき

（総エネルギー量）$= 4a + 9b + 4c$

②一日の食事における各栄養素のエネルギー比率の望ましい範囲

（エネルギー比率…総エネルギー量に対する各栄養素のエネルギー量の割合）

たんぱく質	脂質	炭水化物
13%以上20%未満	20%以上30%未満	50%以上65%未満

このとき，次の(1)，(2)に答えなさい。

(1)　たんぱく質だけを 20 g とったときの総エネルギー量は何 kcal か求めなさい。

(2)　太郎さんは，一日の食事でとった各栄養素の重さを調べ，右の表のようにまとめた。

栄養素	たんぱく質	脂質	炭水化物
重さ(g)	120	60	370

太郎さんは，各栄養素の重さの値を見て，脂質の値が他の栄養素の値より小さいことが気になった。この日の食事における脂質のエネルギー比率は，望ましい範囲にあるか，次のア，イから正しいものを1つ選び，その記号を書きなさい。また，それが正しいことの理由を，太郎さんが調べたことの①と②をもとに，根拠を示して説明しなさい。

ア　望ましい範囲にある。
イ　望ましい範囲にない。

＜山梨県＞

3　A組，B組，C組，D組，E組，F組，G組，H組の
8クラスが，種目1，種目2，種目3の3種目でクラス対抗戦を行う。全クラスが，3種目全てに参加し，3種目それぞれで優勝クラスを決める。各生徒は，3種目のうちいずれか1種目に出場することができる。

次の各問に答えよ。

〔問1〕　種目1，種目2は，8
クラスが抽選で右の**図1**の
①，②，③，④，⑤，⑥，⑦，
⑧のいずれかの箇所に入り，
①と②，③と④，⑤と⑥，⑦
と⑧の4試合を1回戦，1回
戦で勝った4クラスが行う2

図1

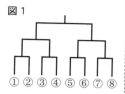

試合を準決勝，準決勝で勝った2クラスが行う1試合を決勝とし，決勝で勝ったクラスが優勝となる勝ち残り式トーナメントで試合を行い，優勝を決める。

次の(1)，(2)に答えよ。

(1)　右の**図2**は，**図1**におい
て，A組が①，B組が④，
C組が⑤，D組が⑧の箇
所に入った場合を表してい
る。

図2

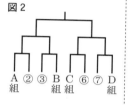

A②③BC⑥⑦D
組　　組組　　組

図2において，1回戦の
試合の組み合わせは全部で
何通りあるか。

(2)　種目1，種目2の試合は，それぞれ1会場で1試合
ずつ行い，最初の試合は同時に始めるものとする。

種目1と種目2の試合が，次の【条件】を満たすとき，種目1の1試合の試合時間は何分か。

ただし，答えだけでなく，答えを求める過程が分かるように，途中の式や計算なども書け。

【条件】
[1]　(種目1の1試合の試合時間)：(種目2の1試
合の試合時間)＝2：3である。
[2]　種目1，種目2とも，試合と試合の間を5分あけ，
最初の試合が始まってから決勝までの全ての試
合を続けて行う。
[3]　種目2の5試合目が終了するとき，同時に種目
1の決勝が終了する。

〔問2〕　種目3では，各クラス4人が1周200mのトラックを，走る順番ごとに決められた周回数を走り，次の人にタスキを渡す駅伝を行い，優勝を決める。

右の**表1**
は，第1走者，
第2走者，
第3走者が走る周回数を表している。

表1

	第1走者	第2走者	第3走者
周回数（周）	10	6	9

B組が，種目3に出場する各クラスの選手の速さや走る順番を分析したところ，A組が優勝候補であった。

右の**表2**
は，B組が
A組に勝つ
方法を考え

表2

	第1走者	第2走者	第3走者
A組 (m/min)	250	240	250
B組 (m/min)	240	a	240

るために，A組，B組の第1走者，第2走者，第3走者の速さをまとめたもので，aには，B組の第2走者の速さがあてはまる。

A組，B組の第4走者の速さを調べると，B組の第4走者が不調のときでも，第3走者から第4走者に【時間差1】でタスキを渡せば，B組は逃げ切ってA組に勝て，

B組の第4走者が好調なときは，第3走者から第4走者に【時間差2】でタスキを渡せば，B組は逆転でA組に勝てる。

B組の第3走者が，【時間差1】から【時間差2】までの時間差で第4走者にタスキを渡すためのB組の第2走者の速さaの値の範囲を，不等号を使って
$\boxed{} \leqq a \leqq \boxed{}$　で表せ。

【時間差1】
A組が第3走者から第4走者にタスキを渡すより12秒早くB組が第3走者から第4走者にタスキを渡す。

【時間差2】
A組が第3走者から第4走者にタスキを渡すより18秒遅くB組が第3走者から第4走者にタスキを渡す。

<東京都立西高等学校>

4 あきらさんとりょうさんは, 東京 2020 オリンピックで実施されたスポーツクライミングについて話をしている。

2 人の会話に関して, あとの問いに答えなさい。

> あきら：東京オリンピックで実施されたスポーツクライミングは見た？
>
> りょう：見たよ。壁にあるホールドと呼ばれる突起物に手足をかけて, 壁を登り, その速さや高さを競っていたね。
>
> あきら：速さを競うのは「スピード」という種目で, 高さを競うのは「リード」という種目だよ。他に「ボルダリング」という種目があって, この 3 種目の結果によって総合順位が決まるんだ。
>
> りょう：どのようにして総合順位を決めていたの？
>
> あきら：各種目で同じ順位の選手がいなければ, それぞれの選手について, 3 種目の順位をかけ算してポイントを算出するんだ。そのポイントの数が小さい選手が総合順位で上位になるよ。東京オリンピック男子決勝の結果を表にしてみたよ。7 人の選手が決勝に出場したんだ。

総合順位	選手	スピード	ボルダリング	リード	ポイント
1位	ヒネス ロペス	1位	7位	4位	28
2位	コールマン	6位	1位	5位	30
3位	シューベルト	7位	5位	1位	35
4位	ナラサキ	2位	3位	6位	36
5位	マウェム	3位	2位	7位	ア
6位	オンドラ	4位	6位	2位	48
7位	ダフィー	5位	4位	3位	60

(国際スポーツクライミング連盟ホームページより作成)

> りょう：総合順位 1 位のヒネス ロペス選手は, $1 \times 7 \times 4$ で 28 ポイントということだね。
>
> あきら：そのとおり。総合順位 2 位のコールマン選手は, $6 \times 1 \times 5$ で 30 ポイントだよ。
>
> りょう：総合順位 3 位のシューベルト選手が「リード」で仮に 2 位なら, 総合順位はダフィー選手よりも下位だったね。面白い方法だね。

(1) 表の アにあてはまる数を求めなさい。

(2) 2 人は, 総合順位やポイントについて話を続けた。① , ③にあてはまる数, ②にあてはまる式をそれぞれ求めなさい。ただし, n は $0 < n < 10$ を満たす整数とし, ポイントの差は大きい方から小さい方をひいて求めるものとする。また, 各種目について同じ順位の選手はいないものとする。

> りょう：3 種目の順位をかけ算して算出したポイントを用いる方法以外に, 総合順位を決定する方法はないのかな。例えば, それぞれの選手について, 3 種目の順位の平均値を出して, その値が小さい選手が上位になるという方法であれば, 総合順位はどうだったのかな。
>
> あきら：平均値を用いるその方法であれば, 総合順位 1 位になるのは, 東京オリンピック男子決勝で総合順位 ① 位の選手だね。でも, 順位の平均値は, 多くの選手が同じ値だよ。
>
> りょう：順位の平均値が同じ値になる場合でも, 3 種目の順位をかけ算して算出したポイントには差が出るということかな。
>
> あきら：順位の平均値が同じ値になる場合, 3 種目の順位をかけ算して算出したポイントにどれだけ差が出るか調べてみよう。
>
> りょう：20 人の選手が競技に出場したとして, ある選手が 3 種目とも 10 位だった場合と, 3 種目の順位がそれぞれ $(10 - n)$ 位, 10 位, $(10 + n)$ 位だった場合で考えよう。
>
> あきら：どちらの場合も 3 種目の順位の平均値は 10 だね。
>
> りょう：3 種目とも 10 位だった場合と, 3 種目の順位がそれぞれ $(10 - n)$ 位, 10 位, $(10 + n)$ 位だった場合のポイントの差は, n を用いて, ② ポイントと表すことができるね。
>
> あきら：n のとる値の範囲で, ② の最大値, つまりポイントの差の最大値を求めると ③ ポイントだね。

(3) A 選手, B 選手を含む 20 人の選手が, 東京オリンピックと同じ 3 種目で実施されたスポーツクライミングの大会に出場した。この大会の総合順位は, 東京オリンピックと同様に, 3 種目の順位をかけ算して算出したポイントを用いて決定したものとし, A 選手, B 選手の種目の順位やポイントについて次のことが分かった。

- ・A 選手は 4 位となった種目が 1 種目ある。
- ・B 選手は 15 位となった種目が 1 種目ある。
- ・A 選手, B 選手どちらの選手もポイントは, 401 ポイント以上 410 ポイント以下である。

このとき, 総合順位は A 選手, B 選手のどちらの選手が下位であったか, 求めなさい。また, その選手の残りの 2 種目の順位を求めなさい。ただし, 各種目について同じ順位の選手はいないものとする。

<兵庫県>

25年 受験用　全国高校入試問題正解

分野別過去問*737*題
数学　数と式・関数・データの活用

別冊解答・解き方

旺文社

目　　次

＊問題文中に，とくに書かれていない場合は，以下の＜注意＞に従うこととする。
＜注意＞　1. 答えに√を用いる場合は，√の中の数はできるだけ簡単な整数で表す。
　　　　　2. 円周率はπを用いる。

第1章 数と式

§1 整数の性質

1 8（個）
【解き方】素数は，2，3，5，7，11，13，17，19 の 8 個。

2 $(n =)$ 5，19，31
【解き方】$231 = 3 \times 7 \times 11$ より，
$n + 2 = 3$，7，11，21，33，77，231 のとき，整数となる。
その中で，100 より小さい素数は，$n = 5$，19，31

3 289
【解き方】2023 の約数は 2023 の他に次の 5 つ
1，7，17，7×17，17×17　このうち最大のものは
$17 \times 17 = 289$

4 6個
【解き方】148 を n で割って余りが 4 なので，144 の約数を見つければよい。素因数分解すると，
$144 = 2^4 \times 3^2$
同様に，245 も 240 の約数を見つければよい。
つまり，$240 = 2^4 \times 3 \times 5$
2 つの素因数分解に共通する $2^4 \times 3$ の約数のうち，
6 以上 144 以下の自然数は，
6，8，12，16，24，48 の 6 個。

5 エ
【解き方】$3n + 6 = 3(n + 2)$ より，エは $3 \times$ (整数) の形で表すことができる。

6 イ

7 2021
【解き方】$a = b - 2$，$c = b + 2$ であるから，
$ac = (b - 2)(b + 2) = b^2 - 4 = 2025 - 4 = 2021$

8 イ，ウ
【解き方】$a < 0$ のとき，アとエはつねに a の値より大きくなる。
また，オは，$-1 < a < 0$ のとき a の値より大きくなる。

9 エ
【解き方】エは，$m = 3$，$n = 4$ のとき，
$m \div n = \dfrac{3}{4}$ となるように，整数にならない場合がある。

10 21
【解き方】$336 = 2^4 \times 3 \times 7$ より，最も小さい n は，
$n = 3 \times 7 = 21$

11 $n = 15$
【解き方】$60 = 2^2 \times 3 \times 5$ より，n の最小値は，
$3 \times 5 = 15$

12 $n = 90$
【解き方】$\dfrac{\sqrt{40n}}{3} = 2\sqrt{\dfrac{10n}{9}}$　これが整数となるとき m を自然数として，$n = 9 \times 10 \times m^2$ となる。
$m = 1$ のとき n は最小となり，$n = 90$

§2　正負の数の計算

1 -8

2 -6

3 3

4 -5

5 -9

6 14

7 5.9
【解き方】$(与式) = 3.4 + 2.5 = 5.9$

8 $\dfrac{1}{12}$
【解き方】$-\dfrac{3}{4} + \dfrac{5}{6} = \dfrac{-9+10}{12} = \dfrac{1}{12}$

9 8
【解き方】$(与式) = -5 + 1 + 12 = 8$

10 4

11 5
【解き方】$(与式) = 3 - 6 + 8 = -3 + 8 = 5$

12 -4

13 7
【解き方】$(与式) = 7 + 3 - 3 = 7$

14 -3

15 -2
【解き方】$(-8) \div 4 = -8 \div 4 = -2$

16 9
【解き方】$-3 \times (-3) = 9$

17 -7

18 -11
【解き方】$-8 + 27 \div (-9) = -8 - 3 = -11$

19 $-\dfrac{3}{25}$
【解き方】$(与式) = -\dfrac{2}{5} \times \dfrac{3}{10} = -\dfrac{3}{25}$
別解 $(与式) = -0.4 \times 0.3 = -0.12$

20 -14

21 27
【解き方】$(与式) = 36 - 9 = 27$

22 -8

23 32
【解き方】$(与式) = 2 \times 16 = 32$

24 $-\dfrac{1}{10}$

25 -4
【解き方】$14 \div \left(-\dfrac{7}{2}\right) = -14 \times \dfrac{2}{7} = -4$

26 21
【解き方】$(与式) = -4 + 25 = 21$

27 -3
【解き方】$-6 + 3 = -3$

28 $\dfrac{1}{10}$
【解き方】$\dfrac{3}{10} \times \dfrac{1}{3} = \dfrac{1}{10}$

29 -39
【解き方】$(与式) = -9 - 30 = -39$

30 10
【解き方】$(与式) = 18 - 8 = 10$

31 54

32 -3
【解き方】$(-21) \div 7 = -21 \div 7 = -3$

33 5
【解き方】$8 - 3 = 5$

34 -4
【解き方】$-8 + 36 \times \dfrac{1}{9} = -8 + 4 = -4$

35 22

36 $-\dfrac{3}{4}$
【解き方】$-\dfrac{2}{3} \div \dfrac{8}{9} = -\dfrac{2}{3} \times \dfrac{9}{8} = -\dfrac{3}{4}$

37 -22
【解き方】(与式) $= -6 - 16 = -22$

38 -19

39 $\dfrac{1}{5}$
【解き方】$\dfrac{8}{5} - \dfrac{7}{5} = \dfrac{1}{5}$

40 $\dfrac{1}{6}$
【解き方】$\dfrac{5}{2} + \left(-\dfrac{7}{3}\right) = \dfrac{15 - 14}{6} = \dfrac{1}{6}$

41 $-\dfrac{1}{10}$

42 -3
【解き方】(与式) $= 9 - 12 = -3$

43 -9
【解き方】$-12 \times \dfrac{3}{4} = -9$

44 17
【解き方】$7 + 10 = 17$

45 21
【解き方】(与式) $= 3 + 2 \times 9 = 3 + 18 = 21$

46 -12
【解き方】(与式) $= 6 - 9 \times 2 = 6 - 18 = -12$

47 $\dfrac{2}{3}$
【解き方】$\dfrac{10}{3} + 2 \times \left(-\dfrac{4}{3}\right) = \dfrac{10}{3} - \dfrac{8}{3} = \dfrac{2}{3}$

48 9

49 -7
【解き方】$1 - 36 \times \dfrac{2}{9} = 1 - 8 = -7$

50 -41

51 1
【解き方】(与式) $= 9 + (-8) = 1$

52 2

53 16
【解き方】$4 - (-12) = 4 + 12 = 16$

54 16
【解き方】(与式) $= 18 - 16 \div 8 = 18 - 2 = 16$

55 7

56 -13

57 $\dfrac{7}{5}$
【解き方】(与式) $= \dfrac{4}{5} \times \left(-\dfrac{1}{4}\right) + \dfrac{8}{5}$
$= -\dfrac{1}{5} + \dfrac{8}{5} = \dfrac{7}{5}$

58 $-\dfrac{1}{8}$

59 -7
【解き方】$5 - 3 \times 4 = -7$

60 $-\dfrac{1}{2}$

61 $-\dfrac{1}{3}$

62 -5
【解き方】(与式) $= 7 + 3 \times (-4) = 7 - 12 = -5$

63 $\dfrac{5}{6}$
【解き方】$\dfrac{1}{2} + \dfrac{1}{3} = \dfrac{5}{6}$

64 -23

65 -4
【解き方】(与式) $= 2 \times 9 - 22 = 18 - 22 = -4$

66 -13
【解き方】(与式) $= 5 - 9 \times 2 = 5 - 18 = -13$

67 -11

68 7
【解き方】$-9 \times \dfrac{1}{9} + 8 = -1 + 8 = 7$

69 -11
【解き方】(与式) $= 4 - 15 = -11$

70 -5
【解き方】(与式) $= \dfrac{3-8}{18} \times 18 = -5$

71 19
【解き方】(与式) $= 16 + 3 = 19$

72 5
【解き方】$-1 + 4 \times \dfrac{3}{2} = -1 + 6 = 5$

73 -2

74 -4
【解き方】$(3^2 - 1) \div (-2) = (9 - 1) \div (-2) = -4$

75 15

76 -42
【解き方】(与式) $= -36 - 4 \times \dfrac{3}{2} = -36 - 6$
$= -42$

77 $\dfrac{1}{6}$
【解き方】(与式) $= -\dfrac{1}{8} \times \dfrac{4}{3} + \dfrac{3}{5} \times \dfrac{5}{9}$
$= \dfrac{1}{6}$

78 $5.7\,℃$
【解き方】$5.3 - (-0.4) = 5.3 + 0.4 = 5.7$ （℃高い）

§3　文字式の計算

1 $4x$

2 $-6y$
【解き方】(与式) $= -\dfrac{18xy}{3x} = -6y$

3 $-\dfrac{5}{6}a$
【解き方】(与式) $= \dfrac{3}{6}a - \dfrac{8}{6}a = -\dfrac{5}{6}a$

4 $2a^3$

5 $4a$
【解き方】$2ab \times \dfrac{2}{b} = 4a$

6 $3x + 4$

7 $-x + y$

8 $-4x + 2y$

9 $\dfrac{5}{4}a - b$

10 $\dfrac{a + 8b}{15}$
【解き方】$\dfrac{3(7a + b) - 5(4a - b)}{15}$
$= \dfrac{21a + 3b - 20a + 5b}{15} = \dfrac{a + 8b}{15}$

11 $\dfrac{4}{3}a^2 b$
【解き方】(与式) $= \dfrac{8a^3 b^2}{6ab} = \dfrac{4}{3}a^2 b$

12 $3x + 2y$
【解き方】(与式) $= \dfrac{6x^2 y}{2xy} + \dfrac{4xy^2}{2xy}$

13 $4x^2 - 2x + 1$

14 $-14x + 11$
【解き方】$-4A + 3B + 2A = -2A + 3B$
$-2(4x - 1) + 3(-2x + 3) = -8x + 2 - 6x + 9$
$= -14x + 11$

15 $-3x + 10y$

16 $\dfrac{4b^2}{a}$

【解き方】$\dfrac{12ab \times 2b}{6a^2} = \dfrac{4b^2}{a}$

17 $5a$

18 $24ab^3$

【解き方】$(-3a) \times (-2b)^3 = -3a \times (-8b^3) = 24ab^3$

19 $3x + 7y$

【解き方】$4x + 2y - x + 5y = 3x + 7y$

20 $2b$

【解き方】

$(与式) = 24ab^2 \times \dfrac{1}{6a} \times \dfrac{1}{2b} = \dfrac{24ab^2}{12ab} = 2b$

21 $-5x + 4y$

【解き方】$-3x + 3y - 2x + y = -5x + 4y$

22 $-3x - 6y$

【解き方】

$(6x + y) - (9x + 7y) = 6x + y - 9x - 7y = -3x - 6y$

23 $a - 4b$

【解き方】$(与式) = 5a - 10b - 4a + 6b$

$= a - 4b$

24 $-18a$

【解き方】$(与式) = \dfrac{-12ab \times 9a^2}{6a^2b}$

25 $7a - 17b$

【解き方】$(与式) = 3a - 9b + 4a - 8b = 7a - 17b$

26 $-2a + 8b$

【解き方】$(与式) = 6a - 4b - 8a + 12b = -2a + 8b$

27 $a + 4b$

【解き方】$10a - 2b - 9a + 6b = a + 4b$

28 $5x + 7y$

【解き方】$2x + 10y + 3x - 3y = 5x + 7y$

29 $9a$

【解き方】$(与式) = 36a^2b^2 \div 4ab^2 = 9a$

30 $2xy^2$

【解き方】$\dfrac{3x^2y \times 4y^2}{6xy} = 2xy^2$

31 $4a - 3b$

【解き方】$(与式) = 10a + 5b - 6a - 8b$

$= 4a - 3b$

32 $x^2 + 6x + 9$

33 $x^2 - 9$

34 $x^2 - x + 1$

35 $2x^2 + 1$

【解き方】

$(与式) = x^2 + 2x + 1 + x^2 - 2x = 2x^2 + 1$

36 $4x - 27$

【解き方】$(与式) = 3x^2 + 4x - 3x^2 - 27 = 4x - 27$

37 $7x + y - 3$

【解き方】$(与式) = 4x - 8y + 3x + 9y - 3$

$= 7x + y - 3$

38 $3x + 10y$

【解き方】$15x + 6y - 12x + 4y = 3x + 10y$

39 $\dfrac{5x + y}{8}$

【解き方】$(与式) = \dfrac{x + 5y + 4x - 4y}{8} = \dfrac{5x + y}{8}$

40 $-18a^2b$

【解き方】$9a^2 \times (-2b) = -18a^2b$

41 $\dfrac{6b^2}{a}$

【解き方】$(与式) = \dfrac{ab^2 \times 3 \times 4b}{2a^2b} = \dfrac{6b^2}{a}$

42 $-\dfrac{9}{4}xy$

【解き方】$(与式) = \dfrac{15x^2y}{8} \times \left(-\dfrac{6}{5x}\right) = -\dfrac{9}{4}xy$

43 $2a$

【解き方】$8a^3b \div 36a^2b^2 \times 9b = \dfrac{8a^3b \times 9b}{36a^2b^2} = 2a$

44 $\dfrac{11}{12}$

【解き方】$(与式) = \dfrac{3(8a + 9) - 4(6a + 4)}{12} = \dfrac{11}{12}$

45 $6a - 7b$

【解き方】$(与式) = 10a + 5b - 4a - 12b = 6a - 7b$

46 $6a^2$

【解き方】

$(与式) = -\dfrac{a}{1} \times \dfrac{4a^2b^2}{1} \times \left(-\dfrac{3}{2ab^2}\right) = 6a^2$

47 $a + 9b$

【解き方】$9a + 3b - 8a + 6b = a + 9b$

48 $10ab$
【解き方】(与式) $= 6a^2b^3 \times \dfrac{5}{3ab^2}$

49 $-6x^2y$
【解き方】(与式) $= -\dfrac{10xy^2 \times 3x}{5y} = -6x^2y$

50 $\dfrac{x-4y}{3}$
【解き方】
(与式) $= \dfrac{3(2x-y)-(5x+y)}{3} = \dfrac{6x-3y-5x-y}{3}$

51 $-20ab$
【解き方】(与式) $= -15a^2b \div 3ab^2 \times 4b^2$
$= (-15 \div 3 \times 4) \times a^{2-1}b^{1-2+2} = -20ab$

52 $2ab^2$

53 $\dfrac{3}{2}a^2b$

54 $3y^2$

55 $\dfrac{5}{2}y$

56 $5a-2b$
【解き方】(与式) $= 6a+2b-a-4b = 5a-2b$

57 $\dfrac{5y}{4x^3}$

58 $3a-6b$

59 $\dfrac{3}{2}y^2$
【解き方】(与式) $= \dfrac{9xy^3}{4} \times \dfrac{2}{3xy} = \dfrac{3}{2}y^2$

60 $-7x$
【解き方】(与式) $= -\dfrac{56x^2y}{8xy} = -7x$

61 $-\dfrac{8}{9}x^3y^2$

62 $2a^2-3$
【解き方】$a^2+2a+a^2-2a-3 = 2a^2-3$

63 $4x^2+4xy+y^2$
【解き方】$(2x+y)^2 = (2x)^2 + 2 \times 2x \times y + y^2$
$= 4x^2+4xy+y^2$

64 4

65 $2x^2+3x-8$
【解き方】$x^2-4+x^2+3x-4 = 2x^2+3x-8$

66 $9x^2-6xy+y^2$
【解き方】$(3x-y)^2 = 9x^2-6xy+y^2$

67 $5x+23$
【解き方】(与式) $= (x^2-1)-(x^2-5x-24)$
$= x^2-1-x^2+5x+24 = 5x+23$

68 $6a+25$
【解き方】$(a^2+6a+9)-(a^2-16) = 6a+25$

69 $-6x+25$
【解き方】
(与式) $= (x^2-6x+9)-(x^2-16) = -6x+25$

70 $9x^2$
【解き方】$4x^2+4x+1+5x^2-5x+x-1 = 9x^2$

71 $2a^2+10a+15$
【解き方】
(与式) $= a^2-9+a^2+10a+24 = 2a^2+10a+15$

72 $2x^2-1$
【解き方】$x^2-4x-5+x^2+4x+4 = 2x^2-1$

73 y^2
【解き方】$x^2+2xy+y^2-x^2-2xy = y^2$

74 $-8x+9$
【解き方】$4x^2-12x+9-4x^2+4x = -8x+9$

75 $2x^2-5x-13$
【解き方】
(与式) $= (3x^2-12x+x-4)-(x^2-6x+9)$
$= 3x^2-11x-4-x^2+6x-9 = 2x^2-5x-13$

76 $4a-6b$
【解き方】ある式を X とすると，
$X-(3a-5b) = -2a+4b$
よって，$X = -2a+4b+(3a-5b) = a-b$
したがって，正しく計算すると，
$(a-b)+(3a-5b) = 4a-6b$

§4　式の値

1 3
【解き方】$a = -2$, $b = 9$ を $3a + b$ に代入すると、
$3 \times (-2) + 9 = -6 + 9 = 3$

2 -4
【解き方】(与式) $= (-6)^2 - 8 \times 5 = 36 - 40 = -4$

3 26
【解き方】
$(a-5)(a-6) - a(a+3) = a^2 - 11a + 30 - a^2 - 3a$
$= -14a + 30$
$= -14 \times \dfrac{2}{7} + 30 = 26$

4 -9
【解き方】$2(x - 5y) + 5(2x + 3y) = 12x + 5y$ に
$x = \dfrac{1}{2}$, $y = -3$ を代入して、
$12 \times \dfrac{1}{2} + 5 \times (-3) = 6 - 15 = -9$

5 25
【解き方】(与式) $= (x - y)^2 = (23 - 18)^2 = 25$

6 81
【解き方】$a^2 - 25b^2 = (a + 5b)(a - 5b)$
$= (41 + 5 \times 8)(41 - 5 \times 8) = 81 \times 1 = 81$

7 $a^2 - 4a + 4 = (a - 2)^2$
$(a - 2)^2$ に $a = 2 + \sqrt{5}$ を代入して、
$(a - 2)^2 = (2 + \sqrt{5} - 2)^2 = (\sqrt{5})^2 = 5$
(答) 5

8 $24\sqrt{7}$
【解き方】(与式) $= xy(x + y)(x - y) = 2 \times 6 \times 2\sqrt{7}$
$= 24\sqrt{7}$

9 $40\sqrt{3}$
【解き方】$x + y = 2\sqrt{3}$, $x - y = 4$ を代入して、
$5x^2 - 5y^2 = 5(x + y)(x - y) = 5 \times 2\sqrt{3} \times 4 = 40\sqrt{3}$

10 3
【解き方】$x^2 + 4x = x(x + 4)$
$= (\sqrt{7} - 2)(\sqrt{7} + 2) = 7 - 4 = 3$

11 24
【解き方】$xy = 5 - 9 = -4$, $y - x = -6$ より、
$xy^2 - x^2y = xy(y - x) = -4 \times (-6) = 24$

12 7
【解き方】$a = 3$, $b = \sqrt{11} - 3$
$a^2 - b^2 - 6b = a^2 - b(b + 6) = 3^2 - (\sqrt{11} - 3)(\sqrt{11} + 3)$
$= 9 - 2 = 7$

13 ア，ウ，エ
【解き方】ア～エの計算結果はそれぞれ $a - \dfrac{1}{2}$,
$a + \dfrac{1}{2}$, $-\dfrac{1}{2}a$, $-2a$

§5　平方根の計算

1 $2\sqrt{7}$

2 $-\sqrt{2}$
【解き方】$\sqrt{8} - \sqrt{18} = 2\sqrt{2} - 3\sqrt{2} = -\sqrt{2}$

3 $4\sqrt{5}$
【解き方】(与式)$= \sqrt{5} + 3\sqrt{5} = 4\sqrt{5}$

4 $\sqrt{7}$

5 $6\sqrt{2}$
【解き方】(与式)$= 5\sqrt{2} + \sqrt{2} = 6\sqrt{2}$

6 $2\sqrt{3}$
【解き方】(与式)$= 5\sqrt{3} - 3\sqrt{3} = 2\sqrt{3}$

7 $3\sqrt{7}$
【解き方】(与式)$= \sqrt{7} + 2\sqrt{7} = 3\sqrt{7}$

8 $2\sqrt{6}$
【解き方】(与式)$= \sqrt{3} \times 2\sqrt{2} = 2\sqrt{6}$

9 $6\sqrt{3}$
【解き方】(与式)$= 4\sqrt{3} + 2\sqrt{3} = 6\sqrt{3}$

10 $\sqrt{2}$
【解き方】
(与式)$= 3\sqrt{2} - \dfrac{4\sqrt{2}}{\sqrt{2} \times \sqrt{2}} = 3\sqrt{2} - \dfrac{4\sqrt{2}}{2}$
$= 3\sqrt{2} - 2\sqrt{2} = \sqrt{2}$

11 $-\sqrt{6}$
【解き方】(与式)$= \dfrac{\sqrt{6}}{2} - \dfrac{3\sqrt{6}}{2}$

12 $5\sqrt{2}$
【解き方】
$6\sqrt{2} - \sqrt{18} + \sqrt{8} = 6\sqrt{2} - 3\sqrt{2} + 2\sqrt{2} = 5\sqrt{2}$

13 $5\sqrt{3}$
【解き方】$4\sqrt{3} - \sqrt{3} + 2\sqrt{3} = 5\sqrt{3}$

14 $4\sqrt{2}$
【解き方】(与式)$= 5\sqrt{2} + 2\sqrt{2} - 3\sqrt{2} = 4\sqrt{2}$

15 $4\sqrt{5}$
【解き方】(与式)$= 3\sqrt{5} - \sqrt{5} + 2\sqrt{5} = 4\sqrt{5}$

16 $2\sqrt{6}$
【解き方】
(与式)$= 3\sqrt{6} - \dfrac{2\sqrt{3}}{\sqrt{2}} = 3\sqrt{6} - \sqrt{6} = 2\sqrt{6}$

17 $-7\sqrt{2}$
【解き方】
(与式)$= 2\sqrt{2} - 3\sqrt{6} \times \sqrt{3} = 2\sqrt{2} - 9\sqrt{2} = -7\sqrt{2}$

18 $-8\sqrt{3}$
【解き方】
(与式)$= 4\sqrt{3} - 3\sqrt{2} \times 2\sqrt{6} = 4\sqrt{3} - 12\sqrt{3}$
$= -8\sqrt{3}$

19 $3\sqrt{3}$
【解き方】
(与式)$= \dfrac{8}{2\sqrt{3}} + \sqrt{\dfrac{50}{6}} = \dfrac{4\sqrt{3}}{3} + \dfrac{5\sqrt{3}}{3} = 3\sqrt{3}$

20 $4\sqrt{6}$
【解き方】$\dfrac{\sqrt{30}}{\sqrt{5}} + 3\sqrt{6} = \sqrt{6} + 3\sqrt{6} = 4\sqrt{6}$

21 $3\sqrt{3}$
【解き方】
(与式)$= \sqrt{6 \times 2} + \dfrac{3\sqrt{3}}{(\sqrt{3})^2} = \sqrt{12} + \dfrac{3\sqrt{3}}{3}$
$= 2\sqrt{3} + \sqrt{3} = 3\sqrt{3}$

22 $3\sqrt{6}$

23 $2\sqrt{3}$
【解き方】$3 \times \dfrac{1}{\sqrt{6}} \times 2\sqrt{2} = \dfrac{6}{\sqrt{3}} = 2\sqrt{3}$

24 ア
【解き方】(与式)$= (\sqrt{5} - \sqrt{2}) \times 2(\sqrt{5} + \sqrt{2})$
$= 2 \times (5 - 2) = 6$

25 $1 - \sqrt{7}$
【解き方】(与式)$= (1 + \sqrt{7}) - 2\sqrt{7}$

26 $9 - 4\sqrt{5}$
【解き方】(与式)$= 4 - 4\sqrt{5} + 5 = 9 - 4\sqrt{5}$

27 $3 - 2\sqrt{2}$
【解き方】(与式)$= 2 - 2\sqrt{2} + 1 = 3 - 2\sqrt{2}$

28 $13 - 4\sqrt{3}$

29 $3 + 7\sqrt{6}$
【解き方】$12 + 9\sqrt{6} - 2\sqrt{6} - 9 = 3 + 7\sqrt{6}$

30 $8-2\sqrt{15}$
【解き方】$5-2\sqrt{15}+3=8-2\sqrt{15}$

31 17
【解き方】(与式)$=(2\sqrt5)^2-(\sqrt3)^2=20-3=17$

32 $1+4\sqrt6$
【解き方】$(\sqrt6-1)(\sqrt6+5)=(\sqrt6)^2+4\times\sqrt6-5$
$=1+4\sqrt6$

33 $6+2\sqrt5$
【解き方】(与式)$=(\sqrt5)^2+2\times\sqrt5\times1+1^2=5+2\sqrt5+1$
$=6+2\sqrt5$

34 4
【解き方】$6-2=4$

35 $5+2\sqrt6$
【解き方】(与式)$=3+2\sqrt6+2=5+2\sqrt6$

36 4
【解き方】(与式)$=(\sqrt5-\sqrt3)\times2(\sqrt5+\sqrt3)$
$=2(\sqrt5-\sqrt3)(\sqrt5+\sqrt3)=2\times2=4$

37 $-\sqrt6$
【解き方】(与式)$=2\sqrt6-3\sqrt6=-\sqrt6$

38 $8-\sqrt2$
【解き方】(与式)$=\dfrac{6+2\sqrt2}{\sqrt2}+4-4\sqrt2+2$
$=\dfrac{6\sqrt2+4}{2}+6-4\sqrt2$
$=3\sqrt2+2+6-4\sqrt2=8-\sqrt2$

39 $-\sqrt6$
【解き方】(与式)$=6+\sqrt6-6-2\sqrt6=-\sqrt6$

40 $\dfrac{\sqrt2}{3}$
【解き方】$\dfrac{\sqrt2}{2}-\dfrac{\sqrt2}{6}=\dfrac{\sqrt2}{3}$

41 $\dfrac{2-\sqrt2}{6}$
【解き方】
(与式)$=\dfrac{\sqrt2+1}{3}-\dfrac{\sqrt2}{2}=\dfrac{2\sqrt2+2-3\sqrt2}{6}$
$=\dfrac{2-\sqrt2}{6}$

42 $6+5\sqrt6$
【解き方】(与式)$=(\sqrt6+5)(\sqrt6+5-5)$

43 $3+\sqrt7$

44 $\sqrt2$
【解き方】(与式)$=6\sqrt2-5\sqrt2=\sqrt2$

45 $-1+\sqrt5$
【解き方】
(与式)$=(\sqrt5)^2-2\sqrt5+3\sqrt5-6=-1+\sqrt5$

46 $5\sqrt5-9$
【解き方】(与式)$=\sqrt5-(5-4\sqrt5+4)=5\sqrt5-9$

47 $1+3\sqrt5$

48 $8-7\sqrt{15}$
【解き方】
$(\sqrt5+\sqrt3)^2-9\sqrt{15}=8+2\sqrt{15}-9\sqrt{15}$
$=8-7\sqrt{15}$

49 $1+2\sqrt{10}$
【解き方】(与式)$=6+3\sqrt{10}-\sqrt{10}-5=1+2\sqrt{10}$

50 $\sqrt2$

51 $-\sqrt3$
【解き方】
$\dfrac{2\sqrt2}{8}\times4\sqrt6-3\sqrt3=2\sqrt3-3\sqrt3=-\sqrt3$

52 $3+\sqrt5$
【解き方】(与式)$=3\sqrt5+3-\dfrac{10\sqrt5}{5}=3+\sqrt5$

53 $3\sqrt3$
【解き方】
(与式)$=2\sqrt3+\dfrac{2\sqrt6}{2\sqrt2}=2\sqrt3+\sqrt3=3\sqrt3$

54 $6\sqrt6$
【解き方】$5\sqrt6-\sqrt{24}+\dfrac{18}{\sqrt6}$
$=5\sqrt6-2\sqrt6+3\sqrt6=6\sqrt6$

55 $10-2\sqrt6$
【解き方】(与式)$=4-4\sqrt6+6+2\sqrt6$

56 $\sqrt6$
【解き方】
(与式)$=2\sqrt6-\dfrac{2\sqrt3\times\sqrt2}{\sqrt2\times\sqrt2}=2\sqrt6-\sqrt6=\sqrt6$

57 $-2\sqrt3$
【解き方】
$\dfrac{9\times\sqrt3}{\sqrt3\times\sqrt3}-5\sqrt3=3\sqrt3-5\sqrt3=-2\sqrt3$

58 $9\sqrt{7} - 10\sqrt{3}$
【解き方】
$\sqrt{7}(9 - \sqrt{21}) - \sqrt{27} = 9\sqrt{7} - 7\sqrt{3} - 3\sqrt{3}$
$= 9\sqrt{7} - 10\sqrt{3}$

59 3
【解き方】(与式) $= (\sqrt{5})^2 - (\sqrt{2})^2 = 5 - 2 = 3$

60 $5\sqrt{3}$
【解き方】(与式) $= 2\sqrt{3} + 3\sqrt{3} = 5\sqrt{3}$

61 $4\sqrt{10}$

62 $8 + 4\sqrt{6}$
【解き方】
(与式) $= 6 + \sqrt{6} + 2\sqrt{6} + 2 + \sqrt{6} = 8 + 4\sqrt{6}$

63 4
【解き方】$4 + 2\sqrt{3} - 2\sqrt{3} = 4$

64 $-3\sqrt{2}$
【解き方】(与式)
$= (\sqrt{3} - \sqrt{5}) \times \sqrt{5}(\sqrt{5} + \sqrt{3})$
$-3\sqrt{2} + 2\sqrt{5} = -2\sqrt{5} - 3\sqrt{2} + 2\sqrt{5} = -3\sqrt{2}$

65 $\dfrac{3\sqrt{2}}{4}$
【解き方】(与式)
$= \dfrac{5}{2\sqrt{2}} - (3 - \sqrt{5}) \times \dfrac{\sqrt{2}}{6 - 2\sqrt{5}}$
$= \dfrac{5\sqrt{2}}{4} - \dfrac{\sqrt{2}}{2} = \dfrac{3\sqrt{2}}{4}$

66 $4\sqrt{2}$
【解き方】
$3\sqrt{2} + 2\sqrt{3} - 2\sqrt{3} - 2\sqrt{2} + \dfrac{6 \times \sqrt{2}}{\sqrt{2} \times \sqrt{2}}$
$= \sqrt{2} + 3\sqrt{2} = 4\sqrt{2}$

67 $12 - 4\sqrt{3}$
【解き方】(与式)
$= \dfrac{(\sqrt{11} - \sqrt{3})(\sqrt{3} + \sqrt{11})}{2} + (\sqrt{2} - \sqrt{6})^2$

68 $\sqrt{2}$
【解き方】(与式)
$= \sqrt{2}\{(5 - 2\sqrt{6}) - 2(2 - \sqrt{6})\} = \sqrt{2}$

69 $\sqrt{6} - \sqrt{2}$

70 $\dfrac{20}{21}$
【解き方】(与式) $= \dfrac{5 \times 4\sqrt{8} \times \sqrt{3}}{3\sqrt{3} \times 7\sqrt{8}} = \dfrac{20}{21}$

71 $-1 + \sqrt{2}$

72 $2\sqrt{2}$
【解き方】(与式)
$= \left(2\sqrt{3} + \dfrac{1}{2}\right)(4\sqrt{2} - 3) + 4\sqrt{3}\left(\dfrac{3}{2} - 2\sqrt{2}\right) + \dfrac{3}{2}$
$= 8\sqrt{6} - 6\sqrt{3} + 2\sqrt{2} - \dfrac{3}{2} + 6\sqrt{3} - 8\sqrt{6} + \dfrac{3}{2} = 2\sqrt{2}$

73 $20 + \sqrt{21}$

74 $-\dfrac{1}{9}$

75 $-\dfrac{1}{3}$

§6 平方根の性質

1 ウ
【解き方】ア. $\sqrt{10} < 9$　イ. 6の平方根は $\pm\sqrt{6}$ である。
ウ. 1辺の長さが $\sqrt{2}$ の正方形の面積は，$\sqrt{2} \times \sqrt{2} = 2$
エ. $\sqrt{16} = 4$　よって，ウ

2 イ
【解き方】ウは，$0.2 = \dfrac{1}{5}$，エは，$\sqrt{9} = 3$ より，有理数である。

3 ア

4 $4 > \sqrt{10}$
【解き方】$4 = \sqrt{16}$ より $4 > \sqrt{10}$

5 5
【解き方】$\sqrt{5^2} < \sqrt{30} < \sqrt{6^2}$ より
$5 < \sqrt{30} < 6$ であるから，
求める自然数は 5

6 $n = 3$
【解き方】$\sqrt{9} = 3$ があてはまるので，$n = 3$

7 24
【解き方】$4 < \sqrt{n} < 5$ より，$16 < n < 25 \cdots$①
$n = 6 \times (自然数)^2$ であればよいから，①より，
$n = 6 \times 2^2 = 24$

8 $n = 1,\ 6,\ 9$
【解き方】$10 - n = 1^2$ より $n = 9$，$10 - n = 2^2$ より
$n = 6$，$10 - n = 3^2$ より $n = 1$

9 $n = 5,\ 20$
【解き方】$\sqrt{\dfrac{2^2 \times 5}{n}}$ より，$n = 5$ のとき
$\sqrt{\dfrac{2^2 \times 5}{5}} = 2$
$n = 20$ のとき $\sqrt{\dfrac{2^2 \times 5}{20}} = 1$

10 52, 88
【解き方】$\sqrt{300 - 3n} = \sqrt{3(100 - n)}$ より，a を
正の偶数として，$100 - n = 3a^2$
つまり，$n = 100 - 3a^2$ であればよい。
$a = 2$ のとき，$n = 100 - 3 \times 2^2 = 88$
$a = 4$ のとき，$n = 100 - 3 \times 4^2 = 52$
$a = 6$ のときは $n < 0$ となる。よって，$n = 52,\ 88$

11 49
【解き方】$n^2 \leqq x \leqq (n+1)^2$ だから，
$(n+1)^2 - n^2 + 1 = 100$
展開して整理すると，$2n = 98$　よって，$n = 49$

§7　文字と式

1　(例) $1000 - 3x = y$

2　$3x < 5(y-4)$

3　(例) 周の長さ

4　$\dfrac{31}{100}a\,\mathrm{mL}$

【解き方】$a \times \dfrac{31}{100} = \dfrac{31}{100}a\,(\mathrm{mL})$

5　$y = \dfrac{4000}{x}$

【解き方】4000 mL の水が x 時間でなくなるので，1 時間当たりの水の減る量は，$y = \dfrac{4000}{x}$ である。

6　$130a > 5b + 750$

7　(例) おとな 4 人と子ども 5 人の入園料の合計金額は 7000 円以下である。

8　$a = 8b + 5$

9　$(45 - 6a)\,\mathrm{cm}$

【解き方】5 cm の辺が 4 つ，$(5-a)$ cm の辺が 4 つ，$(5-2a)$ cm の辺が 1 つ，これらの和が周囲の長さなので，$5 \times 4 + (5-a) \times 4 + (5-2a) = 45 - 6a\,(\mathrm{cm})$

10　$\dfrac{120}{a}$ 分

【解き方】自宅から公園までの距離は $4 \times \dfrac{1}{2} = 2\,(\mathrm{km})$ なので，毎時 a km の速さで移動すると，$\dfrac{2}{a}$ 時間，すなわち，$\dfrac{2}{a} \times 60 = \dfrac{120}{a}$ （分）かかる。

§8　一次方程式

1　エ
【解き方】①の式の両辺を 6 でわっても等式は成り立つから，正しいものはエである。

2　$x = 3$
【解き方】$5x = 15$　　$x = 3$

3　$x = \dfrac{1}{2}$

4　$x = -6$
【解き方】$2x = -12$　　$x = -6$

5　$x = 4$

6　9
【解き方】$4x + 32 = 7x + 5$　　$-3x = -27$　　$x = 9$

7　$x = 5$
【解き方】$-4x + 2 = 9(x - 7)$
$-4x + 2 = 9x - 63$
$-13x = -65$　　$x = 5$

8　$x = 5$
【解き方】$5x - 7 = 9x - 27$　　$5x - 9x = -27 + 7$
$-4x = -20$　　$x = 5$

9　$x = 3$
【解き方】両辺を 100 倍して，$16x - 8 = 40$　　$x = 3$

10　$x = 6$
【解き方】両辺を 2 倍して，$3x + 2 = 20$
$3x = 18$　　$x = 6$

11　$x = 3$

12　$x = 1$
【解き方】$\dfrac{5 - 3x}{2} - \dfrac{x - 1}{6} = 1$
$15 - 9x - x + 1 = 6$　　$x = 1$

13　$x = 6$
【解き方】両辺 4 倍して，$5x - 2 = 28$　　よって，$x = 6$

14　$x = 15$
【解き方】$8x = 40 \times 3$ となるので，$x = 15$

15 $a = -\dfrac{1}{4}$
【解き方】$x = 2$ を代入して,
$3 \times 2 + 2a = 5 - a \times 2$
$6 + 2a = 5 - 2a$　　$4a = -1$　　$a = -\dfrac{1}{4}$

16 $r = \dfrac{l}{2\pi}$

17 $y = -\dfrac{3}{2}x + 2$
【解き方】$3x + 2y - 4 = 0$ より, $2y = 4 - 3x$
$y = 2 - \dfrac{3}{2}x$

18 $x = \dfrac{-7y + 21}{3}$
【解き方】$3x = -7y + 21$　　$x = \dfrac{-7y + 21}{3}$

19 $y = -\dfrac{4}{3}x + \dfrac{8}{3}$
【解き方】$3y = -4x + 8$
両辺を3で割ると, $y = -\dfrac{4}{3}x + \dfrac{8}{3}$

20 $c = -5a + 2b$
【解き方】$5a = 2b - c$　　$c = -5a + 2b$

21 $h = \dfrac{3V}{S}$
【解き方】両辺に3をかけて, $3V = Sh$
両辺を S でわって両辺を入れかえて, $h = \dfrac{3V}{S}$

22 $b = -\dfrac{23}{7}a + 60$
【解き方】$\dfrac{23a + 7b}{30} = 14$　　$23a + 7b = 420$
$b = -\dfrac{23}{7}a + 60$

---

§9　連立方程式

1 $x = 4,\ y = -2$
【解き方】第1式を①, 第2式を②とすると,
①＋②より, $6x = 24$　　よって, $x = 4$
②に代入して, $20 + 3y = 14$ より, $3y = -6$
よって, $y = -2$

2 $x = 1,\ y = -5$
【解き方】第1式を①, 第2式を②として,
①＋②より, $8x = 8$　　よって, $x = 1$
①に代入して, $5 + 2y = -5$ より, $2y = -10$
よって, $y = -5$

3 $x = 3,\ y = -1$
【解き方】$2x + y = 5 \cdots$①　　$x - 2y = 5 \cdots$②とすると, ①×2＋②より $x = 3$, $y = -1$

4 $x = 3,\ y = -1$
【解き方】$2x + y = 5 \cdots$①, $x - 4y = 7 \cdots$②として,
①×4＋②より, $9x = 27$　　よって $x = 3$
$x = 3$ を①に代入して, $y = -1$

5 $x = -1,\ y = 1$

6 $x = 2,\ y = -1$
【解き方】$2x + 3y = 1 \cdots$①　　$8x + 9y = 7 \cdots$②
①×4－②を計算すると,
$3y = -3$　　$y = -1 \cdots$③
③を①に代入すると,
$2x - 3 = 1$　　$x = 2$
よって, $x = 2,\ y = -1$

7 $x = 6,\ y = 5$
【解き方】$x + 3y = 21 \cdots$①　　$2x - y = 7 \cdots$②
①×2－②　$7y = 35$
$y = 5 \cdots$③　③を①に代入すると, $x + 3 \times 5 = 21$　　$x = 6$

8 $(x =)\, 3,\ (y =)-1$
【解き方】$3x + y = 8 \cdots$①, $x - 2y = 5 \cdots$②とすると,
①×2＋②より, $7x = 21$　　よって, $x = 3$
①に $x = 3$ を代入すると, $y = -1$

9 $x = 4,\ y = -2$
【解き方】上の式を①, 下の式を②とする。
①×2＋②×5より,
$\begin{array}{r} 4x + 10y = -4 \\ +)\ \ 15x - 10y = 80 \\ \hline 19x\ \ \ \ \ \ = 76 \\ x = 4 \end{array}$
①に代入して, $8 + 5y = -2$　　$y = -2$

---

10 $(x, y) = (5, -1)$
【解き方】第1式を第2式に代入して，
$3x + 4(x-6) = 11$　　これより，$x = 5$
第1式に代入して，$y = 5 - 6 = -1$

11 $x = 2,\ y = 7$

12 $x = 9,\ y = 2$
【解き方】$x = 4y + 1 \cdots ①,\ 2x - 5y = 8 \cdots ②$
①を②に代入する。
$2(4y+1) - 5y = 8$　　$8y + 2 - 5y = 8$　　$3y = 6$
$y = 2 \cdots ③$
③を①に代入する。$x = 8 + 1 = 9$

13 $x = 4,\ y = -1$
【解き方】上の式を①，下の式を②とする。
②を①に代入して，
$x + 3(2x - 9) = 1$　　$7x = 28$　　$x = 4$

14 $x = 2,\ y = -5$
【解き方】$4x + 3y = -7 \cdots ①,\ 3x + 4y = -14 \cdots ②$
とすると，
$① \times 3 - ② \times 4$ より，$y = -5$
①に代入して，$x = 2$

15 $x = \dfrac{5}{2},\ y = -\dfrac{1}{2}$

16 $x = \dfrac{1}{2},\ y = \dfrac{3}{4}$
【解き方】第1式より，$x = 1 - \dfrac{2}{3}y \cdots ①$
第2式に代入して，$\dfrac{1}{2}\left(1 - \dfrac{2}{3}y\right) = 1 - y$
$\dfrac{1}{2} - \dfrac{y}{3} = 1 - y$　　$\dfrac{2}{3}y = \dfrac{1}{2}$　　$y = \dfrac{3}{4}$
①より，$x = 1 - \dfrac{1}{2} = \dfrac{1}{2}$

17 $x = 7,\ y = 2$
【解き方】$x + y = 9 \cdots ①,\ 0.5x - \dfrac{1}{4}y = 3 \cdots ②$
$① + ② \times 4$ より，$3x = 21$　　$x = 7$
①に代入して，$y = 2$

18 $x = \dfrac{2}{7},\ y = \dfrac{9}{2}$

19 $x = \dfrac{1}{3},\ y = -\dfrac{3}{2}$

20 $x = 8,\ y = -4$

21 $x = 2,\ y = -2$
【解き方】(第1式) $\times 10$ より，$3x + y = 4 \cdots ①$
(第2式) $\times 9$ より，$4x + y = 6 \cdots ②$
$② - ①$ より，$x = 2$　　①より，$y = 4 - 3x = 4 - 6 = -2$

22 $x = \dfrac{2}{3},\ y = \dfrac{4}{3}$
【解き方】$x - 16y + 10 = 5x - 14$ より，
$-4x - 16y = -24$
よって，$x + 4y = 6 \cdots ①$
$x - 16y + 10 = -8y$ より，$x - 8y = -10 \cdots ②$
$① - ②$ より，$12y = 16$　　よって，$y = \dfrac{4}{3}$
①に代入して，$x + \dfrac{16}{3} = 6$　　よって，$x = \dfrac{2}{3}$

23 $x = -2,\ y = 3$
【解き方】$2x + y = -1 \cdots ①,\ 5x + 3y = -1 \cdots ②$
①，②を連立させて解くと，$x = -2,\ y = 3$

24 $a = -5,\ b = -3$
【解き方】$x = 1,\ y = -1$ を代入してできた，a, b
についての連立方程式 $\begin{cases} -a - 3 = 2 \\ 2b - a = -1 \end{cases}$ を解く。

25 $a = 5,\ b = 3$
【解き方】$\begin{cases} -x - 5y = 7 \\ 3x + 2y = 5 \end{cases}$ を解いて，$\begin{cases} x = 3 \\ y = -2 \end{cases}$
これを，$ax + by = 9,\ 2bx + ay = 8$ に代入して，
$\begin{cases} 3a - 2b = 9 \\ 6b - 2a = 8 \end{cases}$
これを解いて，$a = 5,\ b = 3$

§10　因数分解

1 $(x+6)(x-1)$
【解き方】$x^2+5x-6=(x+6)(x-1)$

2 $(x+3)(x-4)$

3 $(x+4)(x+6)$

4 $(x-1)(x-4)$

5 $(x-5)(x+7)$

6 $(x-3)^2$

7 $(x-5)(x-6)$

8 $(x+4)(x-6)$

9 $(x-2)(x+9)$

10 $(x-2)(x-6)$

11 $(x+2)(x-7)$

12 $(x+4)(x-5)$

13 $(x-6)(x+1)$

14 $(x+4y)(x-4y)$

15 $(3x-2)^2$

16 $a(x+3)(x-3)$
【解き方】$ax^2-9a=a(x^2-9)=a(x+3)(x-3)$

17 $(x+2y)(x-2y)$
【解き方】$x^2-(2y)^2=(x+2y)(x-2y)$

18 $(2x+3y)(2x-3y)$
【解き方】
(与式)$=(2x)^2-(3y)^2=(2x+3y)(2x-3y)$

19 $3(x+3)(x-5)$
【解き方】(与式)$=3(x^2-2x-15)$
$=3(x+3)(x-5)$

20 $y(x+2)(x-2)$
【解き方】(与式)$=y(x^2-2^2)$

21 $(x+2)(x-4)$

22 $2b(2a+3)(2a-3)$
【解き方】
(与式)$=2b(4a^2-9)=2b(2a+3)(2a-3)$

23 $(x+1)(x-1)$

24 $(x-3)(x+7)$
【解き方】$x+3=A$ とおくと，
(与式)$=A^2-2A-24=(A-6)(A+4)$
$=(x+3-6)(x+3+4)=(x-3)(x+7)$

25 $2(a+b+2)(a+b-2)$
【解き方】(与式)$=2\{(a+b)^2-4\}$
$=2\{(a+b)+2\}\{(a+b)-2\}$
$=2(a+b+2)(a+b-2)$

§11　二次方程式

1　$x = -6,\ 1$
【解き方】$(x+6)(x-1) = 0$ より，$x = -6,\ 1$

2　$x = 3,\ 5$
【解き方】$(x-3)(x-5) = 0$ より，$x = 3,\ 5$

3　$x = -5,\ 7$
【解き方】$(x+5)(x-7) = 0$ より，$x = -5,\ 7$

4　$x = 2,\ 9$
【解き方】$(x-2)(x-9) = 0$ より，$x = 2,\ 9$

5　$x = 7$
【解き方】$(x-7)^2 = 0$　　よって，$x = 7$

6　$x = -3,\ 7$
【解き方】$(x+3)(x-7) = 0$ より，$x = -3,\ 7$

7　$x = 0,\ \dfrac{5}{9}$
【解き方】与式より，$9x^2 - 5x = 0$
$x(9x - 5) = 0$
よって，$x = 0,\ \dfrac{5}{9}$

8　$x = -2,\ -1$
【解き方】左辺を因数分解して，$(x+2)(x+1) = 0$
$x = -2,\ -1$

9　$x = -7,\ 2$
【解き方】$(x+7)(x-2) = 0$　　$x = -7,\ 2$

10　(例) $x^2 + 2x + 1 - 15 = 0$　　$(x+1)^2 = 15$
$x + 1 = \pm\sqrt{15}$
$x = -1 \pm \sqrt{15}$

11　$x = 0,\ x = 6$
【解き方】$x - 3 = \pm 3$　　$x = 3 \pm 3$
$x = 0,\ x = 6$

12　$x = -1 \pm 6\sqrt{2}$
【解き方】$x + 1 = \pm 6\sqrt{2}$　　$x = -1 \pm 6\sqrt{2}$

13　$x = \pm 2\sqrt{3}$
【解き方】$3x^2 = 36$　　$x^2 = 12$　　$x = \pm\sqrt{12}$
$x = \pm 2\sqrt{3}$

14　$x = 2 - \sqrt{5},\ x = 2 + \sqrt{5}$
【解き方】$(x-2)^2 - 5 = 0$　　$(x-2)^2 = 5$
$x - 2 = \pm\sqrt{5}$
$x = 2 \pm \sqrt{5}$

15　$x = \dfrac{7 \pm \sqrt{5}}{2}$

16　$x = -2 \pm \sqrt{3}$
【解き方】解の公式より，
$x = \dfrac{-4 \pm \sqrt{4^2 - 4 \times 1 \times 1}}{2 \times 1} = \dfrac{-4 \pm \sqrt{12}}{2}$
$= -2 \pm \sqrt{3}$

17　$x = \dfrac{-5 \pm \sqrt{13}}{2}$

18　$x = \dfrac{-3 \pm \sqrt{29}}{2}$
【解き方】
$x = \dfrac{-3 \pm \sqrt{3^2 - 4 \times 1 \times (-5)}}{2 \times 1} = \dfrac{-3 \pm \sqrt{29}}{2}$

19　$x = \dfrac{5 \pm \sqrt{37}}{6}$

20　$\dfrac{3 \pm \sqrt{57}}{4}$
【解き方】
$x = \dfrac{-(-3) \pm \sqrt{(-3)^2 - 4 \times 2 \times (-6)}}{2 \times 2} = \dfrac{3 \pm \sqrt{57}}{4}$

21　$x = \dfrac{5 \pm \sqrt{17}}{4}$

22　$x = -8,\ x = 3$
【解き方】$x^2 + 7x = 2x + 24$　　$x^2 + 5x - 24 = 0$
$(x+8)(x-3) = 0$　　$x = -8,\ 3$

23　$x = \dfrac{-3 \pm \sqrt{5}}{2}$

24　$x = \dfrac{-9 \pm \sqrt{53}}{2}$

25　$x = -8 \pm \sqrt{2}$
【解き方】$x + 8 = \pm\sqrt{2}$　　$x = -8 \pm \sqrt{2}$

26　$x = -2,\ x = 9$
【解き方】$(x+2)(x-9) = 0$　　$x = -2,\ 9$

27　$x = \dfrac{1 \pm \sqrt{5}}{2}$
【解き方】$x^2 - x - 1 = 0$
$x = \dfrac{-(-1) \pm \sqrt{(-1)^2 - 4 \times 1 \times (-1)}}{2 \times 1} = \dfrac{1 \pm \sqrt{5}}{2}$

28　$x = 3,\ 7$
【解き方】$x^2 - 10x + 21 = 0$
$(x-3)(x-7) = 0$　　$x = 3,\ 7$

29　$x = -3,\ x = 4$

30 $x = 3,\ 5$
【解き方】与式より，$x(x-3) - 5(x-3) = 0$
$(x-3)(x-5) = 0$　　よって，$x = 3,\ 5$

31 $x = 7,\ x = -3$
【解き方】$x - 2 = \pm 5$　　$x = 2 \pm 5 = 7,\ -3$

32 $x = -1,\ 12$

33 $x = \pm 2$
【解き方】整理して，$x^2 = 4$

34 $x = \dfrac{5 \pm \sqrt{33}}{4}$

35 $x = 1,\ \dfrac{1}{5}$

36 $1,\ 3$
【解き方】与式より，$4x^2 - 12x + 9 = 4x - 3$
整理して，$x^2 - 4x + 3 = 0$　　$(x-1)(x-3) = 0$
よって，$x = 1,\ 3$

37 $x = -\dfrac{1}{2},\ 3$

38 $x = -2,\ \dfrac{7}{5}$
【解き方】与式より，$x^2 - x - 6 = 6x^2 + 2x - 20$
$5x^2 + 3x - 14 = 0$　　$(5x - 7)(x + 2) = 0$
$x = \dfrac{7}{5},\ -2$

39 $x = \dfrac{3 \pm \sqrt{41}}{8}$
【解き方】整理して，$4x^2 - 3x - 2 = 0$

40 $x = 3,\ -6$

41 (例) $x^2 + 2x - 7x - 14 = -9x - 13$
$x^2 + 4x - 1 = 0$
$x = \dfrac{-4 \pm \sqrt{4^2 - 4 \times 1 \times (-1)}}{2 \times 1}$
$= \dfrac{-4 \pm \sqrt{20}}{2} = \dfrac{-4 \pm 2\sqrt{5}}{2} = -2 \pm \sqrt{5}$

42 $x = -4,\ x = 8$
【解き方】$(x-2)(x-3) = 38 - x$
$x^2 - 5x + 6 - 38 + x = 0$
$x^2 - 4x - 32 = 0$　　$(x+4)(x-8) = 0$
$x = -4,\ x = 8$

43 $x = -1,\ 6$
【解き方】$x^2 - 2x - 8 = 3x - 2$
$x^2 - 5x - 6 = 0$
左辺を因数分解すると，$(x+1)(x-6) = 0$
$x = -1,\ 6$

44 $x = -2,\ x = 10$
【解き方】$(x+6)(x-5) = 9x - 10$
$x^2 + x - 30 - 9x + 10 = 0$
$x^2 - 8x - 20 = 0$　　$(x+2)(x-10) = 0$
$x = -2,\ x = 10$

45 $x = \dfrac{1 \pm \sqrt{37}}{2}$
【解き方】$x^2 - 9 = x$　　$x^2 - x - 9 = 0$
解の公式より，
$x = \dfrac{1 \pm \sqrt{(-1)^2 - 4 \times 1 \times (-9)}}{2 \times 1} = \dfrac{1 \pm \sqrt{37}}{2}$

46 $x = 2,\ \dfrac{4}{3}$
【解き方】$3(2x-3)^2 - 2(2x-3) - 1 = 0$
$3x^2 - 10x + 8 = 0$

47 $x = \dfrac{5 \pm \sqrt{21}}{2}$
【解き方】整理して，$x^2 - 5x + 1 = 0$

48 (1) $x = \dfrac{1 \pm \sqrt{33}}{2}$　(2)(ア) 7　(イ) -8
【解き方】(1) $a = -1$ のとき，$x^2 - x - 8 = 0$
$x = \dfrac{-(-1) \pm \sqrt{(-1)^2 - 4 \times 1 \times (-8)}}{2 \times 1} = \dfrac{1 \pm \sqrt{33}}{2}$
(2)(ア) $x = 1$ より，$1 + a - 8 = 0$　　$a = 7$
(イ) $a = 7$ より，$x^2 + 7x - 8 = 0$　　$(x-1)(x+8) = 0$
$x = -8$

49 $a = 7,\ x = 5$
【解き方】2次方程式に $x = 3$ を代入すると，
$3^2 - 8 \times 3 + 2a + 1 = 0$　　$2a = 14$　　$a = 7$
よって，$x^2 - 8x + 2 \times 7 + 1 = 0$
$x^2 - 8x + 15 = 0$　　$(x-3)(x-5) = 0$
$x = 3,\ 5$

50 -4
【解き方】$x = 1 + \sqrt{5}$ を $x^2 - 2x + a = 0$ に代入すると，
$(1 + \sqrt{5})^2 - 2(1 + \sqrt{5}) + a = 0$　　整理して，$a = -4$

51 $p = 108$
【解き方】2つの解を $\alpha,\ 3\alpha$ とおくと，
$(x - \alpha)(x - 3\alpha) = 0$　　$x^2 - 4\alpha x + 3\alpha^2 = 0$
よって，$-4\alpha = 24$　　$3\alpha^2 = p$
ゆえに，$\alpha = -6,\ p = 108$

52 $(x =)\ \dfrac{3 \pm \sqrt{33}}{2}$
【解き方】$a = -1$ を代入して，$x^2 - 3x - 6 = 0$
これを解く。

53 (a の値) 2，(もう一つの解) $x = -5$
【解き方】二次方程式に，$x = 3$ を代入して，
$9a + 12 - 7a - 16 = 0$　　これを解くと，$a = 2$
このとき，$2x^2 + 4x - 14 - 16 = 0$ より，
$2x^2 + 4x - 30 = 0$ で，$2(x+5)(x-3) = 0$
よって，もう1つの解は，$x = -5$

§12　文章題

① 条件から方程式をつくる

1 ア. $x(x+5)$　イ. -8　ウ. 3

2 (ア) $15\,\text{cm}^2$　(イ) $2\,\text{cm}$

(ウ) (例) $\dfrac{1}{2} \times x \times 3x = x(x+2) + 6$

整理して，$x^2 - 4x - 12 = 0$

よって，$(x+2)(x-6) = 0$　　$x = -2,\ 6$

$x > 0$ より，$x = 6$　　(答え) 三角形の底辺の長さは $6\,\text{cm}$

3 (1) ア. $14 - x$　イ. $18 - x$

(2) ウ. $14x$　エ. $18x$

(3) X. $x^2 - 32x + 60$

Y. (例) $x^2 - 32x + 60 = 0$　　$(x-2)(x-30) = 0$

$x = 2,\ 30$

$0 < x < 14$ であるから，$x = 30$ は問題に適していない。

$x = 2$ は問題に適している。

よって，道幅は $2\,\text{m}$ にすればよい。

4 (1) (1次方程式の例) 商品 A の箱の数を x 箱とする。

$8x + 12 \times 10 = 12(40 - x - 10) + 15 \times 10 - 50$

(連立方程式の例)

商品 A の箱の数を x 箱，商品 B の箱の数を y 箱とする。

$$\begin{cases} x + y + 10 = 40 \\ 8x + 12 \times 10 = 12y + 15 \times 10 - 50 \end{cases}$$

(2) 256 個

【解き方】(2) 立てた方程式を解くと，$x = 17$ より，

$8 \times 17 + 12 \times 10 = 256$ (個)

5 〔求める過程の例〕

4 人のグループが a 組，5 人のグループが b 組できたと考える。

生徒は全部で 200 人なので，

$4a + 5b = 200 \cdots ①$

また，ごみ袋は 1 人 1 枚ずつ配るので，生徒 200 人で 200 枚のゴミ袋が配られる。残り

$314 - 200 = 114$ (枚)

が各グループごとに配られることから，

$2a + 3b = 114 \cdots ②$

①，②を連立方程式として解いて，

$a = 15,\ b = 28$

これらは問題に適している。

答 $\begin{cases} 4\text{ 人のグループの数}\quad 15\text{ 組} \\ 5\text{ 人のグループの数}\quad 28\text{ 組} \end{cases}$

6 5 (個)

【解き方】箱の個数を x とする。チョコレートの総数は，1 箱 30 個ずつ入れると 22 個余る$\cdots 30x + 22 \cdots ①$

1 箱 35 個ずつ入れると最後の箱は 32 個

$\cdots 35(x-1) + 32 \cdots ②$

①，②より，$30x + 22 = 35(x-1) + 32$　　$x = 5$　　5 箱

7 $90\,\text{mL}$

8 ① $x + y$　② $\dfrac{90}{100}x \times 500 + \dfrac{105}{100}y \times 300$　③ 60

④ 80　⑤ 54　⑥ 84

【解き方】第 2 式を $10x + 7y = 1160$ と変形して解くと，

$x = 60,\ y = 80$ だから，今日は，

大人：$60 \times 0.9 = 54$ (人)，子ども：$80 \times 1.05 = 84$ (人)

9 (ア) ① $x + y$　② (例) $\dfrac{20}{100}x + \dfrac{40}{100}y = 14$

(イ) A 中学校 20 人，B 中学校 25 人

10 (連立方程式) (例) $\begin{cases} 26x + 8y = 380 \\ 1.5x + 4y = 75 \end{cases}$

(答) ドーナツ 10 個，クッキー 15 個

【解き方】$26x + 8y = 380 \cdots ①$，$1.5x + 4y = 75 \cdots ②$

$① - ② \times 2$ より，$23x = 230$　　$x = 10$

これを②に代入すると，$15 + 4y = 75$　　$y = 15$

11 (解く過程) (例) 50 円硬貨を x 枚，500 円硬貨を y 枚貯金したとすると，

$$\begin{cases} x + y = 100 & \cdots ① \\ 4x + 7y + 350 = 804 & \cdots ② \end{cases}$$

②から，$4x + 7y = 454 \cdots ③$

$① \times 4$　$4x + 4y = 400 \cdots ④$

$③ - ④$　$3y = 54$　　$y = 18 \cdots ⑤$

①と⑤から，$x = 82$

よって，求める金額は，

$50 \times 82 + 500 \times 18 = 13100$ (円)

(答) 13100 円

12 (1) (1次方程式の例) A 地区の面積を $x\,\text{km}^2$ とする。

$\dfrac{70}{100}x + \dfrac{90}{100}(630 - x) = 519$

(連立方程式の例) A 地区の面積を $x\,\text{km}^2$，B 地区の面積を $y\,\text{km}^2$ とする。

$$\begin{cases} x + y = 630 \\ \dfrac{70}{100}x + \dfrac{90}{100}y = 519 \end{cases}$$

(2) $168\,\text{km}^2$

【解き方】(2) (1次方程式の例) (1)の式を整理すると，

$7x + 9(630 - x) = 5190$　　よって，$x = 240$

A 地区の森林面積は，$240 \times 0.7 = 168\,(\text{km}^2)$

(連立方程式の例) (1)の式を整理すると，

$x + y = 630 \cdots ①$，$7x + 9y = 5190 \cdots ②$

$(① \times 9 - ②) \div 2$ より，$x = 240$

13 (求める過程) (例) そうたさんが勝った回数を x 回とすると，じゃんけんは全部で 30 回行い，あいこの数が 8 回であるので，負けた回数は $(22 - x)$ 回と表せる。

すると，そうたさんがもらったすべてのメダルの重さは，

$5 \times 2 \times x + 4 \times (22 - x) + (5 + 4) \times 8 = 232$

これを解いていくと，

$10x + 88 - 4x + 72 = 232$　　$x = 12$

これは問題に適している。

したがって，そうたさんが勝ったのは 12 回，
ゆうなさんが勝ったのは，$30 - 8 - 12 = 10$（回）となる。

(答)$\begin{cases} \text{そうたさんが勝った回数　12 回} \\ \text{ゆうなさんが勝った回数　10 回} \end{cases}$

14 (途中の計算)（例）$\begin{cases} 2x + 5y = 3800 & \cdots ① \\ 0.8(5x + 10y) = 6800 & \cdots ② \end{cases}$

②より，$x + 2y = 1700 \cdots ③$
① $-$ ③ $\times 2$ より，$y = 400$
③に代入して，$x + 800 = 1700$　　$x = 900$
この解は，問題に適している。
(答え) 大人 900 円，子ども 400 円

15 ³
【解き方】A 班の生徒の人数を x 人とすると，
$3x = 4(x - 5) + 3$

16 [方程式と計算] とり肉 1 パックの内容量を x g，ぶた肉 1 パックの内容量を y g とすると
$\begin{cases} x + 2y = 720 & \cdots ① \\ \dfrac{x}{100} \times 120 + \dfrac{2y}{100} \times 150 = 1020 & \cdots ② \end{cases}$
②を整理すると，$2x + 5y = 1700 \cdots ③$
③ $-$ ① $\times 2$ より，$y = 260$
これを①に代入すると，$x + 2 \times 260 = 720$　　$x = 200$
[答]$\begin{cases} \text{とり肉 1 パックの内容量　　200 g} \\ \text{ぶた肉 1 パックの内容量　　260 g} \end{cases}$

17 (1) $3a + 80b < 500$
(2) 式 $\begin{cases} 20x + 10y = 198 \\ 5x + 30y = 66 \end{cases}$
アプリ P：9.6 MB，アプリ Q：0.6 MB

18 (1) ア．$x + y$　イ．$190x + 245y$
ウ．$\dfrac{x}{3} + \dfrac{y}{6}$　エ．$\dfrac{190}{3}x + \dfrac{245}{6}y$
(2) 玉ねぎ 159 個，じゃがいも 228 個
【解き方】(2)【みきさんの考え方】で解く。
立てた式を整理すると，
$x + y = 91 \cdots ①$，$38x + 49y = 3876 \cdots ②$
① $\times 49 - ②$ より，$11x = 583$　　$x = 53$
これを①に代入すると，$53 + y = 91$　　$y = 38$
売れた個数は，$3 \times 53 = 159$　　$6 \times 38 = 228$
【ゆうさんの考え方】で解く。
立てた式を整理すると，
$2x + y = 546 \cdots ③$，$76x + 49y = 23256 \cdots ④$
③ $\times 49 - ④$ より，$22x = 3498$　　$x = 159$
これを③に代入すると，$318 + y = 546$　　$y = 228$

19 午後 1 時 16 分 30 秒
【解き方】走り始めた時刻を午後 1 時 x 分とすると，
$50x + 90(24 - x) = 1500$　　$x = 16.5$

20 ①(A)ア　(B)ケ　(C)イ　(D)ウ
② 歩いた道のり 750 m，走った道のり 450 m
【解き方】
② $\begin{cases} x + y = 1200 & \cdots ① \\ \dfrac{x}{50} + \dfrac{y}{90} = 20 & \cdots ② \end{cases}$（まどかさんの考え方の場合）
② $\times 450 - ① \times 5$ より，$4x = 3000$　　$x = 750$，$y = 450$

したがって，歩いた道のり 750 m，走った道のり 450 m

21 [方程式と計算]（解答例）学校から公園までの道のりを x m，公園から動物園までの道のりを y m とすると
$\begin{cases} x + y = 80 \times 50 & \cdots ① \\ \dfrac{x}{60} + \dfrac{y}{70} + 10 = 70 & \cdots ② \end{cases}$
②を整理すると，$7x + 6y = 25200 \cdots ③$
③ $-$ ① $\times 6$ より，$x = 1200$
これを①に代入すると，$1200 + y = 4000$　　$y = 2800$
[答]$\begin{cases} \text{学校から公園までの道のり　　1200 m} \\ \text{公園から動物園までの道のり　　2800 m} \end{cases}$

22 (ア)ア　(イ)④ $60x + 100y$　⑤ $x + y$
(ウ) 歩いた道のり 840 m
【解き方】(ウ) 連立方程式 $\begin{cases} x + y = 1640 & \cdots ① \\ \dfrac{x}{60} + \dfrac{y}{100} = 22 & \cdots ② \end{cases}$ を解いて，
① $\times 5 - ② \times 300$ より，$2y = 1600$
したがって，$y = 800$
これを①に代入して，$x = 840$

23 (ア) $x + y + 1$　(イ) $170x + 90y + 350$
(ウ) $110x + 90y + 350$　(エ) 7 枚
【解き方】(ア) 準新作 x 枚，旧作 y 枚，新作 1 枚の合計枚数が 20 枚だから，$x + y + 1(= 20)$
(イ) 準新作 1 枚あたりの料金が 170 円だから，
$170x + 90y + 350(= 2200)$
(ウ) 準新作 1 枚あたりの料金が 110 円だから，
$110x + 90y + 350(= 2200)$
(エ)(ア)より，$x + y = 19 \cdots ①'$
(イ)より，$x \leqq 4$ のとき，$170x + 90y = 1850$
$17x + 9y = 185 \cdots ②'$
(ウ)より，$x \geqq 5$ のとき，$110x + 90y = 1850$
$11x + 9y = 185 \cdots ③'$
$x \leqq 4$ のとき，$②' - ①' \times 9$ より，$8x = 14$ となり，x が整数でないので条件に適さない。
$x \geqq 5$ のとき，$③' - ①' \times 9$ より，$2x = 14$　　$x = 7$
x は 5 以上の整数なので，条件に適する。よって，7 枚。

24 (1) $(0.75x + 0.66y)$ 人
(2) (式と計算)（例）条件より，
$0.75x + 0.66y = 0.7(x + y) \cdots ①$，$0.66y - 0.75x = 3 \cdots ②$
①より，$5x - 4y = 0 \cdots ①'$
②より，$-25x + 22y = 100 \cdots ②'$
$①' \times 5 + ②'$ より，$2y = 100$　　$y = 50$
このとき①'より，$x = 40$
これらは問題にあっている。
したがって，3 年生全員の人数は，$40 + 50 = 90$（人）
(答え) 90 人

25 (1) $50x + 120y$　(2)① 8　② 6
【解き方】(1) 1 人分のじゃがいもの重さについて，
カレーは $100 \div 2 = 50$（g）
肉じゃがは $600 \div 5 = 120$（g）
(2) じゃがいもについて，
$50x + 120y = 1120$，$5x + 12y = 112 \cdots ①$
玉ねぎについて，

$\dfrac{130}{2}x + \dfrac{250}{5}y = 820,\quad 13x + 10y = 164\cdots$②

②$\times 6 -$①$\times 5$ より，$53x = 424$　　$x = 8$

①より，$y = 6$

26 (1)(a) 学級の出し物の時間 20 分　入れ替えの時間 5 分

(b) 8 分　(2)(a) $10a + 7b = 232$　(b) 11 グループ

【解き方】(1)(a)学級の出し物の時間と入れ替えの時間をそれぞれ x 分，y 分とすると，それらすべてを合わせた時間は

$5x + (5-1)y$（分）と表せる。

これが午前 10 時から正午（午前 12 時）までの 2 時間，すなわち 120 分間だから，$5x + 4y = 120\cdots$①

また，学級の出し物の時間は入れ替えの時間の 4 倍だから，

$x = 4y\cdots$②

①，②より，$5 \times 4y + 4y = 120$　　よって，$y = 5\cdots$③

③より，$x = 4 \times 5 = 20$

(b) グループ発表の時間を z 分とする。

(昼休み) + (吹奏楽部の発表) + $10z$ = (3 時間)

すなわち，$60 + 40 + 10z = 180$　　$z = 8$

(2)(a) 条件から，$7a + (7-1) \times 8 + 60 + 3a + 7b = 340$

整理して，$10a + 7b = 232$

(b) $a = 15$ を(a)の式に代入して，

$10 \times 15 + 7b = 232$　　$7b = 82$　　$b = 11\dfrac{5}{7}$

したがって，11 グループ

27 問 1．$10a + 8b + 40$

問 2．28 分

問 3．(1)（例）$\begin{cases} y = 1.6x \\ 6x + 4y + 8 \times 4 + 40 = 320 \end{cases}$　(2) 20 分

【解き方】問 1．試合時間 a 分で 10 試合を行い，チームの入れかわりは b 分で 8 回，昼食憩 40 分が 1 回だから，すべてにかかる時間は，$10a + 8b + 40$（分）である。

問 2．午前 9 時から午後 3 時までの 6 時間で，$b = 5$ のとき，問 1 の結果を用いると，$10a + 8 \times 5 + 40 = 6 \times 60$

$10a = 360 - 80$　　$a = 28$　　よって，28 分である。

問 3．(1) y は x の 1.6 倍である。また，試合時間 x 分で 6 試合を行い，昼食憩を 40 分とり，試合時間 y 分で 4 試合を行うと全部で，$60 \times 5 + 20 = 320$（分）かかることから，

$\begin{cases} y = 1.6x \\ 6x + 4y + 8 \times 4 + 40 = 320 \end{cases}$

(2)(1)の連立方程式から y を消去して，

$6x + 4 \times 1.6x + 32 + 40 = 320$　　$6x + 6.4x = 248$

$x = \dfrac{248}{12.4} = 20$

② 数の操作・連続する数など

1 問 1．6

問 2．$2x^2 + 2$　問 3．$x = -7,\ -1$

問 4．B → C → D

【解き方】問 1．$(3 + 2 - 2) \times 2 = 6$

問 2．x を 2 乗すると x^2，x^2 の 2 倍は $2x^2$，$2x^2$ に 2 を足すと $2x^2 + 2$ になる。

問 3．A，C，D の順に取り出したときの計算結果は，

$4(x+2)^2$　D，C，A の順に取り出したときの計算結果は，

$2x^2 + 2$ になる。これらは等しいので，2 次方程式

$4(x+2)^2 = 2x^2 + 2$ を解くと，$x = -7,\ -1$

問 4．計算の結果を大きくするには，絶対値の大きい数を 2 乗する方法がよい。-4 から 2 を引くと -6，-6 を 2 倍すると -12，-12 を 2 乗すると 144 となる。この順に取り出したときが最も大きくなる。よって，B → C → D の順になる。

2 (1) 93

(2) $(2n+4)(2n+6) - 2n(2n+2)$

$= 4n^2 + 20n + 24 - 4n^2 - 4n$

$= 16n + 24 = 8(2n+3)$

となり，n は自然数なので，$2n+3$ も自然数となり，$8(2n+3)$ は 8 の倍数といえる。

【解き方】(1) もとの数の十の位の数を a，一の位の数を b とすると，十の位の数と一の位の数を入れかえた数をひくと 54 になるとき，

$(10a + b) - (10b + a) = 54$　　$9a - 9b = 54$

$a - b = 6$

となり，これを満たす組み合わせは，

$(a, b) = (9, 3),\ (8, 2),\ (7, 1)$ の 3 組。このうち，もとの自然数が最大となるのは，93

3 問 1．(ア) 210　(イ) 6　(ウ) 3　(エ) 24

問 2．(1)(オ) $a + 4b$　(カ) $3a$　(2) 13，26，39

問 3．（例）$c = 13m - 10X$ と変形できる。【操作】を 1 回行った後の数は，$X + 4c$ と表される。

$X + 4c = X + 4(13m - 10X)$

$= 52m - 39X$

$= 13(4m - 3X)$

$4m - 3X$ は整数だから，$X + 4c$ は 13 の倍数である。

よって，13 の倍数に【操作】を 1 回行った後の数は 13 の倍数となる。

【解き方】問 1．(ア) $202 + 2 \times 4 = 210$

(イ) 2 回目は，$21 + 0 \times 4 = 21$　　3 回目は，$2 + 1 \times 4 = 6$

(ウ) 3 回目以降は，6 回に 1 回の割合で 6 が出現するので，20 回までには 3 回出現する。

(エ) 1000 回続けた場合は，3 回目から 1000 回目までの 998 回を調べる。

$998 \div 6 = 166$ 余り 2 と分かるので，4 回操作を行った結果と同じなので，$6 \times 4 = 24$

問 2．(1)(オ) $10a + b$ に【操作】を行うと，$a + b \times 4$ となるので，$a + 4b$

(カ) $10a + b = a + 4b$ と表せるので，b について解くと，$b = 3a$ となる。

(2)(キ) 2 けたの数で，$b = 3a$ を満たすのは，13，26，39 の 3 つである。

4 (1) $1999 \to 28 \to 10 \to 1$　(2) 19, 28, 29
(3) ア．$a+b+c$　イ．27　ウ．19　(4) 199　(5) 45
【解き方】(1) $1+9+9+9=28$，$2+8=10$，$1+0=1$
(2) 1回目の作業で終わらないのは，19, 28, 29。どれも2回目の作業で終わるので，答えは19, 28, 29
(3) ア…3けたの自然数は $100a+10b+c$ と表せる。各位の数の合計なので，$a+b+c$
イ…最大値は $9+9+9=27$
ウ…(2)より1以上27以下であと2回作業できるのは19のみなので，答えは19
(4) $a+b+c$ が19になる100以上199以下の自然数は199のみなので，答えは199
(5) $a+b+c$ が19になる3けたの自然数は，
ⅰ）9を含むもの
$(1, 9, 9)$，$(2, 8, 9)$，$(3, 7, 9)$，$(4, 6, 9)$，$(5, 5, 9)$
この中で，$(1, 9, 9)$，$(5, 5, 9)$ は199，919，991のようにそれぞれ3個ずつで，$3 \times 2 = 6$（個）
$(2, 8, 9)$，$(3, 7, 9)$，$(4, 6, 9)$ は289，298，829，892，928，982のようにそれぞれ6個ずつで，$6 \times 3 = 18$（個）
以上より $6+18=24$（個）
ⅱ）9を含まず，8を含むもの
$(3, 8, 8)$，$(4, 7, 8)$，$(5, 6, 8)$
$(3, 8, 8)$ は3個，$(4, 7, 8)$，$(5, 6, 8)$ はそれぞれ6個ずつで $6 \times 2 = 12$（個）　$3+12=15$（個）
ⅲ）9，8を含まず7を含むもの
$(5, 7, 7)$，$(6, 6, 7)$
どちらもそれぞれ3個ずつで，$3 \times 2 = 6$（個）
ⅰ），ⅱ），ⅲ）より $24+15+6=45$（個）

③　いろいろな文章題

1 1．(1) ウ
(2) 記号：イ
説明：椅子を12脚並べたときの通路の横幅を考える。
$0.5x+1.5(x-1)+2y=29$
に $x=12$ を代入すると，
$6+16.5+2y=29$
$y=3.25$
となり，$3.25<3.5$ であることから，通路の横幅を 3.5 m とることができない。
【解き方】1．(1) 椅子の数が x 脚なので，$(x-1)$ は椅子と椅子の間の数を表している。

2 問1．(ア) 勝ち　(イ) 負け　(ウ) 負け
問2．4　問3．(1)［選ぶ数字］6　［理由］（例）残りのカードが5，7となり，令子さんが和男さんがどちらを選んでも，令子さんが最後のカードをとることができるから。
(2) 2　(3) 1
【解き方】問1．$n=3$ のとき，1手目に令子さんが「1」を選べば，2手目に和男さんが「2」，「3」のどちらを選んでもカードが1枚残り，令子さんの「勝ち」となる。
1手目に令子さんが「2」を選ぶと，令子さんは1，2のカードをとり，残りを和男さんがとって，令子さんの「負け」となる。
1手目に令子さんが「3」を選ぶと，同様にして，令子さんの「負け」となる。
問2．$n=5$ のとき，1手目に令子さんが「4」を選ぶと，残りのカードは2枚となり，和男さんがどちらを選んでも，令子さんの「勝ち」となる。よって，4
問3．(2) $n=7$ で，1手目に令子さんが「3」を選んだとき，和男さんが「2」を選ぶと，残りのカードは4，5，6，7となり，あとは1枚ずつカードをとることになるので，和男さんが必ず勝つ。よって，2
(3) 1手目に令子さんが「1」を選ぶとき，
(ⅰ) 和男さんが「6」を選ぶと，残りは4，5，7となり，令子さんが勝つ。
(ⅱ) 和男さんが「4」を選ぶと，残りは3，5，6，7となり，令子さんが「6」を選べば，令子さんが勝つ。
(ⅲ) 和男さんが「2」を選ぶと，令子さんが「3」を選べば，令子さんが勝つ。
(ⅳ) 和男さんが「3」を選ぶと，令子さんが「2」を選べば，令子さんが勝つ。
(ⅴ) 和男さんが「5」または「7」を選ぶと，令子さんが「6」を選べば，令子さんが勝つ。
以上より，1

3 (1) 25　(2) ⅰ．24　ⅱ．$x+16$　ⅲ．$x-8$
(3) ① $n=3$　② ウ．18（枚）
【解き方】(1) $20+2 \times 8-(20-8)+1=25$（枚）

(2) i ． $25 - 1 = 24$（枚）

ii ． x 枚に 8×2（枚）が加わるから，$x + 16$（枚）

iii ． x 枚から 8 枚を取り出したので，$x - 8$（枚）

(3) ① 作業 1 で箱 A，B，C に x 枚ずつコインを入れて，作業 2 で箱 B，C から y 枚ずつ取り出すとすると，作業 3 の終了時に箱 A に入っているコインは，

$x + 2y - (x - y) = 3y$（枚）

となるので，3 の倍数であると言える。よって，$n = 3$

② ①より，（3の倍数）$+ 1$ となる数を選ぶと，ウの 55 となる。

また，$3y = 55 - 1$ より $y = 18$　よって，18 枚。

4 (1) ウ

(2) X ． $4a + 4\pi r + 4\pi$ または $4(a + \pi r + \pi)$

Y ． $2a + 2\pi r + 2\pi$ または $2(a + \pi r + \pi)$

Z ． （例）$S = 2l$

---

§13　数の性質を見つける

1 ① 100　② 10　③ $a + 1$　④ b　⑤ $c - 1$

2 （例）十の位の数が a，一の位の数が b の 2 桁の自然数は $10a + b$，十の位の数と一の位の数を入れかえた自然数は $10b + a$ と表すことができる。

もとの自然数を 4 倍した数と，入れかえた自然数を 5 倍した数の和は

$4(10a + b) + 5(10b + a) = 45a + 54b = 9(5a + 6b)$

$5a + 6b$ は整数だから，$9(5a + 6b)$ は 9 の倍数である。

したがって，もとの自然数を 4 倍した数と，入れかえた自然数を 5 倍した数の和は 9 の倍数になる。　　（説明終わり）

3 （n を整数とし，2 つの続いた偶数のうち，小さいほうの偶数を $2n$ とすると，）大きいほうの偶数は $2n + 2$ と表される。

$2n(2n + 2) + 1 = 4n^2 + 4n + 1 = (2n + 1)^2$

n は整数より，$2n + 1$ は $2n$ と $2n + 2$ の間の奇数である。

よって，2 つの続いた偶数の積に 1 を加えると，その 2 つの偶数の間の奇数の 2 乗となる。

4 問 1 ． 4 の倍数

問 2 ．（証明）n を整数とすると，連続する 2 つの偶数は $2n$，$2n + 2$ と表せる。大きい偶数の 2 乗から小さい偶数の 2 乗をひいた数は，

$(2n + 2)^2 - (2n)^2 = 8n + 4 = 4(2n + 1)$

$2n + 1$ は整数だから，$4(2n + 1)$ は 4 の倍数である。

したがって，連続する 2 つの偶数では，大きい偶数の 2 乗から小さい偶数の 2 乗をひいた数は 4 の倍数になる。

【解き方】問 1 ． 実際に，「2，4」，「4，6」，「6，8」のときを計算してみると 12，20，28 となるので，4 の倍数になると予想できる。

5 （説明）（例）

X の十の位の数を a，一の位の数を b とすると，

$X = 10a + b$，$Y = 10b + a$ と表されるので，

$X + Y = (10a + b) + (10b + a)$

$= 11a + 11b$

$= 11(a + b)$

a，b は整数なので，$a + b$ も整数。

したがって，$X + Y$ は 11 の倍数になる。

6 （例）n，$n + 1$，$n + 6$ と表される。

このとき，それらの数の和は，

$n + (n + 1) + (n + 6) = 3n + 7 = 3(n + 2) + 1$

$n + 2$ は整数だから，$3(n + 2) + 1$ は，3 の倍数に 1 を加えた数である。

7 ① 71

② （記号）ア

（理由）（例）n 段目の左側の数は n^2 であり，n 段目には n 個の積み木が並んでいるので，

$a = n^2 + (n - 1) = n^2 + n - 1$

また，$(n-1)$ 段目の左側の数は $(n-1)^2$ であり，
$(n-1)$ 段目には $(n-1)$ 個の積み木が並んでいるので，
$b = (n-1)^2 + (n-2)$
$= n^2 - 2n + 1 + n - 2$
$= n^2 - n - 1$
したがって，$a - b = (n^2 + n - 1) - (n^2 - n - 1) = 2n$
より，n は自然数であるから，$2n$ はいつでも偶数である。
【解き方】① 8 段目の左端の数は，$8^2 = 64$
したがって，8 段目の右端の数は，$64 + 7 = 71$

8 〔問1〕えお…33
〔問2〕〔証明〕(例) X，Y をそれぞれ a，b，c を用いた式で表すと，
$X = 100a + 10b + c$
$Y = c - b + a$ となる。よって，
$X - Y = (100a + 10b + c) - (c - b + a)$
$= 99a + 11b$
$= 11(9a + b)$
$9a + b$ は整数なので，$11(9a + b)$ は 11 の倍数である。
したがって，X－Y の値は，11 の倍数になる。
【解き方】〔問1〕P ＝ 78 のとき，Q ＝ 8 － 7 ＝ 1，
P － Q ＝ 78 － 1 ＝ 77
P ＝ 41 のとき，Q ＝ 1 － 4 ＝ －3，
P － Q ＝ 41 － (－3) ＝ 44
77 － 44 ＝ 33

9 (1) 7 段目の左端：37，7 段目の右端：49 (2) $n = 32$
【解き方】(1) 各段の右端の板に書かれている数は平方数となっている。
つまり，n 番目の右端の板には n^2 が書かれている。
したがって，6 段目の右端の板には 36 が書かれているので，7 段目の左端の板には 37 が書かれている。
また，7 段目の右端の板には 49 が書かれている。
(2) n 段目の左端の板に書かれている数は，$(n-1)^2 + 1$
n 段目の右端の板に書かれている数は，n^2
その和が 1986 なので，
$(n-1)^2 + 1 + n^2 = 1986$
$n^2 - n - 992 = 0$
$(n + 31)(n - 32) = 0$
n は自然数なので，$n = 32$

10 (1) 49 枚，カードに書かれた数 9
(2) 14 段目 (3) 2，3，7，8
【解き方】(1) 7 段目は，左から，7，8，9，10，1，2，3，4，5，6，7，8，9 となるので，カードの枚数は，
$10 \times 4 + 9 = 49$
(2) 各段の右端までのカードの枚数は，
1^2 枚，2^2 枚，3^2 枚，4^2 枚，5^2 枚，6^2 枚，…となる。
7 段目以降で一の位が初めて 6 になるのは $14^2 = 196$（枚）だから，3 回目に 6 の数が書かれたカードが並ぶのは 14 段目である。
(3) (2) より，n 段目の右端に並ぶ数は，n^2 の一の位の数である。11 段目以降の右端の数は，1 段目から 10 段目の右端の数をくり返すので，1 段目から 10 段目までの右端の数を考えればよい。
7 段目の右端の数は，$7^2 = 49$ より 9
8 段目の右端の数は，$8^2 = 64$ より 4
9 段目の右端の数は，$9^2 = 81$ より 1

10 段目の右端の数は，$10^2 = 100$ より 0 (10)
以上のことから，段の右端に並ばない数は，2，3，7，8

11 1．ア．495 2．イ．$100c + 10b + a$ ウ．99
3．(1) 15 通り (2) 495，594，693
【解き方】1．このとき並べてできる 3 けたの数のうち最も大きいものは 762，最も小さいものは 267 であるから
$762 - 267 = 495$
2．ウ．$Q = (100a + 10b + c) - (100c + 10b + a)$
$= 99a - 99c$
$= 99(a - c)$ よって，ウは 99
3．(1) $Q = 396$ となるとき，$99(a - c) = 396$
よって，$a - c = 4$
したがって，$a - c = 4$ となる場合を考えればよい。
また，$a > b > c$ であることにも注意して，3 つの数の選び方は以下の 15 通りである。
$(a, b, c) = (9, 8, 5),\ (9, 7, 5),\ (9, 6, 5),\ (8, 7, 4),$
$(8, 6, 4),\ (8, 5, 4),\ (7, 6, 3),\ (7, 5, 3),$
$(7, 4, 3),\ (6, 5, 2),\ (6, 4, 2),\ (6, 3, 2),$
$(5, 4, 1),\ (5, 3, 1),\ (5, 2, 1)$
(2) 条件を満たすような 3 つの数の選び方は以下の 7 通り。
$(a, b, c) = (9, 8, 3),\ (8, 7, 3),\ (8, 6, 3),\ (8, 5, 3),$
$(8, 4, 3),\ (8, 3, 2),\ (8, 3, 1)$
このうち，Q は b の値によらないことと，a と c の差によって決まることに注意すると
$(a, c) = (9, 3),\ (8, 3),\ (8, 1)$ の場合の Q を求めればよいことがわかる。したがって，495，594，693

12 問1．たとえば，ア．1 イ．2 ウ．2 エ．4 オ．9
問2．ア．$m(n+1)$ イ．$(m+1)n$ ウ．$(m+1)(n+1)$
エ．m オ．$m+1$ カ．n キ．$n+1$
問3．$x = 4$，$y = 5$
【解き方】
問3．$\{x + (x+1)\}\{y + (y+1) + (y+2)\} = 162$
$(2x+1)(3y+3) = 162$ $(2x+1)(y+1) = 54$
$2x + 1 = 9$，$y + 1 = 6$ のみが適するので，$x = 4$，$y = 5$

13 ① －7
② $-n$
〔理由の例〕
b，c，d を a と n を用いて表すと，
$b = a + 1$，$c = a + n$，$d = a + n + 1$
と表せる。したがって，
$ad - bc$
$= a(a + n + 1) - (a + 1)(a + n)$
$= a^2 + an + a - (a^2 + an + a + n)$
$= -n$
となるので，$ad - bc$ はつねに $-n$ になる。
【解き方】① $b = a + 1$，$c = a + 7$，$d = a + 8$ と表せるので，$ad - bc = a(a + 8) - (a + 1)(a + 7) = -7$

§14　図形と規則性

1
(1) 25 枚　(2) 312 枚　(3) $n = 18$

【解き方】(1) $5^2 = 25$（枚）

(2) $12 \times 13 \times 2 = 312$（枚）

(3) n 番目の図形において，

タイル A は n^2 枚，タイル B は

$n(n+1) \times 2 = 2n(n+1)$（枚）

その差が 360 枚なので，

$2n(n+1) - n^2 = 360$

$n^2 + 2n - 360 = 0$

$(n-18)(n+20) = 0$

$n > 0$ より，$n = 18$

2
(1) 緑色　(2) $(2n+5)$ cm

【解き方】(1) 13 を 3 でわると 4 あまり 1 だから，緑。

(2) $2 \times n + (7-2) = 2n+5$

3
① 30 個　② $(n^2 - n)$ 個

【解き方】① 辺上に 6 個あり，6 辺あるから，

$6 \times 6 = 36$（個）

6 個の頂点にある碁石を重複して数えているから，

$36 - 6 = 30$（個）

② 辺上に n 個あり，n 辺あるから，

$n \times n = n^2$（個）

n 個の頂点にある碁石を重複して数えているから，

$n^2 - n$（個）

4
問 1．25（個）　問 2．n^2（個）　問 3．正三十角形

【解き方】

問 1．$5 \times 5 = 25$（個）

問 2．n 個のまとまりが n 個あるので

$n \times n = n^2$（個）

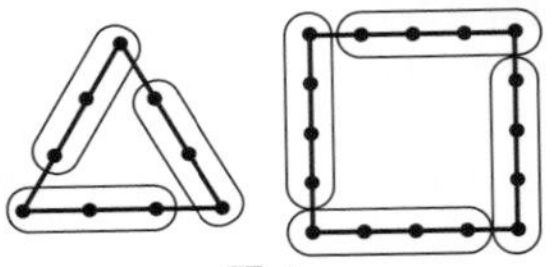

問 3．正 m 角形の辺上に碁石を並べるとして考えると，$(m-1)$ 個のまとまりが m 個あり，必要な碁石の個数が 870 個なので，方程式をつくる。

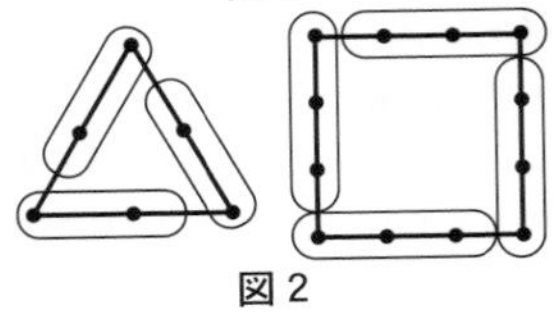

$m(m-1) = 870$

これを解くと，$m = 30$，-29

$m > 0$ より $m = 30$ となるので，正三十角形。

別解

問 1．$(5-1) \times 5 + 5 = 25$（個）

問 2．$(n-1) \times n + n = n^2$（個）

問 3．正 m 角形の辺上に碁石を並べるとして考えると，$(m-2)$ 個のまとまりが m 個あり，必要な碁石の個数が 870 個なので，方程式をつくる。

$m(m-2) + m = 870$

図 1

図 2

これを解くと，$m = 30$，-29

$m > 0$ より $m = 30$ となるので，正三十角形。

5
問 1．ア．9　イ．13　ウ．4　エ．$n-1$

問 2．（n を用いた式）

$8n + 3$

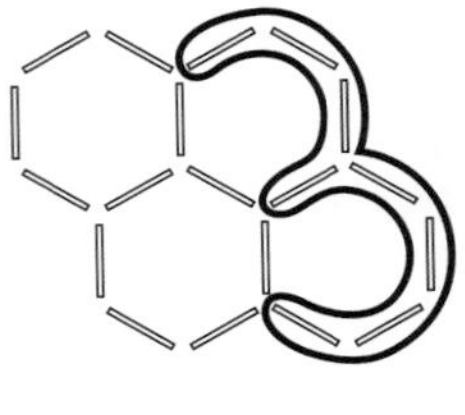

（考え方）（例）図 4 にはストローが 11 本必要である。図 4 を n 個つくるとき，右の図のように 8 本ずつ囲むと，囲みの個数は $(n-1)$ 個である。したがって，ストローの本数は $11 + 8(n-1)$

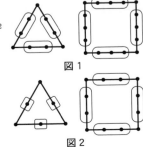

【解き方】問 2．$11 + 8 \times (n-1) = 8n+3$

6
(1) 28 個　(2) $(8n-4)$ 個

(3)① （求め方）（例）n 番目の正方形を作ったときに 300 個の石を使い切ったとすると，

$8n - 4 = 300$

$8n = 304$

$n = 38$

$n = 38$ は問題に適している。

（答）38 番目

② 石の色：黒，残った個数：8 個

【解き方】(3)② $38 - 1 = 37$

37 は奇数であるから，37 番目の正方形は黒石である。

残った黒石の個数は，

$300 - 4 \times (2 \times 37 - 1) = 300 - 292 = 8$（個）

7
(ア) 54 枚　(イ) 216 枚　(ウ) 18 cm

【解き方】(ア) 1 辺が 3 cm の正三角形をつくるのに必要なタイルが 9 枚で，それを 6 つ合わせたものだから，

$9 \times 6 = 54$（枚）

(イ) 1 辺が 6 cm の正三角形をつくるのに必要なタイルは，

$6^2 = 36$（枚）

(ア) と同様に考えて，$36 \times 6 = 216$（枚）

(ウ) 1 辺の長さが n cm の正六角形をつくるのに必要なタイルは，$n^2 \times 6 = 6n^2$（枚）

$6n^2 = 2023$ を考えて，$2023 \div 6 = 337$ あまり 1

$18^2 = 324 < 337$，$19^2 = 361 > 337$ より，求める長さは 18 cm

8
(1) 黄（色）　(2) 25（個）

【解き方】(1) 5 色を使っているので，5 番目，10 番目，15 番目，…のように 5 で割り切れる順番は赤色になる。

よって，25 番目が赤色，26 番目が青色，27 番目が黄色になる。

(2) $5 \times 24 = 120$ より，120 番目までに，黒色は 24 個ある。

123 番目が黒色だから，

$24 + 1 = 25$（個）

9
1．白色，31 cm

2．(1) ア．n　イ．$\dfrac{n}{2}$　ウ．$\dfrac{n}{2}$　エ．$5n$

(2)（求め方や計算過程）（例） 長方形 $2n$ の右端の色紙は赤色であるから，赤色の色紙は青色の色紙よりも 1 枚多い。

白の色紙を n 枚，赤の色紙を $\dfrac{n+1}{2}$ 枚，

青の色紙を $\left(\dfrac{n+1}{2} - 1\right)$ 枚使うから，

$n \times 1 + \dfrac{n+1}{2} \times 3 + \left(\dfrac{n+1}{2} - 1\right) \times 5$

$= 5n - 1 \,(\text{cm})$

（答）$(5n - 1)$ cm

【解き方】 1．$\boxed{長方形\,13}$ は，$\boxed{長方形\,4}$ を 3 つ分並べ，最後に白を並べたものである。よって，$\boxed{長方形\,13}$ の右端の色紙は白色。

横の長さは，$(1 + 3 + 1 + 5) \times 3 + 1 = 31 \,(\text{cm})$

2．(1) $\boxed{長方形\,2n}$ のとき，白の色紙は必ず n 枚使うので，アは n

n が偶数のとき，赤・青ともに $\dfrac{n}{2}$ 枚使うので，

イは $\dfrac{n}{2}$，ウは $\dfrac{n}{2}$ となる。

$\boxed{長方形\,2n}$ の横の長さは，$n + \dfrac{n}{2} \times 3 + \dfrac{n}{2} \times 5$ より，

エは $5n$

10 (1)① (ア) 365　(イ) 425　② $y = 15x + 305$　③ 21
(2) $s = 9$，$t = 30$

【解き方】 (1)① (ア) $320 + 15 \times 3 = 320 + 45 = 365$

(イ) $320 + 15 \times 7 = 320 + 105 = 425$

② $y = 320 + 15 \times (x - 1) = 320 + 15x - 15 = 15x + 305$

③ $620 = 15x + 305$ より，$315 = 15x$　　よって，$x = 21$

(2) $s + t = 39 \cdots ①$

$15s + 305 = 150 + 10(t - 1)$ より，$15s - 10t = -165$

よって，$3s - 2t = -33 \cdots ②$

① $\times 2 + ②$ より，$5s = 45$　　よって，$s = 9$

①に代入して，$9 + t = 39$　　よって，$t = 30$

11 問1．(1) $117 \,\text{cm}^2$　(2) ア　問2．$a = 7$
問3．$b = 14$

【解き方】 問1．(1) 長方形 Q の面積は，

$(5 + 4) \times (5 + 4 \times 2) = 9 \times 13 = 117 \,(\text{cm}^2)$

(2) 長方形 Q の周の長さは，

$2 \times (9 + 13) = 2 \times 22 = 44 \,(\text{cm})$

長方形 P の面積は，$5 \times (5 + 4 \times 5) = 5 \times 25 = 125 \,(\text{cm}^2)$

長方形 P の周の長さは，$2 \times (5 + 25) = 60 \,(\text{cm})$

周の長さは P の方が長く，面積も P の方が大きい。

よって，正しいものはアである。

問2．$(5 + 4 \times 2) \times \{5 + 4(a - 1)\} = 377$

$13(4a + 1) = 377$　　$4a + 1 = 29$　　$a = 7$

問3．$\{5 + 4(b - 1)\}^2 \leqq 3600$　　$(4b + 1)^2 \leqq 60^2$

b は自然数だから，$4b + 1 > 0$ なので，$4b + 1 \leqq 60$

$b \leqq \dfrac{59}{4} = 14.75$

よって，最大の b は，$b = 14$

12 (1) 16 個
(2) $(3n - 2)$ 個　(3) 74 本

【解き方】 (1) 1 番目は 1 個，以後 1 番ふえるごとに 3 個ずつふえる。6 番目は 1 番目から 5 番ふえるから，

$1 + 5 \times 3 = 16 \,(\text{個})$

(2) n 番目は 1 番目から $(n - 1)$ 番ふえるから，

$1 + 3(n - 1) = 3n - 2 \,(\text{個})$

(3) 100 個つくるとき，$3n - 2 = 100$　　$n = 34$

1 番目は 8 本，以後 1 番ふえるごとに 2 本加えるから，

$8 + 2 \times (34 - 1) = 74 \,(\text{本})$

13 (1)① ア．28　イ．21　② $m = 15$
③ ウ．(例) $m(m + 1)$　エ．(例) $\dfrac{m(m + 1)}{2}$

(2) $3n^2$ 個

【解き方】 (1)① 図形が 1 つ増えるごとに 2，3，4，…個ずつ増える。

よって，アは 28　　イも同様に考えて 21

② このとき，A は $(m + 1)$ 個増え，B は m 個増える。

よって，$m = 15$

③ ウ．三角形 A は 1 段増やすごとに $(m + 1)$ 個増えるので，m 段目までの個数は，$m \times (m + 1) = m(m + 1) \,(\text{個})$

エ．$m(m + 1)$ を半分にするので，$\dfrac{m(m + 1)}{2} \,(\text{個})$

(2) n 番目の正六角形にある三角形 A の個数は 3，12，27，…個と増えていく。

3×1^2，3×2^2，3×3^2，…すなわち $3n^2 \,(\text{個})$ になる。

14 問1．(ア) 20　(イ) 61　(ウ) 39　(エ) 3121
問2．(オ) 1 段目と 4 段目　(カ) 2 段目と 5 段目　(キ) 3 段目と 6 段目　問3．(ク) 7　(ケ) 2　問4．(コ) 2341

【解き方】 問1．(ア) $16 + 4 = 20$

(イ) $1 + 4 + 8 + 12 + 16 + 20 = 61$

(エ) （奇数段目の電球の合計）＋（偶数段目の電球の合計）

$= 39^2 + 40^2$

$= 1521 + 1600 = 3121$

問3．右の図のように考える。

よって，点線で囲まれた電球の個数は $\dfrac{7 \times (7 + 1)}{2} \,(\text{個})$

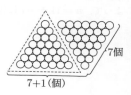

7個

7+1(個)

問4．1，4，7，…，40 段目の合計は

$\dfrac{40 \times (40 + 1)}{2} = 820 \,(\text{個})$

2，5，8，…，38 段目の合計は $\dfrac{38 \times (38 + 1)}{2} = 741 \,(\text{個})$

3，6，9，…，39 段目の合計は $\dfrac{39 \times (39 + 1)}{2} = 780 \,(\text{個})$

よって，求める電球の個数は $820 + 741 + 780 = 2341 \,(\text{個})$

15 1．64 枚
2．黒いタイル 17 枚，白いタイル 32 枚
3．① $4(a^2 - b)$　② 9　③ 11

【解き方】 1．1 辺の長さが 1 cm の正方形のタイルが，$4 \times 4 = 16 \,(\text{枚})$ しきつめられるので，白いタイルでは，$16 \times 4 = 64 \,(\text{枚})$

2．黒いタイルを x 枚とすると，白いタイルは，$(5 \times 5 - x) \times 4 = 100 - 4x \,(\text{枚})$ となる。よって，

$x + 100 - 4x = 49$　　$-3x = -51$　　$x = 17$

白いタイルは，$49 - 17 = 32 \,(\text{枚})$

3．① $(a \times a - b) \times 4 = 4(a^2 - b)$

② $\{b + 4(a^2 - b)\} - \{(a^2 - b) + 4b\} = 225$

$(4a^2 - 3b) - (a^2 + 3b) = 225$

$3a^2 - 6b = 225$　　$-6b = -3a^2 + 225$

$b = \dfrac{a^2 - 75}{2}$

a は 2 以上の整数，b は 1 以上の整数より，

$a^2 - 75 \geqq 2$　　$a^2 \geqq 77$ となる。

$a = 9$ のとき，$b = \dfrac{9^2 - 75}{2} = \dfrac{6}{2} = 3$ より，問題に適している。

③ $a = 10$ のとき，$b = \dfrac{10^2 - 75}{2} = \dfrac{25}{2} = 12.5$ より，適さない。

$a = 11$ のとき，$b = \dfrac{11^2 - 75}{2} = \dfrac{46}{2} = 23$ より，適して

いる。

16　(1) 21　(2) $6n$　(3)ウ．11　エ．66

【解き方】(1)　$\boxed{\text{ア}}$ $= 1 + 2 + 3 + 4 + 5 + 6 = 21$
(枚)

(2)次の図形になると，周の長さは常に 6 cm 増えるから，
n 番目の周の長さは $6 \times n = 6n$ (cm)

(3)(1)より，n 番目のタイルの枚数を A とすると，
$A = 1 + 2 + \cdots\cdots\cdots + (n-1) + n \cdots①$ となる。
①と，①の右辺を逆に並べた辺々を加えると，

$$\begin{array}{rl}
 & A = 1 + 2 + \qquad\cdots\cdots\cdots\cdots + (n-1) + n \\
+) & A = n + (n-1) + \cdots\cdots\cdots + 2 \qquad + 1 \\
\hline
 & 2A = (n+1) + (n+1) + \cdots\cdots + (n+1) + (n+1)
\end{array}$$

$$2A = (n+1) \times n$$
$$A = \frac{n(n+1)}{2}$$

したがって，タイルの枚数と周の長さの数値が等しいとすると，

$$\frac{n(n+1)}{2} = 6n \qquad n(n-11) = 0 \qquad n = 0,\ 11$$

$n > 0$ より，$n = 11$

よって，$n = 11$ を $6n$ に代入して，$6 \times 11 = 66$

第2章　関数

§1　関数を式で表す

1 $y = 3x + 7$
【解き方】 はじめに水面の高さが $7\,\mathrm{cm}$ あり，そこから毎分 $3\,\mathrm{cm}$ ずつ水面が上がっていくので，変化の割合は 3 である。したがって，$y = 3x + 7$

2 ウ，エ

3 (1)① ○　② ×　(2)イ，エ

§2　比例・反比例

1 イ
【解き方】 ア：$y = \dfrac{1}{5}x$　イ：$y = \dfrac{50}{x}$　ウ：$y = 3x$
エ：$y = \dfrac{80}{100}x$
となるので，y が x に反比例するのはイ。他は比例する。

2 $y = -5x$
【解き方】 比例定数 $a = \dfrac{10}{-2} = -5$
よって，$y = -5x$

3 $y = -3$
【解き方】 $y = ax$ とすると，$18 = -3a$ より，
$y = -6x$
よって，$y = -6 \times \dfrac{1}{2} = -3$

4 $x = -\dfrac{10}{3}$
【解き方】 (比例定数) $= \dfrac{-2}{10} = -\dfrac{1}{5}$　よって，
$y = -\dfrac{1}{5}x$
これに $y = \dfrac{2}{3}$ を代入して，
$\dfrac{2}{3} = -\dfrac{1}{5}x, \quad x = \dfrac{2}{3} \times (-5) = -\dfrac{10}{3}$

5 -20
【解き方】 $4 \times (-5) = -20$

6 $y = \dfrac{6}{x}$
【解き方】 比例定数 $a = 3 \times 2 = 6$ より，$y = \dfrac{6}{x}$

7 $y = -\dfrac{16}{x}$
【解き方】 求める式を $y = \dfrac{a}{x}$ とすると，$8 = \dfrac{a}{-2}$
$a = -16$
よって，$y = -\dfrac{16}{x}$

8 $y = \dfrac{6}{5}$
【解き方】 式を $y = \dfrac{a}{x}$ として，$x = 2$，$y = 3$ を代入すると，$3 = \dfrac{a}{2}$　　$a = 6$　　$y = \dfrac{6}{x}$ に $x = 5$ を代入すると，$y = \dfrac{6}{5}$

9 $x = -4$
【解き方】 y が x に反比例するとき，$y = \dfrac{a}{x}$ より，

$xy = a$ となる。

$-6 \times 2 = -12 = a$ なので，$xy = -12$ に $y = 3$ を代入して，$x = -4$

10 $y = \dfrac{5}{x}$

【解き方】$a = 4 \times \dfrac{5}{4} = 5$　　したがって，$y = \dfrac{5}{x}$

11 $y = 16$

【解き方】$y = \dfrac{a}{x}$ に $x = 4$，$y = 8$ を代入して，

$8 = \dfrac{a}{4}$　　$a = 32$

$y = \dfrac{32}{x}$ に $x = 2$ を代入して，$y = \dfrac{32}{2} = 16$

12 $y = -6$

13 $2 \leqq y \leqq 4$

【解き方】$x = 3$ のとき，$y = \dfrac{12}{3} = 4$

$x = 6$ のとき，$y = \dfrac{12}{6} = 2$　　よって，$2 \leqq y \leqq 4$

14 $y = -\dfrac{12}{x}$

【解き方】$a = xy = 2 \times (-6) = -12$ より，

$y = -\dfrac{12}{x}$

15 -6

【解き方】$xy = a$ より，$a = -3 \times 2 = -6$

16 エ

【解き方】ア～エのうち，$y = \dfrac{a}{x}$ のグラフはイとエ。

$y = \dfrac{a}{x}$ において，x の値が 1 のとき y の値は a だから，このグラフは点 $(1, a)$ を通る。点 $(1, a)$ と A $(1, 1)$ はともに直線 $x = 1$ 上の点で，$a > 1$ のとき，点 $(1, a)$ は A $(1, 1)$ の上側にあるから，エ

17 (過程) (例) x の値が 1 から 3 まで増加するとき，x の増加量は，$3 - 1 = 2$

y の増加量は，$\dfrac{6}{3} - \dfrac{6}{1} = 2 - 6 = -4$

したがって，変化の割合は　$\dfrac{-4}{2} = -2$　　　　(答) -2

18 -2

【解き方】$x = 1$ のとき，$y = 10$ で，$x = 5$ のとき，$y = 2$

よって，変化の割合は，$\dfrac{2 - 10}{5 - 1} = \dfrac{-8}{4} = -2$

19 10 個

【解き方】$(x, y) = (1, 16)$, $(2, 8)$, $(4, 4)$, $(8, 2)$, $(16, 1)$, $(-1, -16)$, $(-2, -8)$, $(-4, -4)$, $(-8, -2)$, $(-16, -1)$ の 10 個

20 6 個

21 (1) 4　(2) 15

【解き方】(2) D $(-d, 0)$ とおくと，DA = AB より，B $(d, 10)$

DE = 9 より，C $(9 - d, 2)$

よって，$10 = \dfrac{a}{d}$, $2 = \dfrac{a}{9 - d}$

$a = 10d$, $a = 18 - 2d$ を連立方程式とみなして a を求めればよい。

§3　一次関数

1 ウ，エ

2 ウ
【解き方】$y = 2x - 3$ は傾きが 2 と正の数なので右上がりの直線，かつ，y 切片が -3 と負の数なので，y 軸の負の部分と交わる。

3 $y = 2x + 3$
【解き方】求める直線の式を $y = ax + b$ とおき，2 点の座標の x，y の値を代入すると，$-a + b = 1 \cdots$①
$2a + b = 7 \cdots$②　①，②を解くと，$a = 2$，$b = 3$
したがって，求める式は，$y = 2x + 3$

4 $y = \dfrac{1}{2}x + 2$

5 ウ
【解き方】ア．$x = -3$ のとき，$y = 14 \neq 5$ だから正しくない。
イ．y は x に比例しないから正しくない。
ウ．$x = 1$ のとき，$y = 2$，$x = 2$ のとき，$y = -1$ だから $-1 \leqq y \leqq 2$ となり正しい。
エ．x の値が 1 から 3 まで 2 変わるとき，y の増加量は -6 だから正しくない。

6 $-3 \leqq y \leqq 3$
【解き方】$x = -1$ のとき $y = -2 \times (-1) + 1 = 3$，
$x = 2$ のとき $y = -2 \times 2 + 1 = -3$
1 次関数のグラフは直線だから，求める変域は $-3 \leqq y \leqq 3$

7 $-5 \leqq y \leqq 3$
【解き方】$x = -1$ のとき，$y = -2 \times (-1) + 1 = 3$
$x = 3$ のとき，$y = -2 \times 3 + 1 = -5$
よって，$-5 \leqq y \leqq 3$

8 -10
【解き方】y の増加量は，
$(-2 \times 4 + 7) - \{(-2) \times (-1) + 7\} = -2(4 + 1) = -10$

9 $a = 2$，$b = -5$
【解き方】$a = \dfrac{4}{2} = 2$
$x = 1$ のとき $y = -3$，$-3 = 2 \times 1 + b$，$b = -5$

10 $a = 2$
【解き方】$3x + 2y + 16 = 0 \cdots$①
$2x - y + 6 = 0 \cdots$②
①，②を連立方程式として解くと，$x = -4$，$y = -2$
x，y の値を，$ax + y + 10 = 0$ に代入すると，
$-4a - 2 + 10 = 0$　　$a = 2$

11 A $(4, 0)$

12 $(0, -7)$
【解き方】$3 = \dfrac{5}{2} \times 4 + a$ より，$a = -7$
よって，y 軸との交点の座標は $(0, -7)$

13 (1) 8　(2) (強火) 4 円　(弱火) 4 円，同じ
【解き方】(1) $\dfrac{95 - 15}{10 - 0} = \dfrac{80}{10} = 8$（どの 2 組でもよい。）
(2) 熱し始めてからの時間を x 分，水の温度を y℃とすると，
$y = ax + b$
「強火」$a = \dfrac{39 - 15}{2 - 0} = 12$
$x = 0$ のとき $y = 15$ より，$b = 15$
よって，$y = 12x + 15$
$y = 95$ のときの x の値は，$95 = 12x + 15$　　$x = \dfrac{20}{3}$
電気料金は，$0.6 \times \dfrac{20}{3} = 4$ （円）
「弱火」$a = \dfrac{23 - 15}{2 - 0} = 4$　　$b = 15$ より，$y = 4x + 15$
$y = 95$ のときの x の値は，$95 = 4x + 15$　　$x = 20$
電気料金は，$0.2 \times 20 = 4$ （円）

14 (1) (ア) 85　(イ) 210
(2) $y = 25x - 15$　(3) 23
【解き方】(1) (ア) $10 + 25 \times 3 = 85$　(イ) $10 + 25 \times 8 = 210$
(2) $y = 10 + 25(x - 1) = 10 + 25x - 25 = 25x - 15$
(3) (2) の式に $y = 560$ を代入して，$560 = 25x - 15$
よって，$575 = 25x$ より，$x = 23$

15 800
【解き方】$40 \times 10 + 280 = 680$ より，A さんは出発して 10 分間で 680 m 進むが，$160 \times (10 - 8) = 320$ なので，B さんが追いついたのは $10 \leqq x \leqq 19$ のときである。
B さんについて，$8 \leqq x$ のとき y を x の式で表すと，
$y = 160x - 160 \times 8 = 160x - 1280$
これと $y = 40x + 280$ を連立して y を求めればよい。

16 (1) 分速 90 m　(2) ア．$160a + 60b$　イ．6　ウ．29
(3) 1800 m
【解き方】(1) B さんは 2700 m を 30 分で走っているので，
$2700 \div 30 = 90$ (m/分)
(2) 分速 160 m で a 分間，分速 60 m で b 分間進んだときの距離は $160a + 60b$ である。
$160a + 60b = 2700$ の両辺を 20 で割ると，$8a + 3b = 135$
$\begin{cases} a + b = 35 \\ 8a + 3b = 135 \end{cases}$　を解いて，$(a, b) = (6, 29)$
(3) P 地点までには追いつかないので，追いつくのは A さんが自転車を押して歩いているときである。出発してから x 分後に追いついたとすると，
$160 \times 6 + 60(x - 6) = 90x$
これを解くと $x = 20$
20 分後に追いつくので，$90 \times 20 = 1800$ (m) の地点である。

17 (1) 600
(2) (ア) $-600x + 4800$　(イ) $600x - 9600$　(3) (ア) 7
(イ) 1000

【解き方】(1) 4800 m を 8 分で走行するので $\dfrac{4800}{8} = 600$

つまり，分速 600 m

(2)(ア) 図2より傾き -600，切片 4800 なので

$y = -600x + 4800$

(イ) 図2より傾き 600，(16, 0) を通るので $y = 600x + b$ とおくと，$0 = 600 \times 16 + b$　$b = -9600$

よって，$y = 600x - 9600$

(3) 4800 m を 56 分で歩くので，$\dfrac{4800}{56} = \dfrac{600}{7}$

式は $y = \dfrac{600}{7}x$

(ア) 初めてすれ違うのは $0 \leqq x \leqq 8$ のときなので

$y = \dfrac{600}{7}x$ と $y = -600x + 4800$ を連立させて解く。

$\dfrac{600}{7}x = -600x + 4800$　　$6x = -42x + 336$　　$x = 7$

以上より，7 分後

(イ) 追い越されたのは，図2より $16 \leqq x \leqq 24$ のときなので，

$y = \dfrac{600}{7}x$ と $y = 600x - 9600$ を連立させて解くと

$\dfrac{600}{7}x = 600x - 9600$　　$6x = 42x - 672$　　$x = \dfrac{56}{3}$

ここで $\dfrac{56}{3}$ 分後の花子さんの位置は

$y = \dfrac{600}{7} \times \dfrac{56}{3} = 1600$ (m)

また，初めてすれ違ったのは 7 分後で，そのときの花子さんの位置は $y = \dfrac{600}{7} \times 7 = 600$ (m)

つまり求める道のりは $1600 - 600 = 1000$ (m)

18 ① $a = 40$　② 10 時 45 分　③ 10 時 28 分

【解き方】① $800 \div 20 = 40$ (m/分)

② 問題のグラフに B さんの関係を表すと次の通り。グラフを読むと 10 時 45 分とわかる。

③ 問題のグラフに C さんの関係を表すと次の通り。グラフから C さんが A さんに追いついたのは 800 m 地点である。C さんを表す式は $y = 100x - 2000$ より，

$800 = 100x - 2000$　　$x = 28$

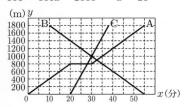

19 1．ウ　2．9 時 15 分

3．（グラフから求める方法）

(例) 列車 P のグラフと列車 Q のグラフの交点がすれ違う瞬間なので，その x 座標と y 座標を読み取る。

（式から求める方法）

(例) ①と②の式を連立方程式として解き，x，y の値を求める。

4．9 時 54 分

【解き方】1．$y = ax + b$ の形に表すことができればよいので，ウ

2．①の式である $y = \dfrac{4}{3}x$ に $y = 20$ を代入すると，

$20 = \dfrac{4}{3}x$　　$x = 15$　　よって，9 時 15 分

4．10 時 3 分の列車 Q の位置を考えるため，②の式である $y = -\dfrac{4}{3}x + 96$ に $x = 63$ を代入すると，

$y = -\dfrac{4}{3} \times 63 + 96 = 12$

したがって，列車 Q は，A 駅から 12 km 離れた位置にいる。このとき，列車 R も同じ位置にいるので，列車 R の速さは列車 P と同じであることから，列車 R について，

$y = \dfrac{4}{3}x + b$ とおけて，これに $x = 63$，$y = 12$ を代入すると，$12 = \dfrac{4}{3} \times 63 + b$　　$b = -72$

よって，列車 R は $y = \dfrac{4}{3}x - 72$ と表すことができ，これに $y = 0$ を代入すると，

$0 = \dfrac{4}{3}x - 72$　　$x = 54$

したがって，列車 R は A 駅を 9 時 54 分に出発していることになる。

20 (i) $a = 108$　(ii) 3

【解き方】(i) $a = 30 \times 40 \times 18 \div 200 = 108$

(ii) $30 \times 20 \times 18 \div 200 = 54$

$108 + 54 = 162$

108 秒後から 162 秒後まで，高さが一定である。

21 (1) 30　(2)① $b = 105$　②エ

(3)（求め方）(例) グラフから，P からは毎分 $\dfrac{25}{2}$ L の水が出ていることがわかる。求める時間を x 分とすると，

$105 = \dfrac{25}{2} \times x$ だから，$x = \dfrac{42}{5} = 8 + \dfrac{24}{60}$

よって，求める時間は 8 分 24 秒後　　（答）8 分 24 秒後

【解き方】(1) $180 \div 6 = 30$

(2)① $y = ax + b \cdots$①　①に x，y の値を代入すると

$180 = a \times 6 + b \cdots$②，$230 = a \times 10 + b \cdots$③

②，③を連立方程式として解くと，$a = \dfrac{25}{2}$，$b = 105$

② (Q から 6 分間に出た水の量)

$=180 -$ (P から 6 分間に出た水の量)

$= 180 - \dfrac{25}{2} \times 6 = 105$ (L)

22 ① 2420 円　② 880 円

【解き方】① $x = 23$ のとき，

$y = 400 + 40 \times 10 + 120 \times 10 + 140 \times (23 - 20)$

$= 2420$ (円)

② 求める基本料金を a 円とすると，

$a + 80 \times 28 = 400 + 40 \times 10 + 120 \times 10 + 140 \times (28 - 20)$

$a + 2240 = 3120$

$a = 880$ (円)

23 (1)⑤ $50 - a$　⑥ $\begin{cases} a + b = 50 \\ 120a + 150b + 40 = 6700 \end{cases}$

(2)ア．$120(x + 18) + 150(y + 18) + 40$

イ．⑦ (0, 12), (5, 8), (10, 4), (15, 0)

⑧ (15, 0)　りんご 33 個，なし 18 個

【解き方】(2) イ．⑦ 右の図の・の点が条件 A を満たす 4 点である。

⑧ $(x + 18) + (y + 18)$

$= x + y + 36 > 50$ より，

$x + y > 14$ である。

この条件を満たす組は，

$(x, y) = (15, 0)$ のみ。
りんごは $15 + 18 = 33$ （個）, なしは $0 + 18 = 18$ （個）

24 (1) 43 L　(2) 350 km
(3) ［燃料を追加するまでに走る距離］
840 km 以上, 960 km 以下
［考え方］（解答例）$50 \div 200 = 0.25$ より, 1 km 走るごとに燃料が 0.25 L 減る。
$240 \div 0.25 = 960$ より, 燃料タンクいっぱいに燃料を入れて走れる距離は 960 km である。
$1800 - 960 = 840$ より, 少なくとも 1800 km 走るためには, 燃料を追加するまでに 840 km 以上走る必要がある。
よって, 840 km 以上, 960 km 以下であればよい。
【解き方】 (1) $50 - 0.1 \times 70 = 43$ (L)
(2) A 車 : $y = 50 - 0.1x$, B 車 : $y = 80 - 0.2x$
走った距離を d km とすると,
$(50 - 0.1d) - (80 - 0.2d) = 5$　$0.1d = 35$

---

§4　関数 $y = ax^2$

1 イ, エ
【解き方】 ア…変化の割合は一定ではないので×
イ… y の変域でどちらも原点をふくむので最大値は 0
最小値は $y = -2 \times 4^2 = -32$
つまり y の変域はどちらも $-32 \leqq y \leqq 0$ で同じなので○
ウ…グラフは x 軸について対称でないので×
エ…グラフは下に開いているので○
よって, イ, エ

2 （求め方）（例）
$y = ax^2$ に $x = -2$, $y = 8$ を代入して,
$8 = a \times (-2)^2$
$a = 2$
よって, $y = 2x^2$ となるから, この式に $x = 3$ を代入して,
$y = 2 \times 3^2 = 18$
（答） $y = 18$

3 $y = 3x^2$
【解き方】 比例定数を a とおくと, $y = ax^2 \cdots$①
①に x, y の値を代入すると, $12 = a \times (-2)^2$　$a = 3$
よって, 求める式は $y = 3x^2$

4 $a = \dfrac{3}{8}$, $b = \dfrac{27}{2}$
【解き方】 $x = 4$ のとき, $y = 6$ より, $6 = a \times 4^2$
$a = \dfrac{3}{8}$
$x = -6$ のとき, $y = \dfrac{3}{8} \times (-6)^2 = \dfrac{27}{2}$

5 $\dfrac{3}{16}$
【解き方】 $y = ax^2$ 上に点 $(-4, 3)$ があるから,
$3 = a \times (-4)^2$　よって, $3 = 16a$ より, $a = \dfrac{3}{16}$

6 -4

7 $a = \dfrac{6}{5}$

8 (1) $a = \dfrac{1}{3}$　(2) $0 \leqq y \leqq \dfrac{16}{3}$
【解き方】 (1) $y = ax^2$ のグラフが点 $(6, 12)$ を通るから,
$12 = 36a$　$a = \dfrac{1}{3}$
(2) $y = \dfrac{1}{3}x^2$ $(-4 \leqq x \leqq 2)$　$x = -4$ のとき $y = \dfrac{16}{3}$,
$x = 0$ のとき $y = 0$ であるから, $0 \leqq y \leqq \dfrac{16}{3}$

9 $a = 3$
【解き方】 $y = ax^2$ のグラフが通る点は $(-2, 12)$, $(-1, 3)$

10 $a = -3,\ -1$

【解き方】$a = -3$ のとき，および $a + 4 = 3$ のときである。

11 ①イ　②ア　③ウ

【解き方】$0 < \dfrac{1}{3} < 2$ より，x 軸より上側でイの方がアより広がっているグラフになるから，アが②，イが①になる。

12 エ

【解き方】$0 < b < a,\ c < d < 0$ だから，
$c < d < b < a$…エ

13 エ

14 エ

15 ① 3　② $a = 0,\ 1,\ 2,\ 3$

【解き方】① $y = \dfrac{1}{3}x^2$ に $x = -3$ を代入して，y 座標は，$y = \dfrac{1}{3} \times (-3)^2 = 3$

② ・$a < 0$ のとき
y の変域は $\dfrac{1}{3}a^2 \leqq y \leqq 3$
$\dfrac{1}{3}a^2 > 0$ より，y の変域は $0 \leqq y \leqq 3$ とならない。よって不可。
・$0 \leqq a \leqq 3$ のとき
$x = 0$ のとき $y = 0$
また，$\dfrac{1}{3}a^2 \leqq 3$ だから，y の変域は $0 \leqq y \leqq 3$
よって，整数 a は，$a = 0,\ 1,\ 2,\ 3$
・$a > 3$ のとき
y の変域は $0 \leqq y \leqq \dfrac{1}{3}a^2$　$\dfrac{1}{3}a^2 > 3$ より，y の変域は $0 \leqq y \leqq 3$ とならない。よって，不可。
したがって，$a = 0,\ 1,\ 2,\ 3$

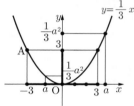

16 $\dfrac{2}{5}$

【解き方】A の y 座標は，$y = a \times 3^2 = 9a$
B の y 座標は，$y = a \times (-2)^2 = 4a$ だから，
$9a = 4a + 2$ より，$5a = 2$　　よって，$a = \dfrac{2}{5}$

17 (1) -2　(2) -4

【解き方】(1) $(x\text{ の増加量}) = 0 - (-4) = 4$，
$(y\text{ の増加量}) = \dfrac{1}{2} \times 0^2 - \dfrac{1}{2} \times (-4)^2 = -8$ より，
$(\text{変化の割合}) = -8 \div 4 = -2$

(2) A $(2,\ 2)$ より，②を表す式は，$y = \dfrac{4}{x}$
条件を満たす B の座標は $(-1,\ -4)$，$(-2,\ -2)$，$(-4,\ -1)$ のいずれか。
$y = ax^2$ に代入すると，順に $a = -4,\ -\dfrac{1}{2},\ -\dfrac{1}{16}$

18 (1) -5　(2) ア，エ　(3) $y = \dfrac{2}{3}x^2$

【解き方】(1) $y = 5x^2$ のグラフと x 軸に関して対称

なグラフとなる関数は，y を $-y$ に変えたものなので，
$-y = 5x^2$　　すなわち，$y = -5x^2$

(2) イ：$x < 0$ においては，x の値が増加すると y の値も増加するので正しくない。
ウ：$x = 0$ のとき，$y = 0$ なので，正しくない。

(3) A $(4,\ -8)$ より，直線 AB の式は $y = -2x$ とわかる。
よって，B $(-3,\ 6)$　　これが，放物線②上にあるので，
放物線②を $y = ax^2$ とすると，$6 = 9a$　　$a = \dfrac{2}{3}$
よって，放物線②を表す式は，$y = \dfrac{2}{3}x^2$

19 1. 4　2. ア，ウ

3. (1) 点 C は $y = \dfrac{1}{4}x^2$ のグラフ上の点で x 座標が -2 であるから $y = \dfrac{1}{4} \times (-2)^2 = 1$
よって，点 C $(-2,\ 1)$ となる。
直線 AC の式を，$y = mx + n$ とおくと，
点 A を通るから，$4 = 4m + n$…①
点 C を通るから，$1 = -2m + n$…②
①，②より，$m = \dfrac{1}{2}$，$n = 2$
よって，直線 AC の式は，$y = \dfrac{1}{2}x + 2$ である。
点 B は直線 AC 上にあって，x 軸上にあるから，
$0 = \dfrac{1}{2}x + 2$　　$x = -4$　　（答）B $(-4,\ 0)$

(2) $\dfrac{2}{9}$

【解き方】1. $y = \dfrac{1}{4}x^2$ に $x = 4$ を代入すると，$y = 4$
2. 点 B の x 座標が小さくなると，直線 AB の x の増加量が増えるため，傾きは小さくなる。点 C の x 座標も小さくなるので，ア，ウが正しい。
3. (2) 大小 2 個のさいころを投げるときに考えられるすべてのパターンは 36 通り。そのうち，辺 OA（直線 OA）上にあるパターンは，$y = x\ (0 \leqq x \leqq 4)$ のときである。
同様にして，
辺 BA（直線 BA）上は，$y = \dfrac{1}{2}x + 2\ (-4 \leqq x \leqq 4)$，
辺 OB（直線 OB）上は，$y = 0\ (-4 \leqq x \leqq 0)$ のときである。
この条件にあてはまるパターンは，
$(a - 2,\ b - 1) = (-1,\ 0),\ (0,\ 0),\ (1,\ 1),\ (0,\ 2),\ (2,\ 2),\ (2,\ 3),\ (3,\ 3),\ (4,\ 4)$ の 8 通りである。
よって求める確率は，$\dfrac{8}{36} = \dfrac{2}{9}$

20 (1) $0 \leqq y \leqq 12$　(2) $y = 2x + 9$　(3) 54

【解き方】(1) $x = 6$ で y は最大値 12，$x = 0$ で y は最小値 0 となるので，$0 \leqq y \leqq 12$
(2) A $(-3,\ 3)$，C $(9,\ 27)$ より，$y = 2x + 9$
(3) 点 B を通り直線 AC に平行な直線を引くと，その式は $y = 2x$ となり，原点を通る。したがって，
$\triangle ABC = \triangle AOC = 9 \times \{9 - (-3)\} \times \dfrac{1}{2} = 54$

21 (1) 4 cm　(2) $\dfrac{7}{4}$

(3) [計算] 縦と横の長さの比が 1 : 4 のとき，
$y = \dfrac{1}{10}x \times \dfrac{4}{10}x = \dfrac{1}{25}x^2$
$x = 50$ のとき，$y = 100$
縦の長さが a cm のとき，横の長さは $\left(\dfrac{x}{2} - a\right)$ cm より，

$y = a\left(\dfrac{x}{2} - a\right) = \dfrac{a}{2}x - a^2$

$x = 50$ のとき，$y = 25a - a^2$

$x = 50$ のとき，y 座標の差が 14 より，

グラフから，$(25a - a^2) - 100 = 14$

よって，$a^2 - 25a + 114 = 0$　　$(a-6)(a-19) = 0$

$a = 6$ または $a = 19$　　$a < \dfrac{25}{2}$ より，$a = 6$

［答］$a = 6$

【解き方】(1) 縦の長さが a cm のとき，横の長さは

$(a+3)$ cm より，$2\{a + (a+3)\} = 22$　　$a = 4$ (cm)

(2) $y = \left(\dfrac{1}{4}x\right)^2 = \dfrac{1}{16}x^2$

$x = 8$ のとき $y = 4$，$x = 20$ のとき $y = 25$

よって，(変化の割合) $= \dfrac{25 - 4}{20 - 8} = \dfrac{7}{4}$

22
問 1．$y = -4x^2$　　問 2．$a = 2$

問 3．（例）A $(2, 4)$，B $(3, 9)$ である。y 軸に関して点 A と対称な点 A′ $(-2, 4)$ をとると，AC + BC が最小になるのは，点 C が直線 A′B 上にあるときである。

直線 A′B の式を $y = bx + c$ とおくと，

$4 = -2b + c$，$9 = 3b + c$ より，$b = 1$，$c = 6$

ゆえに，C $(0, 6)$　　（答）C $(0, 6)$

23
(1) $-8 \leqq y \leqq 0$　　(2) -1

【解き方】(2) AP + BP が最も小さくなるときは，3 点 A，P，B が一直線上にあるときである。つまり，直線 AB と x 軸との交点が求めたい P である。

A $(-2, -2)$，B $(1, 4)$ より，直線 AB は $y = 2x + 2$

(P の y 座標) $= 0$ より，$0 = 2x + 2$　　$x = -1$

24
(1) エ　　(2) $y = 2x + 3$　　(3) 6

【解き方】(1) 上に開いた形だから，アは $y = x^2$

アと x 軸について線対称だから，ウは $y = -x^2$

$y = ax^2$ の a の絶対値が大きいほど，グラフの開き方が小さいから，イは $y = -2x^2$，エは $y = -\dfrac{1}{2}x^2$

(2) 点 A の y 座標は，$y = x^2$ に $x = -1$ を代入して，$y = 1$

点 C の y 座標は，$y = x^2$ に $x = 3$ を代入して，$y = 9$

直線 AC の傾きは，$\dfrac{9 - 1}{3 - (-1)} = 2$

直線 AC の式を $y = 2x + b$ とおき，$x = 3$，$y = 9$ を代入すると，$9 = 2 \times 3 + b$　　$b = 3$

よって，$y = 2x + 3$

(3) 点 B の y 座標は，$y = x^2$ に $x = 2$ を代入して，$y = 4$

直線 AC 上で x 座標が 2 である点を D とする。

点 D の y 座標は，$y = 2x + 3$ に $x = 2$ を代入して，$y = 7$

$\triangle ABC = \triangle BDA + \triangle BDC$

$= \dfrac{1}{2} \times (7 - 4) \times \{2 - (-1)\} + \dfrac{1}{2} \times (7 - 4) \times (3 - 2)$

$= 6$

25
(1) $0 \leqq y \leqq 8$　　(2) $1 \leqq a \leqq 2$　　(3) $(0, 12)$

【解き方】(1) y の最小値は $x = 0$ のとき $y = 0$

$x = -4$ のとき y の値は最大となり，$y = \dfrac{1}{2} \times (-4)^2 = 8$

したがって，$0 \leqq y \leqq 8$

(2) A $(-2, 2)$，B $(4, 8)$，C $(6, 18)$

l が点 B を通るとき，傾き a は最小となる。

このとき，$a = \dfrac{8 - 2}{4 - (-2)} = \dfrac{6}{6} = 1$

また，l が点 C を通るとき，傾き a は最大となる。

このとき，$a = \dfrac{18 - 2}{6 - (-2)} = \dfrac{16}{8} = 2$

したがって，$1 \leqq a \leqq 2$

(3) y 軸に対して点 B の対称な点を B′ とすると，B′ $(-4, 8)$

BP + CP = B′P + CP より，

直線 B′C と y 軸の交点に P があるとき，BP + CP が最小となる。

直線 B′C の式を $y = mx + n$ とおくと，

$m = \dfrac{18 - 8}{6 - (-4)} = 1$　　$y = x + n$ に $x = 6$，$y = 18$ を代入すると，$18 = 6 + n$　　$n = 12$

よって，$y = x + 12$

点 P はこの直線の切片だから，$(0, 12)$

26
ア．2　イ．8

27
(1) $a = \dfrac{1}{250}$　　(2) 30 km/h

【解き方】(1) 表 II から，例えば，$x = 5$，$y = 0.1$ を代入して，

$0.1 = a \times 5^2$　　$a = \dfrac{0.1}{5^2} = \dfrac{1}{250}$　　よって，$y = \dfrac{1}{250}x^2$

(2) 表 I から，速さ x km/h のときの空走距離 y m の関係は，$y = bx$ と表される。

例えば，$x = 10$，$y = 1.6$ を代入して，

$1.6 = b \times 10$　　$b = \dfrac{1.6}{10} = \dfrac{4}{25}$　　よって，$y = \dfrac{4}{25}x$

したがって，速さ x km/h のときの停止距離 y m の関係は，$y = \dfrac{1}{250}x^2 + \dfrac{4}{25}x$

$y = 8.4$ を代入して，$8.4 = \dfrac{1}{250}x^2 + \dfrac{4}{25}x$

$x^2 + 40x - 2100 = 0$　　$x = -20 \pm 50$　　$x = -70$，30

$x > 0$ より，$x = 30$ (km/h)

28
(1) $y = \dfrac{1}{4}x^2$

(2) 毎秒 7 m

(3)（求め方）（例）ボート A の，スタートして 14 秒後からゴールするまでの y を x の式で表すと，

$y = 7x - 49$　　$y = 200$ のとき，$a = \dfrac{249}{7}$　　（答）$a = \dfrac{249}{7}$

(4) ア．B　イ．A　ウ．$\dfrac{4}{7}$

【解き方】(1) 求める放物線の式を $y = kx^2 \cdots$ ① とおき，

① に $x = 14$，$y = 49$ を代入すると，$k \times 14^2 = 49$

$k = \dfrac{1}{4}$　　求める放物線の式は $y = \dfrac{1}{4}x^2$

(2) $(91 - 49) \div (20 - 14) = 7$ (m/秒)

(3) 直線の式を $y = 7x + m \cdots$ ② とおき，② に $x = 14$，$y = 49$ を代入すると，$7 \times 14 + m = 49$　　$m = -49$

直線の式は $y = 7x - 49$ だから，

$7a - 49 = 200$　　$a = \dfrac{249}{7}$

(4) $(160 - 80) \div (30 - 20) = 8$ (m/秒)

スタートして 20 秒後からゴールするまでの B の速さは 8 m/秒 だから，直線の式を $y = 8x + n \cdots$ ③ とおき，③ に $x = 20$，$y = 80$ を代入すると，

$8 \times 20 + n = 80$　　$n = -80$　　直線の式は $y = 8x - 80$

だから，$8b - 80 = 200$　　$b = 35$

$a - b = \dfrac{249}{7} - 35 = \dfrac{4}{7}$

したがって，ボート B は A より $\dfrac{4}{7}$ 秒前にゴールしたことになる。

29 (1) $a = -\dfrac{3}{5}$　(2) $y = -2x - 5$　(3) $y = -\dfrac{2}{11}x - 5$

【解き方】(1) 点 B $(5, -15)$　$y = ax^2$ に代入して，

$a = -\dfrac{3}{5}$

(2) 点 C $(-5, 5)$　$y = px + q$ に点 B，C の座標を代入して，

$5p + q = -15$，$-5p + q = 5$　$p = -2$，$q = -5$

よって，$y = -2x - 5$

(3) AC $=$ FB $= 10$，

AB $= 20$

AG $= x$ として，

GB $= 20 - x$

$\triangle$CAG $\equiv \triangle$BFG より，

CG $=$ BG $= 20 - x$

直角三角形 CAG において，

AC$^2 +$ AG$^2 =$ CG^2

$10^2 + x^2 = (20 - x)^2$

$x = \dfrac{15}{2}$

GA : AC : CG $= \dfrac{15}{2} : 10 : \dfrac{25}{2} = 3 : 4 : 5$

$\triangle$FHB $\infty \triangle$GAC より，

HF $= 10 \times \dfrac{3}{5} = 6$，HB $= 10 \times \dfrac{4}{5} = 8$

よって，点 F $(11, -7)$　同じようにして，点 E $(-11, -3)$

$y = rx + s$ に点 E，F の座標を代入して，

$-3 = -11r + s$，$-7 = 11r + s$　$r = -\dfrac{2}{11}$，$s = -5$

よって，$y = -\dfrac{2}{11}x - 5$

---

§5　グラフを描く

1

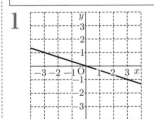

2

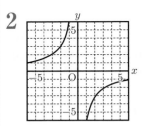

3

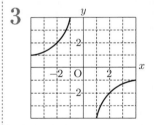

4

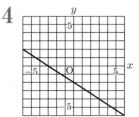

【解き方】$2x + 3y = -6$ を y について解くと，

$y = -\dfrac{2}{3}x - 2$ となり，傾き $-\dfrac{2}{3}$，切片 -2 の直線をかけばよい。

5

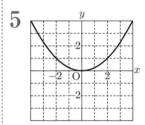

6

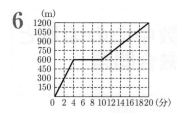

7

(1) 午前 9 時 15 分
(2) 右図
(3) 午前 9 時 31 分 40 秒

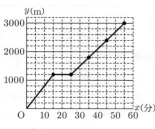

【解き方】(1)
$1200 \div 80 = 15$ （分）
　　よって，9 時 15 分

(3) 太郎さんが学校を出発してから x 分後の学校からの道のりを y m として，花子さんが図書館を出発してから学校に到着するまでの x と y の関係を表すグラフを(2)のグラフにかくと，右図のようになる。

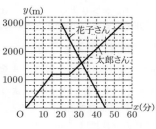

図より，花子さんと太郎さんが出会うのは太郎さんが公園から図書館に向かう間であることがわかる。
このときの x と y の関係を式で表すと，太郎さんの速さは分速 60 m で，グラフは $(25, 1200)$ を通るから，
$y = 60x - 300 \cdots$ ①
花子さんの速さは分速 $\dfrac{3000}{25}$ m でグラフは $(45, 0)$ を通るから，$y = -120x + 5400 \cdots$ ②
①，②から，$x = \dfrac{570}{18} = 31\dfrac{2}{3}$ （分）
$\dfrac{2}{3}$ 分は 40 秒だから，午前 9 時 31 分 40 秒

8

(1) ア…30，イ…20
(2) (ア) $y = 5x$　(イ) $y = -5x + 60$

(3)

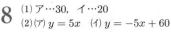
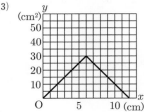

(4) $\dfrac{36}{5}$ cm

【解き方】(1) $x = 6$ のとき
$y = 6 \times 5 = 30 \cdots$ ア
$x = 8$ のとき
$y = (12 - 8) \times 5 = 20$
$\cdots$ イ

(2)(ア) $y = x \times 5$
$y = 5x$

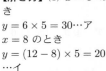
（0 ≦ x ≦6のとき）

（12−2x）cm
A　P　　A'　D
$x$cm　$x$cm
　　　　$y$cm²
B　　　　　C

(イ) 右図より横は
$(12 - x)$ cm
よって，
$y = 5 \times (12 - x)$
$y = -5x + 60$

(4) $0 ≦ x ≦ 6$ のとき，
左下図より
$x = 2 \times (12 - 2x)$
$x = 24 - 4x$
$5x = 24$　　$x = \dfrac{24}{5} \cdots$ ①
$6 ≦ x ≦ 12$ のとき，右上図より
$12 - x = 2 \times (2x - 12)$　　$12 - x = 4x - 24$
$5x = 36$　　$x = \dfrac{36}{5} \cdots$ ②
①，②より，$x = \dfrac{36}{5}$

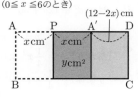
（6 ≦ x ≦12のとき）
A　　　　P　D　A'
　$x$cm　　$x$cm
　　　　　$y$cm²
B　　　　　　C
（12−x）cm　（2x−12）cm

9

①

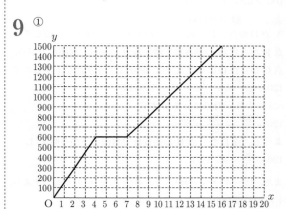

② 3 回

【解き方】② B の分速は，$300 \times 5 \div (15 - 9) = 250$ （m/分）
B が A を初めて追い抜くのは，
$9 + 100 \times (9 - 7) \div (250 - 100) = 9 + 200 \div 150 = 9 + \dfrac{4}{3}$
より，10 分 20 秒後である。
また，$300 \div (250 - 100) = 300 \div 150 = 2$ （分）より，
B は A を 2 分ごとに追い抜くことになる。
すなわち，10 分 20 秒後，12 分 20 秒後，14 分 20 秒後の 3 回追い抜く。
なお，A，B それぞれの S から測った道のりをグラフに表すと，次の図のようになる。

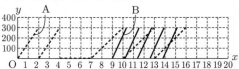

10

(1) $y = 4$
(2) 右図
(3) 33 分 20 秒後
(4) 68 cm

【解き方】
(1) $y = 20 \div 5 = 4$
(2)(ア) 水面の高さが 0 cm から 40 cm のとき，
(1)より水面は 1 分間に 4 cm ずつ高くなるから，

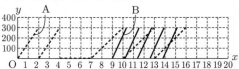

$y = 4x$

$y = 4x$ $(0 \leqq x \leqq 10)$

④ 水面の高さが 40 cm から 80 cm のとき,
底面積は⑦のときの 2 倍だから, $4 \div 2 = 2$ (cm) より,
水面は 1 分間に 2 cm ずつ高くなる。
$40 \div 2 = 20$ （分）より, $(10, 40)$, $(30, 80)$ を端点とする
線分がグラフになる。

⑦ 水面の高さが 80 cm から 200 cm のとき
④と表から, $(30, 80)$, $(50, 200)$ を端点とする線分がグ
ラフとなる。

(3)(2)の⑦より, 直線の式を $y = ax + b$ として,
$x = 30$, $y = 80$ を代入すると, $80 = 30a + b \cdots$①
$x = 50$, $y = 200$ を代入すると, $200 = 50a + b \cdots$②
①, ②を連立して解くと, $a = 6$, $b = -100$
$y = 6x - 100$ に $y = 100$ を代入すると,
$100 = 6x - 100$　　　$x = \dfrac{100}{3}$

よって, 33 分 20 秒後。

(4) 点 D から点 H の高さまで毎分 c cm 水面が下がるとする。
点 H から点 G の高さまでは, 毎分 $\dfrac{3}{2}c$ cm 水面が下がり,
点 G から点 C の高さまでは, 毎分 $3c$ cm 水面が下がるので,
$120 \div c + 40 \div \dfrac{3}{2}c + 40 \div 3c = 60$
$c > 0$ より, 両辺に c をかけて,
$120 + \dfrac{80}{3} + \dfrac{40}{3} = 60c$　　　$c = \dfrac{8}{3}$
よって, 点 D から点 H の高さまで水面が下がる時間は,
$120 \div \dfrac{8}{3} = 45$ （分）

また, $48 - 45 = 3$ （分）, $\dfrac{3}{2}c = \dfrac{3}{2} \times \dfrac{8}{3} = 4$ (cm/分) より,
$4 \times 3 = 12$ (cm)
したがって, $40 + (40 - 12) = 68$ (cm)

§6　関数中心の図形との融合問題

① 線分の長さ・比, 座標

1
(1) 1
(2) $(4, 4)$　(3) $y = \dfrac{1}{2}x + 2$　(4) $\left(\dfrac{4}{3}, \dfrac{8}{3}\right)$

【解き方】(1) $x = -2$ を $y = \dfrac{1}{4}x^2$ に代入すると,
$y = \dfrac{1}{4} \times (-2)^2 = 1$

(2) 点 B の y 座標は, $y = 1 + 3 = 4$
$y = 4$ を $y = \dfrac{1}{4}x^2$ に代入すると, $4 = \dfrac{1}{4}x^2$
$x^2 = 16$, $x > 0$ より $x = 4$　　よって, B $(4, 4)$

(3) 求める式を $y = ax + b$ とおく。
$a = \dfrac{4 - 1}{4 - (-2)} = \dfrac{3}{6} = \dfrac{1}{2}$
$y = \dfrac{1}{2}x + b$ に, $x = 4$, $y = 4$ を代入すると,
$4 = \dfrac{1}{2} \times 4 + b$　　$b = 2$　　よって, $y = \dfrac{1}{2}x + 2$

(4) 点 P の x 座標を m とすると,
点 P の y 座標は $\dfrac{1}{2}m + 2$,
点 Q の y 座標は $\dfrac{1}{4}m^2$
点 R の y 座標は 0 だから,
PQ : QR $= \left\{\left(\dfrac{1}{2}m + 2\right) - \dfrac{1}{4}m^2\right\} : \left(\dfrac{1}{4}m^2 - 0\right)$
$= 5 : 1$
$\dfrac{5}{4}m^2 = -\dfrac{1}{4}m^2 + \dfrac{1}{2}m + 2$
$3m^2 - m - 4 = 0$
解の公式より, $m = \dfrac{1 \pm \sqrt{(-1)^2 - 4 \times 3 \times (-4)}}{2 \times 3}$
$m = -1, \dfrac{4}{3}$
$0 < m < 4$ より, $m = \dfrac{4}{3}$
よって, 点 P の y 座標は, $\dfrac{1}{2} \times \dfrac{4}{3} + 2 = \dfrac{8}{3}$
したがって, P $\left(\dfrac{4}{3}, \dfrac{8}{3}\right)$

2 $x = -5$
【解き方】D $\left(d, -\dfrac{1}{4}d^2\right)$ とすると,
C $\left(d + 6, -\dfrac{1}{4}d^2 + 6\right)$
これが $y = -\dfrac{1}{4}x^2$ 上にあるから,
$-\dfrac{1}{4}d^2 + 6 = -\dfrac{1}{4}(d + 6)^2$
$d^2 - 24 = d^2 + 12d + 36$　　$d = -5$

3 〔問 1〕① ウ　② キ　〔問 2〕③ ア　④ エ　〔問 3〕6
【解き方】$y = \dfrac{1}{4}x^2$ より,
(A の y 座標) $= \dfrac{1}{4} \times (-8)^2 = 16$　　A $(-8, 16)$
〔問 1〕$a = 0$ のとき, $y = \dfrac{1}{4} \times 0^2 = 0$　　b の最小値は 0

$a = -4$ のとき，$y = \dfrac{1}{4} \times (-4)^2 = 4$　　b の最大値は 4

よって，$0 \leqq b \leqq 4$

〔問2〕（点 P の y 座標）$= \dfrac{1}{4} \times 2^2 = 1$　　P $(2,\ 1)$

A $(-8,\ 16)$ と点 P を通る直線の式を $y = ax + b$ とすると，

$a = \dfrac{1 - 16}{2 - (-8)} = -\dfrac{15}{10} = -\dfrac{3}{2}$

$y = -\dfrac{3}{2}x + b$ に $x = 2$，$y = 1$ を代入すると，

$1 = -\dfrac{3}{2} \times 2 + b$　　$1 = -3 + b$　　$b = 4$

よって，$y = -\dfrac{3}{2}x + 4$

〔問3〕直線 AO の式を $y = cx$ とすると，A $(-8,\ 16)$ より，

$16 = -8c$　　$c = -2$　　$y = -2x$

ここで，点 P の x 座標を t とすると，P $\left(t,\ \dfrac{1}{4}t^2\right)$

点 Q，R の y 座標は点 P の y 座標と同じなので，

Q $\left(-8,\ \dfrac{1}{4}t^2\right)$

R の x 座標は，直線 $y = -2x$ 上にあることから，

$\dfrac{1}{4}t^2 = -2x$　　$x = -\dfrac{1}{8}t^2$　　R $\left(-\dfrac{1}{8}t^2,\ \dfrac{1}{4}t^2\right)$

ここで，

PR $=$（点 P の x 座標）$-$（点 R の x 座標）$= t - \left(-\dfrac{1}{8}t^2\right)$

PR $= \dfrac{1}{8}t^2 + t \cdots$①

RQ $=$（点 R の x 座標）$-$（点 Q の x 座標）$= -\dfrac{1}{8}t^2 - (-8)$

RQ $= -\dfrac{1}{8}t^2 + 8 \cdots$②

①，②より，PR : RQ $= \left(\dfrac{1}{8}t^2 + t\right) : \left(-\dfrac{1}{8}t^2 + 8\right) = 3 : 1$

$3\left(-\dfrac{1}{8}t^2 + 8\right) = \dfrac{1}{8}t^2 + t$　　$t^2 + 2t - 48 = 0$

$(t - 6)(t + 8) = 0$　　$t = 6,\ t = -8$

ここで $0 < t < 8$ より，$t = 6$

つまり点 P の x 座標は，6

4 (1)① ㋐ 0　㋑ $\dfrac{49}{8}$　② 9　③ $\dfrac{15}{2}$

(2)（求め方）（例）

$y = \dfrac{1}{8}x^2$ に $x = 4$ を代入すると，$y = 2$，

$x = t$ を代入すると，$y = \dfrac{1}{8}t^2$ より，

D $(4,\ 2)$，E $\left(t,\ \dfrac{1}{8}t^2\right)$　　よって，F $\left(4,\ \dfrac{1}{8}t^2\right)$

したがって，FD $= \dfrac{1}{8}t^2 - 2$ (cm)，FE $= t - 4$ (cm)

だから，$\dfrac{1}{8}t^2 - 2 = (t - 4) + 8$

整理して，$t^2 - 8t - 48 = 0$ より，

$(t + 4)(t - 12) = 0$　　$t > 4$ より，$t = 12$

（答）t の値 12

【解き方】(1)① ㋐ $x = 0$ で y は最小値をとり，

$y = \dfrac{1}{8} \times 0^2 = 0$

㋑ $x = -7$ で y は最大値をとり，$y = \dfrac{1}{8} \times (-7)^2 = \dfrac{49}{8}$

② $y = -\dfrac{27}{x}$ に $x = -3$ を代入して，$y = -\dfrac{27}{-3} = 9$

③ 点 A の y 座標は，$y = \dfrac{1}{8}x^2$ に $x = 6$ を代入して，

$y = \dfrac{1}{8} \times 6^2 = \dfrac{9}{2}$ だから，直線 AC の傾きは，

$\dfrac{\frac{9}{2} - 9}{6 - (-3)} = \dfrac{-\frac{9}{2}}{9} = -\dfrac{1}{2}$

点 C の y 座標を c とすると，直線 AC の式は，

$y = -\dfrac{1}{2}x + c$ で，点 B を通るから，

$9 = \dfrac{3}{2} + c$ より，$c = \dfrac{15}{2}$

5 (1) 6　(2) $\dfrac{2}{7} \leqq b \leqq 2$

【解き方】(1) A $(3,\ 2)$ より，$a = 3 \times 2 = 6$

(2) b の値がもっとも大きくなるのは，直線②が点 D $(3,\ 6)$ を通るときで，$6 = b \times 3$ より，$b = 2$

b の値がもっとも小さくなるのは，直線②が点 B $(7,\ 2)$ を通るときで，$2 = b \times 7$ より，$b = \dfrac{2}{7}$

6 (1)① $\dfrac{1}{6}$　② オ　(2) $\dfrac{3}{5} < b \leqq \dfrac{2}{3}$

【解き方】(1)① $y = ax^2$ に $x = 6$，$y = 6$ を代入して，

$6 = a \times 6^2$，$a = \dfrac{1}{6}$

② ・$a > 0$ で a を大きくすると，$y = ax^2$ のグラフの開き具合はせまくなる。よって，点 P は点 C の方に動く。

・$a > 0$ で a を小さくすると，$y = ax^2$ のグラフの開き具合は広くなる。よって，点 P は点 B の方に動く。

・m が点 D を通るときの a の値は，$y = ax^2$ に $x = 4$，$y = 4$ を代入して，$4 = a \times 4^2$　　$a = \dfrac{1}{4}\left(< \dfrac{1}{3}\right)$

同じようにして，m が点 C を通るとき，$a = \dfrac{1}{2}\left(> \dfrac{1}{3}\right)$

$\dfrac{1}{2} > \dfrac{1}{3} > \dfrac{1}{4}$ より，点 P は線分 CD 上にある。

(2) 点 O を除き点 E を含む線分 OE 上の点で [条件1] を満たす点は，

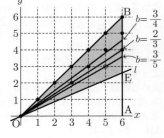

・$b = \dfrac{3}{4}$ のとき，

点 $(4,\ 3)$ の1個。

・$b = \dfrac{2}{3}$ のとき，

点 $(3,\ 2)$，$(6,\ 4)$ の2個。

・$b = \dfrac{3}{5}$ のとき，

点 $(5,\ 3)$ の1個。

だから，[条件1] と [条件2] の両方を満たす点の個数は，

・$\dfrac{2}{3} < b \leqq \dfrac{3}{4}$ のとき，10個。

・$\dfrac{3}{5} < b \leqq \dfrac{2}{3}$ のとき，12個。

・$b = \dfrac{3}{5}$ のとき，13個。

したがって，求める b の値の範囲は，$\dfrac{3}{5} < b \leqq \dfrac{2}{3}$

7 (1)① 2　② $y = -x + 10$　(2) $(20,\ 24)$

【解き方】(1)① $y = 8$ を $y = 4x$ に代入して，$8 = 4x$

$x = 2$

② AB // y 軸，AB = BC だから，直線 AC の傾きは -1

よって，$y = -x + b$

A $(2,\ 8)$ を代入して，$8 = -2 + b$　　$b = 10$

したがって，$y = -x + 10$

(2) 正方形 ABCD の 1 辺
の長さを $2a$ とおく。
点 E は対角線 AC または
BD の中点で x 座標が 13
だから，点 C の x 座標は
$13 + a$
点 C は $y = \dfrac{1}{2}x$ 上の点
だから代入して，

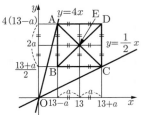

y 座標は $y = \dfrac{1}{2} \times (13 + a) = \dfrac{13 + a}{2}$

$C\left(13 + a,\ \dfrac{13 + a}{2}\right)$

同じようにして，点 A の x 座標は $13 - a$
点 A は $y = 4x$ 上の点だから代入して，
y 座標は $y = 4 \times (13 - a) = 4(13 - a)$
点 D の x 座標は点 C の x 座標に等しく，点 D の y 座標
は点 A の y 座標に等しいから，D$(13 + a,\ 4(13 - a))\cdots$①
DC ∥ AB ∥ y 軸 より，

$DC = 4(13 - a) - \dfrac{13 + a}{2}$

また，DC $= 2a$ より，$4(13 - a) - \dfrac{13 + a}{2} = 2a$

$8(13 - a) - (13 + a) = 4a$
$(8 - 1) \times 13 = (4 + 8 + 1)a$
$7 \times 13 = 13a$　　つまり，$a = 7$
したがって，点 D の座標は①に代入して，D$(20, 24)$

8　(1) $y = -x^2$
　　(2) $y = -x + 6$　(3) $\dfrac{45 - 45a}{2}$　(4) $a = \dfrac{7}{27}$

【解き方】(2) 点 A の y 座標は，$y = 2^2 = 4$
点 B の y 座標は，$y = (-3)^2 = 9$
よって，2 点 A$(2, 4)$，B$(-3, 9)$ を通る直線を
$y = cx + d$ とすると，$c = \dfrac{4 - 9}{2 - (-3)} = \dfrac{-5}{5} = -1$
よって，$y = -x + d$
これに $x = 2$，$y = 4$ を代入して，$4 = -2 + d$
よって，$d = 6$
求める直線の式は，$y = -x + 6$
(3) 点 C の座標は $(-3, 9a)$　　よって，BC $= 9 - 9a$
点 A から直線 BC に下ろした垂線の足を H とすると，
AH $= 2 - (-3) = 5$
よって，

$\triangle ABC = \dfrac{1}{2} \times BC \times AH = \dfrac{1}{2} \times (9 - 9a) \times 5 = \dfrac{45 - 45a}{2}$

(4) 直線 OB の式は比例定数が $\dfrac{9}{-3} = -3$ だから，$y = -3x$
点 D は OB 上の点だから，x 座標を t として，D$(t, -3t)$
と表せる。
四角形 BDAE が平行四辺形となるとき，点 D から点 A へ
の移動と点 B から点 E への移動は等しく，点 E は y 軸上
の点だから x 座標は 0
よって，$2 - t = 0 - (-3)$　　これを解いて，$t = -1$
したがって，点 D$(-1, 3)$ となる。
また，点 D は AC 上の点であるから，直線 AC と直線 AD
の傾きが等しいことを利用して，$\dfrac{4 - 9a}{2 - (-3)} = \dfrac{4 - 3}{2 - (-1)}$
よって，$\dfrac{4 - 9a}{5} = \dfrac{1}{3}$　　$12 - 27a = 5$
よって，$a = \dfrac{7}{27}$

9　(1) -4　(2) $y = \dfrac{1}{2}x + 2$
　　(3) ア．$\dfrac{1}{4}t^2$　イ．$-2,\ 4$

【解き方】(2) A$(-4, -4)$，B$(8, 2)$，P$(0, 2)$ である。
直線②の式は，$y = \dfrac{1}{2}x - 2$ より，
求める直線の式は，$y = \dfrac{1}{2}x + 2$
(3) イ．S$\left(t, \dfrac{1}{4}t^2\right)$，R$\left(t, \dfrac{1}{2}t - 2\right)$ である。
SR $= \dfrac{1}{4}t^2 - \left(\dfrac{1}{2}t - 2\right) = \dfrac{1}{4}(t^2 - 2t + 8)$
四角形 PQRS が平行四辺形のとき，
SR $=$ PQ $= 2 - (-2) = 4$
$\dfrac{1}{4}(t^2 - 2t + 8) = 4$　　$t^2 - 2t - 8 = 0$
$(t + 2)(t - 4) = 0$　　$t = -2,\ 4$

10　① 6 cm　② $2\sqrt{3}$
【解き方】① B$(2, 4)$，C$(2, -2)$ となるので，
線分 BC $= 4 - (-2) = 6$ (cm)
② B の x 座標を a とすると，B(a, a^2)，C$\left(a, -\dfrac{1}{2}a^2\right)$
点 A から線分 BC に垂線を引き交点を H とすると，
$\triangle$ABC は二等辺三角形より，BH $=$ CH となる。
BH $= a^2 - 3$，CH $= 3 + \dfrac{1}{2}a^2$ より，
$a^2 - 3 = 3 + \dfrac{1}{2}a^2$ を解くと，$a > 0$ より，$a = 2\sqrt{3}$，
つまり B の x 座標は $2\sqrt{3}$

11　問 1．$y = 2$
　　問 2．$y = x + 4$　問 3．12
問 4．(1) (例) $\dfrac{1}{2}t^2 - t - 4$　(2) $t = 12$
【解き方】問 1．$x = -2$ のとき，
$y = 2$
問 2．問 1 より，A$(-2, 2)$
$x = 4$ のとき，$y = 8$ だから，
B$(4, 8)$
直線 AB の傾きは
$\dfrac{8 - 2}{4 - (-2)} = 1$　だから，
直線 AB の方程式は $y = x + a$
とおける。
これが点 B を通るから，
$8 = 4 + a$　　$a = 4$
よって，直線の方程式は，$y = x + 4$
問 3．$\triangle$OAB の面積は，$4 \times \{4 - (-2)\} \div 2 = 12$
問 4．(1) $x = t$ のときの，$y = \dfrac{1}{2}x^2$，$y = x + 4$ を考えると，
P$\left(t, \dfrac{1}{2}t^2\right)$，Q$(t, t + 4)$ だから，
PQ $= \dfrac{1}{2}t^2 - (t + 4) = \dfrac{1}{2}t^2 - t - 4$ である。
(2) QR $= t + 4$ だから，PQ : QR $= 7 : 2$ のとき，
$2\left(\dfrac{1}{2}t^2 - t - 4\right) = 7(t + 4)$
$t^2 - 2t - 8 - 7t - 28 = 0$
$t^2 - 9t - 36 = 0$　　$(t + 3)(t - 12) = 0$
$t > 4$ より，$t = 12$

12

1 ．$y = 9$　2 ．$y = -\dfrac{1}{2}x + 6$

3 ．(1) $CD = -\dfrac{1}{4}t^2 - \dfrac{1}{2}t + 6$　(2) C $(2,\ 5)$

【解き方】1 ．$y = \dfrac{1}{4}x^2$ で $x = -6$ のとき，

$y = \dfrac{1}{4} \times 36 = 9$

2 ．A $(-6,\ 9)$，B $(4,\ 4)$ より，l の式は $y = -\dfrac{1}{2}x + 6$

3 ．(1) C $\left(t,\ -\dfrac{1}{2}t + 6\right)$，D $\left(t,\ \dfrac{1}{4}t^2\right)$ より，

$CD = -\dfrac{1}{2}t + 6 - \dfrac{1}{4}t^2$

(2) DE = CD より，$2t = -\dfrac{1}{4}t^2 - \dfrac{1}{2}t + 6$

$t^2 + 10t - 24 = 0$　　$(t + 12)(t - 2) = 0$

$0 < t < 4$ より，$t = 2$　したがって，C $(2,\ 5)$

13

(1) $a = \dfrac{1}{4}$　(2) $y = -\dfrac{1}{2}x + 2$　(3)① 3 個　② $b = 6$

【解き方】(1) $y = ax^2$ に A $(-4,\ 4)$ を代入して，

$4 = a \times (-4)^2$　　$a = \dfrac{1}{4}$

(2) $y = \dfrac{1}{4}x^2$ に B $(2,\ b)$ を代入して，

$b = \dfrac{1}{4} \times 2^2 = 1$，B $(2,\ 1)$

直線 AB の傾きは $\dfrac{1 - 4}{2 - (-4)} = -\dfrac{1}{2}$，

直線 AB の式を $y = -\dfrac{1}{2}x + c$ とおいて，B $(2,\ 1)$ を代入

すると，$1 = -\dfrac{1}{2} \times 2 + c$　　$c = 2$　　$y = -\dfrac{1}{2}x + 2$

(3)① 直線 $x = -2$ と
$y = \dfrac{1}{4}x^2$ のグラフ，
直線 AB との交点は，
$(-2,\ 1)$，$(-2,\ 3)$
求める点の y 座標は，
1，2，3．
よって，個数は 3（個）
② 条件をみたす点は 12
個。

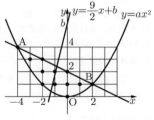

2 点 $(-1,\ 1)$，$(-1,\ 2)$ を両端とする線分（この両端を含まない）と，直線 $y = \dfrac{9}{2}x + b$ が交わるとき，2 つの図形に含まれる点の個数が等しくなる。

この交点は，$y = \dfrac{9}{2}x + b$ に $x = -1$ を代入して，

$y = b - \dfrac{9}{2}$ より，点 $\left(-1,\ b - \dfrac{9}{2}\right)$

y 座標が 1 と 2 の間にあればよいから

$1 < b - \dfrac{9}{2} < 2$，$1 + \dfrac{9}{2} < b < 2 + \dfrac{9}{2}$，

$5 + \dfrac{1}{2} < b < 6 + \dfrac{1}{2}$

求める b は整数だから，$b = 6$

---

② 面積，角度

1

(1)（2 点 B，C の間の距離）12
（点 A と直線 BC との距離）8

(2) $y = \dfrac{23}{25}x - \dfrac{23}{5}$

【解き方】(1) B $(10,\ 7)$，C $(10,\ -5)$ より，2 点 B，C 間の距離は，$7 - (-5) = 12$

また，A $(2,\ 3)$ より，点 A と直線 BC との距離は，$10 - 2 = 8$

(2) D $(5,\ 0)$ であり，△ACB の面積は，

$\triangle ACB = 12 \times 8 \times \dfrac{1}{2} = 48$　　その半分は 24

ここで，点 D を通り △ACB の面積を 2 等分する直線と線分 BC との交点を E とする。△CDE は，線分 CE を底辺とすれば，高さは点 D と線分 CE の距離である 5 となり，その面積が 24 であればよいので，

$CE \times 5 \times \dfrac{1}{2} = 24$　　$CE = \dfrac{48}{5}$

よって，E $\left(10,\ -5 + \dfrac{48}{5}\right)$　　すなわち，E $\left(10,\ \dfrac{23}{5}\right)$

したがって，直線 DE を求めればよいので，その傾きは，

$\dfrac{23}{5} \div (10 - 5) = \dfrac{23}{25}$ より，直線の式は，$y = \dfrac{23}{25}x + b$

とおける。

これに，点 D $(5,\ 0)$ を代入すると，

$0 = \dfrac{23}{5} + b$　　$b = -\dfrac{23}{5}$

よって，求める直線の式は，$y = \dfrac{23}{25}x - \dfrac{23}{5}$

2

(1) P $(-2,\ 3)$

(2)① 18　② $t = 3 + \sqrt{5}$

【解き方】(1) 点 P は 2 直線 l と m の交点なので，2 直線の式を連立して，$x = -2$，$y = 3$ となる。

(2) R $(2t - 8,\ t)$，S $(4 - 2t,\ t)$ となる。

① $t = 6$ のとき，R $(4,\ 6)$，S $(-8,\ 6)$ なので，線分 RS の長さは $4 - (-8) = 12$　　また，点 P から線分 RS に下ろした垂線の長さが $6 - 3 = 3$ より，

$\triangle PRS = 12 \times 3 \times \dfrac{1}{2} = 18$

② ①と同様に考えると，△PRS の底辺 RS の長さは，

$RS = (2t - 8) - (4 - 2t) = 4t - 12$，点 P から線分 RS に下ろした垂線の長さが △PRS の高さで $t - 3$ なので，

$\triangle PRS = (4t - 12) \times (t - 3) \times \dfrac{1}{2} = 2(t - 3)^2$

また，$\triangle ABP = AB \times$（点 P と y 軸の距離）$\times \dfrac{1}{2}$ より，

$\triangle ABP = 2 \times 2 \times \dfrac{1}{2} = 2$

したがって，$\triangle PRS = \triangle ABP \times 5$ より，

$2(t - 3)^2 = 2 \times 5$　　これを解くと，

$(t - 3)^2 = 5$　　$t - 3 = \pm\sqrt{5}$　　$t = 3 \pm \sqrt{5}$

$t > 4$ より，$t = 3 + \sqrt{5}$

3

(1) $3\sqrt{5}$ cm

(2)（過程）（例）求める直線⑦の式を $y = ax + b$ とすると，2 点 A $(8,\ 0)$，B $(2,\ 3)$ を通るので，代入して，

$0 = 8a + b\cdots①$，$3 = 2a + b\cdots②$

①－②より，$-3 = 6a$　　$a = -\dfrac{1}{2}$

①に代入して，$0 = -4 + b$　　$b = 4$

よって，$y = -\dfrac{1}{2}x + 4$　　　　（答）$y = -\dfrac{1}{2}x + 4$

(3) 3

【解き方】(1) H(2, 0) とし，直角三角形 ABH に三平方の定理を用いて，
$$AB^2 = AH^2 + BH^2 = 6^2 + 3^2 = 36 + 9 = 45$$
AB > 0 より，$AB = \sqrt{45} = 3\sqrt{5}$ (cm)

(3) 直線④の式を $y = cx$ とおくと，点 B(2, 3) を通るから，
$$3 = 2c \qquad c = \frac{3}{2}$$
よって，$y = \frac{3}{2}x$

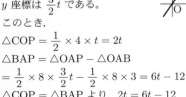

点 P の x 座標を t とおくと，y 座標は $\frac{3}{2}t$ である。

このとき，
$$\triangle COP = \frac{1}{2} \times 4 \times t = 2t$$
$$\triangle BAP = \triangle OAP - \triangle OAB$$
$$= \frac{1}{2} \times 8 \times \frac{3}{2}t - \frac{1}{2} \times 8 \times 3 = 6t - 12$$
$\triangle COP = \triangle BAP$ より，$2t = 6t - 12$
これを解いて，$t = 3$

4 (1)（過程）（例）点 C は x 軸上の点であるから，y 座標は 0 である。$y = 3x - 5$ に $y = 0$ を代入すると，
$$0 = 3x - 5 \qquad x = \frac{5}{3}$$
よって，点 C の座標は $\left(\frac{5}{3}, 0\right)$ である。

直線 BC は y 軸上の B(0, 3) を通るから，$y = ax + 3$ と表すことができる。これが点 C $\left(\frac{5}{3}, 0\right)$ を通るので，代入して，$0 = \frac{5}{3}a + 3 \qquad a = -\frac{9}{5}$
よって，$y = -\frac{9}{5}x + 3$ （答）$y = -\frac{9}{5}x + 3$

(2)① $\frac{4\sqrt{10}}{5}$ ② $\frac{24}{5}$

【解き方】(2)① PD = BD = 3 - (-5) = 8
△OCD に三平方の定理を用いて，
$$CD = \sqrt{OC^2 + OD^2}$$
$$= \sqrt{\left(\frac{5}{3}\right)^2 + 5^2}$$
$$= \sqrt{\frac{250}{9}} = \frac{5\sqrt{10}}{3}$$

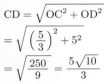

P から y 軸におろした垂線と y 軸との交点を I とすると，
△OCD∽△IPD より，
OC : CD = IP : PD
$$\frac{5}{3} : \frac{5\sqrt{10}}{3} = IP : 8$$
これを解いて，$IP = \frac{4\sqrt{10}}{5}$

よって，点 P の x 座標は $\frac{4\sqrt{10}}{5}$

② 点 O と A を結ぶ。
△OBQ ≡ △APQ より，
△OBQ + △OAQ = △APQ + △OAQ
△OAB = △OAP
よって，OA // BP
直線 OA の傾きは $\frac{4}{3}$ だから，
直線 BP の式は，$y = \frac{4}{3}x + 3$

これと④の式から，
$$\frac{4}{3}x + 3 = 3x - 5$$
これを解いて，求める点 P の x 座標は，$x = \frac{24}{5}$

5 (1) 3 (2) $y = x$
(3)（説明）（例）
△AOB は AO = AB の二等辺三角形であるから，
（点 A の x 座標）= m より，底辺 OB の長さは $2m$ と表せる。
点 A は②のグラフ上の点であるから，点 A の座標は $\left(m, \dfrac{6}{m}\right)$ と表せる。
△AOB の面積は，$2m \times \dfrac{6}{m} \times \dfrac{1}{2} = 6$
となることから，m の値に関わらず一定である。

【解き方】(1) $\dfrac{6}{2} = 3$
(2) ∠AOB = 45° より，傾きは 1

6 (1) $a = -12$ (2) 4 個 (3) $y = -\dfrac{7}{4}x + 7$

【解き方】(1) 点 A(-2, 6) が $y = \dfrac{a}{x}$ 上にあるので，
$$a = xy = (-2) \times 6 = -12$$
(2) 直線 AC の傾きは $\dfrac{9 - 6}{4 + 2} = \dfrac{1}{2}$
点 A(-2, 6) を通ることを考えて，直線 AC は，
$$y = \frac{1}{2}x + 7$$
したがって，条件をみたすのは $x = -2, 0, 2, 4$ のときの 4 個
(3) 点 B(4, -3) であり，線分 BC の中点は M(4, 3)
M を通り，AD に平行な直線と AC の交点を P とすると
△APD = △AMD より，直線 PD は条件をみたす。
直線 AD の傾きは $\dfrac{6}{-2 - 4} = -1$
よって，直線 PM は $y = -x + 7$
$-x + 7 = \dfrac{1}{2}x + 7$ より，$x = 0$ よって，点 P(0, 7)
直線 PD の傾きは $-\dfrac{7}{4}$ であり，求める直線 PD は，
$$y = -\frac{7}{4}x + 7$$

7 〔問1〕エ 〔問2〕① イ ② エ 〔問3〕9
【解き方】〔問1〕$y = \dfrac{1}{2}x + 1$，$y = -1$ より，
$$-1 = \frac{1}{2}x + 1 \qquad x = -4 \qquad よって，エ$$
〔問2〕線分 BP が y 軸により二等分されるので，2 点 B，P は y 軸から等しい距離にあればよい。点 B の x 座標は -2 なので，P の x 座標は 2。
$$y = \frac{1}{2} \times 2 + 1 \qquad y = 2 \qquad よって，P(2, 2)$$
A(3, -2) より，（AP の傾き）= $\dfrac{2 - (-2)}{2 - 3} = -4$
AP の式を $y = -4x + b$ とすると，$2 = -8 + b \qquad b = 10$
よって，$y = -4x + 10$ つまり，①…イと②…エ
〔問3〕点 A を通り l に平行な直線と x 軸との交点を A′ とする。
AA′ の式を $y = \dfrac{1}{2}x + c$ とすると，
$$-2 = \frac{1}{2} \times 3 + c \qquad c = -\frac{7}{2}$$
よって，$y = \dfrac{1}{2}x - \dfrac{7}{2}$

A' の y 座標は 0 なので，

$0 = \frac{1}{2}x - \frac{7}{2}$　　$x = 7$　　$A'(7, 0)$

ここで，$PQ \parallel A'B$ より，$\triangle BPQ : \triangle APB = PQ : A'B \cdots$①
点 P の x 座標を t とすると，点 Q の x 座標は $-t$ と表せる。
よって，$PQ = t - (-t) = 2t$，$A'B = 7 - (-2) = 9$
$\triangle BPQ$ の面積は $\triangle APB$ の面積の 2 倍なので，
$\triangle BPQ : \triangle APB = 2 : 1 \cdots$②
①，②より，
$PQ : A'B = 2t : 9 = 2 : 1$　　$t = 9$
つまり，点 P の x 座標は 9

8　(1) $\frac{3}{2}$　(2) $a = 4$　(3) $a = 7$

【解き方】(1) $a = 1$ のとき，反比例の式は $y = \frac{1}{x}$，比例の式は $y = x$ なので，B $\left(2, \frac{1}{2}\right)$，C $(2, 2)$ とわかる。
したがって，BC の長さは，$2 - \frac{1}{2} = \frac{3}{2}$

(2) 図1において，A $\left(\frac{a}{6}, 6\right)$，B $\left(2, \frac{a}{2}\right)$，C $(2, 2a)$，D $\left(\frac{a}{6}, 0\right)$ となる。このとき，AD $= 6$，BC $= \frac{3}{2}a$ より，
四角形 ADBC が平行四辺形になるなら AD $=$ BC なので，
$\frac{3}{2}a = 6$　　これを解いて，$a = 4$

(3) $a = 1$ のとき，A $\left(\frac{1}{6}, 6\right)$，B $\left(2, \frac{1}{2}\right)$，C $(2, 2)$，D $\left(\frac{1}{6}, 0\right)$ なので，四角形 ADBC の面積は，
$\left\{\left(2 - \frac{1}{2}\right) + 6\right\} \times \left(2 - \frac{1}{6}\right) \times \frac{1}{2} = \frac{15}{2} \times \frac{11}{6} \times \frac{1}{2} = \frac{55}{8}$
また，図1 より四角形 ADBC の面積は，
$\left\{\left(2a - \frac{1}{2}a\right) + 6\right\} \times \left(2 - \frac{1}{6}a\right) \times \frac{1}{2}$
$= \left(\frac{3}{2}a + 6\right) \times \left(2 - \frac{1}{6}a\right) \times \frac{1}{2} = -\frac{1}{8}a^2 + a + 6$
よって，$-\frac{1}{8}a^2 + a + 6 = \frac{55}{8}$ となるとき，
$a^2 - 8a + 7 = 0$　　$(a - 1)(a - 7) = 0$　　$a = 1, 7$
ゆえに，求める a の値は，$a = 7$

9　3 (cm²)

【解き方】A $(-1, -1)$，
B $(2, -4)$
直線 AB の傾きは -1 より，
y 軸と AB との交点 C は，
C $(0, -2)$
$\triangle OAB = \triangle OCA + \triangle OCB$
$= \frac{1}{2} \times 2 \times (1 + 2) = 3$ (cm²)

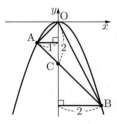

10　問1. $a = 1$　問2. $0 \leqq y \leqq 8$
問3. $2a$　問4. $a = \frac{7}{2}$

【解き方】問1. $y = ax^2$ に $x = 4$，$y = 16$ を代入すると，
$a = 1$
問2. $a > 0$ において，$-2 \leqq x \leqq 4$ のときの y の最小値は 0 である。最大値は $x = 4$ のときなので，$y = \frac{1}{2}x^2$ に $x = 4$ を代入すると，$y = 8$ になるので，変域は $0 \leqq y \leqq 8$
問3. x が -2 から 4 まで増加するときの変化の割合は，

$\frac{16a - 4a}{4 - (-2)} = 2a$ となる。

問4. A，B の座標をそれぞれ A $(-2, 4a)$，B $(4, 16a)$ と表す。直線 AB と y 軸の交点を C とすると，C の y 座標は $8a$ となる。$\triangle OAB$ の面積は，
$\triangle OAC + \triangle OBC = \triangle OAB$ で求められるので，
$\frac{1}{2} \times 8a \times 2 + \frac{1}{2} \times 8a \times 4 = 84$ となり，
この方程式を解くと，$a = \frac{7}{2}$ となる。

11　(1) $0 \leqq y \leqq 2$　(2) 12　(3) $y = -5x$
【解き方】(1) $x = 0$ のとき，y は最小となり，$y = 0$
$x = 2$ のとき，y は最大となり，$y = \frac{1}{2} \times 2^2 = 2$
よって，y の変域は，$0 \leqq y \leqq 2$

12　(1) $a = 2$　(2) 2　(3) $y = 2x + 4$　(4) $\left(\frac{3}{4}, \frac{11}{2}\right)$
【解き方】(1) $y = ax^2$ に，$x = -1$，$y = 2$ を代入すると，$2 = a \times (-1)^2$　　$a = 2$　　よって，$y = 2x^2$
(2) $y = 2x^2$ に $y = 8$ を代入すると，$8 = 2x^2$　　$x = \pm 2$
$x > 0$ より，$x = 2$
(3) 求める式を $y = bx + c$ とおく。
$x = -1$，$y = 2$ を代入すると，$2 = -b + c \cdots$①
$x = 2$，$y = 8$ を代入すると，$8 = 2b + c \cdots$②
①，②を連立して解くと，$b = 2$，$c = 4$ より，$y = 2x + 4$
(4) P の x 座標を t とすると，C $(0, 4)$ より，
$\triangle OCP = \frac{1}{4}\triangle OAB$ だから，
$\frac{1}{2} \times 4 \times t = \frac{1}{4} \times \frac{1}{2} \times 4 \times (1 + 2)$
これを解いて，$t = \frac{3}{4}$
$x = \frac{3}{4}$ を $y = 2x + 4$ に代入して，
$y = 2 \times \frac{3}{4} + 4 = \frac{11}{2}$　　P $\left(\frac{3}{4}, \frac{11}{2}\right)$

13　問1. ① $4a$　② -2
問2. $y = 2x - 4$　問3. 6　問4. P $(-1, -2)$
【解き方】問1. $y = ax^2$ に $x = -2$ を代入すると，
$y = 4a$ となる。
変化の割合を求める式 $\frac{a - 4a}{1 - (-2)} = 2$ を解くと，
$a = -2$ となる。
問2. $y = -2x^2$ における 2 点 A $(-2, -8)$，B $(1, -2)$ で
傾きは $\frac{-2 - (-8)}{1 - (-2)} = 2$ となるので，$y = 2x + b$ とおける。
この式に，$x = 1$，$y = -2$ を代入すると，$b = -4$ となる。
よって，$y = 2x - 4$ と求められる。
問3. $\triangle OAB = \frac{1}{2} \times 4 \times 2 + \frac{1}{2} \times 4 \times 1 = 6$
問4. $\triangle PAB = \triangle OAB$ となるのは，OP $\parallel$ AB のときである。よって，直線 OP は $y = 2x$ とわかる。
$y = -2x^2 \cdots$① と $y = 2x \cdots$②の交点を求めるために，
②に①を代入して計算すると，$x = 0$，-1 となるが，点 P は原点と異なるため，$x = 0$ は不適。よって，$x = -1$
②に $x = -1$ を代入すると $y = -2$ になるので，
点 P $(-1, -2)$

14　問1. 16
問2. $y = -2x + 8$　問3. 24　問4. P $(2\sqrt{2}, 8)$

【解き方】問１． 点 A は $y=x^2$ のグラフ上にあるから，y 座標は，$y=(-4)^2=16$

問２． 点 B の y 座標は，$y=2^2=4$
2点 A $(-4,\ 16)$，B $(2,\ 4)$ を通る直線の式を $y=ax+b$ とおくと，$16=-4a+b$，$4=2a+b$
これを解いて，$a=-2$，$b=8$　　よって，$y=-2x+8$

問３． 直線 AB と y 軸との交点を C とすると，C $(0,\ 8)$ であり，
$\triangle OAB=\triangle OAC+\triangle OBC$
$=\dfrac{1}{2}\times 8\times 4+\dfrac{1}{2}\times 8\times 2=24$

問４． 右の図で，
$\triangle OPA=\triangle OPQ$ のとき，
AP $=$ PQ であり，点 A，P から x 軸に下ろした垂線を AH，PI とすると，$\triangle AHQ\infty\triangle PIQ$ から，
AH : PI = AQ : PQ = 2 : 1
AH $=16$ より，PI $=8$
P の y 座標が 8 だから，x 座標は $x^2=8\ (x>0)$ より，$x=2\sqrt{2}$
よって，P $(2\sqrt{2},\ 8)$

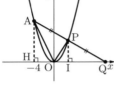

15 (1) $a=\dfrac{1}{2}$　(2) $y=8$
　　(3) 12　(4) $(-1,\ 13)$　(5)(ア)8　(イ) Q $(-1,\ 8)$

【解き方】 (1) $y=ax^2$ が点 A を通るから，
$2=a\times 2^2$ より，$2=4a$　　よって，$a=\dfrac{1}{2}$

(2) $y=\dfrac{1}{2}x^2$ に $x=4$ を代入して，$y=\dfrac{1}{2}\times 4^2=8$

(3) 点 B の y 座標は，$y=\dfrac{1}{2}\times(-6)^2=18$
直線 BC の傾きは，$\dfrac{8-18}{4-(-6)}=\dfrac{-10}{10}=-1$
よって，直線 BC の式を $y=-x+b$ とおくと，点 C を通るから，$8=-4+b$　　よって，$b=12$

(4) 線分 BC の中点 M の座標を求めればよい。
x 座標は，$x=\dfrac{-6+4}{2}=-1$
y 座標は，$y=\dfrac{18+8}{2}=13$　　よって，$(-1,\ 13)$

(5)(ア) 点 P の y 座標は，$y=-x+12$ に $x=2$ を代入して，$y=-2+12=10$ だから，辺 PA を底辺として面積を求めると，$\dfrac{1}{2}\times(10-2)\times(4-2)=\dfrac{1}{2}\times 8\times 2=8$

(イ) $\triangle BQP=\triangle BAM$ となればよいから，$\triangle MQP=\triangle MQA$
つまり，MQ // PA だから，点 Q の x 座標は -1
また，$\triangle BQM\infty\triangle BAP$ で，相似比は，
$\{-1-(-6)\} : \{2-(-6)\}=5 : 8$
だから，MQ $=5$
よって，点 Q の y 座標は，$13-5=8$ より，Q $(-1,\ 8)$

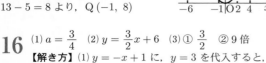

16 (1) $a=\dfrac{3}{4}$　(2) $y=\dfrac{3}{2}x+6$　(3)① $\dfrac{3}{2}$　② 9 倍
【解き方】 (1) $y=-x+1$ に，$y=3$ を代入すると，$3=-x+1$　　$x=-2$
よって，A $(-2,\ 3)$
$y=ax^2$ に，$x=-2$，$y=3$ を代入すると，

$3=a\times(-2)^2$　　$a=\dfrac{3}{4}$

(2) $y=\dfrac{3}{4}x^2$ に，$x=4$ を代入すると，$y=\dfrac{3}{4}\times 4^2=12$
よって，C $(4,\ 12)$
直線 AC の傾きは，$\dfrac{12-3}{4-(-2)}=\dfrac{3}{2}$
直線 AC の式を $y=\dfrac{3}{2}x+b$ として，$x=4$，$y=12$ を代入すると，$12=\dfrac{3}{2}\times 4+b$　　$b=6$
したがって，$y=\dfrac{3}{2}x+6$

(3)① 点 P の x 座標を m とすると，
点 P の y 座標は，$\dfrac{3}{4}m^2$
点 Q の y 座標は，$\dfrac{3}{2}m+6$
点 R の y 座標は，$-m+1$
PQ : PR $=\left(\dfrac{3}{2}m+6-\dfrac{3}{4}m^2\right) : \left\{\dfrac{3}{4}m^2-(-m+1)\right\}$
$=3 : 1$
これを整理すると，$2m^2+m-6=0$
解の公式より，$m=\dfrac{-1\pm\sqrt{1^2-4\times 2\times(-6)}}{2\times 2}$
$m=-2,\ \dfrac{3}{2}$
$\dfrac{2}{3}\leqq m\leqq 4$ より $m=\dfrac{3}{2}$

② $\triangle ARC$ は，右図のようになるので，長方形の面積から余分な三角形の面積をひけばよい。

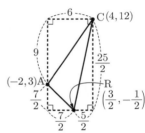

$\triangle ARC$
$=\dfrac{25}{2}\times 6-\dfrac{1}{2}\times\left(\dfrac{7}{2}\times\dfrac{7}{2}+6\times 9+\dfrac{5}{2}\times\dfrac{25}{2}\right)=\dfrac{105}{4}$
$\triangle ABP$ も同様に右図から，

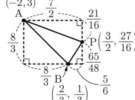

$\triangle ABP$
$=\dfrac{8}{3}\times\dfrac{7}{2}-\dfrac{1}{2}\times\left(\dfrac{8}{3}\times\dfrac{8}{3}+\dfrac{7}{2}\times\dfrac{21}{16}+\dfrac{5}{6}\times\dfrac{65}{48}\right)=\dfrac{35}{12}$
したがって，
$\triangle ARC\div\triangle ABP=\dfrac{105}{4}\div\dfrac{35}{12}=9$ （倍）

別解
点 P を通り，直線 AB と平行な直線と，直線 AC との交点を S とする。
$\triangle ABP=\triangle ABS$ より，
$\triangle ARC$ と $\triangle ABS$ の面積の関係を調べればよい。
R $\left(\dfrac{3}{2},\ -\dfrac{1}{2}\right)$ より，
AB : AR $=\dfrac{8}{3} : \left\{\dfrac{3}{2}-(-2)\right\}=16 : 21$
よって，AR $=\dfrac{21}{16}$ AB…①

また，P$\left(\dfrac{3}{2}, \dfrac{27}{16}\right)$ より，点 P を通って直線 AB に平行な直線の式は，$y = -x + \dfrac{51}{16}$

点 S の x 座標は，$\dfrac{3}{2}x + 6 = -x + \dfrac{51}{16}$ より，$x = -\dfrac{9}{8}$

AS : AC $= \left\{-\dfrac{9}{8} - (-2)\right\} : 6 = 7 : 48$

よって，AC $= \dfrac{48}{7}$AS $\cdots\boxed{2}$

$\boxed{1}$，$\boxed{2}$ より，

$\triangle$ARC $= \dfrac{21}{16} \times \dfrac{48}{7} \times \triangle$ABS

$= 9\triangle$ABS $= 9\triangle$ABP

したがって，$\triangle$ARC の面積は，$\triangle$ABP の面積の 9 倍。

17　(1) C$(-2, -2)$

(2) $y = \dfrac{5}{3}x + \dfrac{4}{3}$　(3) $t = \dfrac{5 + \sqrt{31}}{3}$

【解き方】(1) A$(-2, 2)$ なので，これと x 軸について対称な点 C の座標は，$(-2, -2)$

(2) B$(4, 8)$，C$(-2, -2)$ より，直線の傾きは，

$\dfrac{8 - (-2)}{4 - (-2)} = \dfrac{5}{3}$

したがって，$y = \dfrac{5}{3}x + b$ と表すと，これに $x = -2$，$y = -2$ を代入して，

$-2 = \dfrac{5}{3} \times (-2) + b$　　$b = \dfrac{4}{3}$

よって，直線の式は，$y = \dfrac{5}{3}x + \dfrac{4}{3}$

(3) 点 A を通り直線 BC に平行な直線の式は

$y = \dfrac{5}{3}x + \dfrac{16}{3}$

この直線と y 軸との交点を D とすると，D$\left(0, \dfrac{16}{3}\right)$

また，直線 BC と y 軸との交点を E とすると，E$\left(0, \dfrac{4}{3}\right)$

DE : EF $= 4 : 1$ となる点 F を 2 点 O，E の間にとると，

DE $= \dfrac{16}{3} - \dfrac{4}{3} = 4$ より，EF $= 1$ となり，F$\left(0, \dfrac{4}{3} - 1\right)$

すなわち，F$\left(0, \dfrac{1}{3}\right)$

ここで，$\triangle$DCB $= \triangle$ACB であり，$\triangle$FCB の面積は $\triangle$DCB の面積の $\dfrac{1}{4}$ となっているので，点 F を通り直線 BC に平行な直線 $y = \dfrac{5}{3}x + \dfrac{1}{3}$ と関数 $y = \dfrac{1}{2}x^2$ のグラフの交点が P となることから，

$\dfrac{1}{2}t^2 = \dfrac{5}{3}t + \dfrac{1}{3}$　　これを解いて，

$3t^2 - 10t - 2 = 0$　　$t = \dfrac{5 \pm \sqrt{31}}{3}$

$0 < t < 4$ より，$t = \dfrac{5 + \sqrt{31}}{3}$

18　(1) -3　(2) -4　(3) P$(5, 0)$　(4) $y = 2x - 8$

【解き方】(1) $-4 = -\dfrac{4}{9}x^2$　　$x^2 = 9$　　$x < 0$ より，$x = -3$

(2) x の増加量 $= 6 - 3 = 3$

y の増加量 $= -\dfrac{4}{9} \times 6^2 - \left(-\dfrac{4}{9} \times 3^2\right) = -12$

よって，変化の割合は $\dfrac{-12}{3} = -4$

(3) AP $=$ AB $= 2 - (-3) = 5$

A から x 軸に垂線 AH を引くと，AH $= 4$ より，PH $= 3$

H$(2, 0)$ より，P$(5, 0)$

(4) C$(6, -16)$ より，

$\triangle$OAB : $\triangle$ABC $= 4 : (16 - 4) = 1 : 3$

線分 BC 上に BD : DC $= 1 : 2$ となる点 D をとると，

$\triangle$ABD : $\triangle$ADC $= 1 : 2$ より，

四角形 OBDA : $\triangle$ADC

$= (\triangle$OAB $+ \triangle$ABD$) : \triangle$ADC $= (1 + 1) : 2 = 1 : 1$

D$(0, -8)$ より，求める直線 AD の式は，$y = 2x - 8$

19　(1) $y = x + 4$　(2)① $24\,\text{cm}^2$　② $-\dfrac{11}{2}$，$-\dfrac{3}{2}$

【解き方】(1) A$(-2, 2)$，B$(4, 8)$

直線 l の式を $y = ax + b$ とおくと，$a = \dfrac{8 - 2}{4 - (-2)} = 1$

よって，$y = x + b$

これが点 B を通るから，代入して，$b = 4$

求める式は，$y = x + 4$

(2)① 直線 l と y 軸との交点を E とする。右図①より，

平行四辺形 ABCD

$= \triangle$ACB $+ \triangle$ACD $= 2\triangle$AOB

$\triangle$AOB $= \triangle$AOE $+ \triangle$BOE

$= \dfrac{1}{2} \times$ EO $\times$ (AK $+$ BL)

$= \dfrac{1}{2} \times 4 \times (2 + 4) = 12$

求める面積を S とおくと，

$S = 2 \times 12 = 24\,(\text{cm}^2)$

② 平行四辺形 ABCD の面積が $15\,\text{cm}^2$ となるときの直線 CD を m，直線 m と y 軸との交点を F とする。

右図②より，面積の比は，

$S : 15 =$ EO : EF

$S = 24$，EO $= 4$ より，

EF $= \dfrac{5}{2}$

FO $= 4 - \dfrac{5}{2} = \dfrac{3}{2}$

よって，直線 m は，$y = x + \dfrac{3}{2}$ （変形して，$x = y - \dfrac{3}{2}$）

点 C の y 座標は，$y = \dfrac{1}{2}x^2$，$y = x + \dfrac{3}{2}$ より，x を消去して，$y = \dfrac{1}{2}\left(y - \dfrac{3}{2}\right)^2$

整理して，$4y^2 - 20y + 9 = 0$

$(2y)^2 - 10 \times 2y + 9 = 0$　　$(2y - 1)(2y - 9) = 0$

$y = \dfrac{1}{2}$，$\dfrac{9}{2}$

AB // DC，AB $=$ DC，2 点 A，B の y 座標の差は，$8 - 2 = 6$ だから，D，C の y 座標の差も 6 で，点 D の y 座標を d とすると，

$d = \dfrac{1}{2} - 6 = -\dfrac{11}{2}$，$d = \dfrac{9}{2} - 6 = -\dfrac{3}{2}$

よって，$-\dfrac{11}{2}$，$-\dfrac{3}{2}$

20　（求め方）（例）A は，l と x 軸との交点だから，

$0 = \dfrac{1}{3}x - 1$ より，$x = 3$　　よって，A の x 座標は 3

B は m 上の点で，x 座標が 3 より，$y = a \times 3^2 = 9a$

よって，B の y 座標は $9a$ より，AB $= 9a\,(\text{cm})$

C の座標は $(-3, 9a)$ で，BC $= 3 - (-3) = 6\,(\text{cm})$

D の y 座標は，$y = \frac{1}{3} \times (-3) - 1 = -2$ より，

CD $= 9a - (-2) = 9a + 2$ (cm)

四角形 ABCD は台形だから，

$\frac{1}{2} \times \{9a + (9a + 2)\} \times 6 = 21$

$3(18a + 2) = 21$ より，$18a + 2 = 7$

よって，$a = \frac{5}{18}$　（答）a の値 $\frac{5}{18}$

21 〔問 1〕$p = \pm\sqrt{2}$　〔問 2〕$p = 1 \pm \sqrt{5}$
〔問 3〕（途中の式や計算など）（例）A $(-2,\ 2)$，
B $(4,\ 8)$，C $(-2,\ 0)$ であるから，線分 BC の中点を M と
すると M $(1,\ 4)$ である。
△ACP ＝ △ABP となるのは，線分 AP が点 M を通る
ときである。線分 AM の傾きは $\frac{2}{3}$，線分 AP の傾きは
$\frac{1}{2}(p - 2)$ であるから，$\frac{1}{2}(p - 2) = \frac{2}{3}$ より，$p = \frac{10}{3}$
（答え）$p = \frac{10}{3}$

【解き方】〔問 1〕点 P の y 座標が 1 になるときである。
〔問 2〕直線 $y = x + 2$ と曲線 f との交点を求める。
なお，$p < -2$ のときは不適である。

22 〔問 1〕$0 \leqq y \leqq 16a$
〔問 2〕(1)（途中の式や計算など）（例）
曲線 l の式を求める。
$p = \frac{3}{2}$ より直線 m の式は，$y = -\frac{1}{2}x + \frac{3}{2}$ ……①
点 B の x 座標が -4 なので，①より，B $\left(-4,\ \frac{7}{2}\right)$
これが曲線 l 上にあるから，$\frac{7}{2} = a \times (-4)^2$
すなわち，$a = \frac{7}{32}$
よって，曲線 l の式は，$y = \frac{7}{32}x^2$
次に，点 A の x 座標を求める。
点 A の x 座標を $t\,(t > 0)$ とする。
点 A は曲線 l 上にあるから，A $\left(t,\ \frac{7}{32}t^2\right)$ ……②
ここで，点 A は直線 m 上にあるから，
①，②より，$\frac{7}{32}t^2 = -\frac{1}{2}t + \frac{3}{2}$
整理すると，$7t^2 + 16t - 48 = 0$
$t > 0$ なので，$t = \frac{12}{7}$
よって，A $\left(\frac{12}{7},\ \frac{9}{14}\right)$
したがって，△OAB の面積は，
$\frac{1}{2} \times \frac{3}{2} \times \left\{\frac{12}{7} - (-4)\right\} = \frac{30}{7}$ (cm²)
（答）$\frac{30}{7}$ cm²
(2) $p = \frac{35}{11}$

【解き方】〔問 2〕(2) C $\left(5,\ \frac{25}{4}\right)$ であるから，直線 OC と
直線 m の交点を Q とすると，S : T ＝ OQ : QC であるか
ら，
Q $\left(\frac{20}{11},\ \frac{25}{11}\right)$
Q が直線 $m : y = -\frac{1}{2}x + p$ 上にあるから，
$\frac{25}{11} = -\frac{1}{2} \times \frac{20}{11} + p$　ゆえに，$p = \frac{35}{11}$

23 問 1．$a = 3$
問 2．(1) X．$\frac{1}{2}$　Y．ウ　Z．1

(2)（例）∠AOB ＝ 90° より，線分 OA と x 軸，y 軸との
なす角はともに 45° である。よって，直線 OA の傾きは 1
である。また，A $(t,\ at^2)$ であるから，直線 OA の傾きは
$\frac{at^2 - 0}{t - 0} = at$ である。
ゆえに，$at = 1$
すなわち，a と t の積は常に一定であり，一定な値は 1 で
ある。

24 $a = \frac{\sqrt{3}}{9}$

【解き方】△EAB ≡ △ECD となるので，
A $(-3,\ 9a)$，B $(3,\ 9a)$，C $(6,\ 36a)$，D $(0,\ 36a)$
線分 AC の傾きは $3a$，線分 BD の傾きは $-9a$ であるから，
$3a \times (-9a) = -1$　　$a^2 = \frac{1}{27}$　　$a > 0$ より，$a = \frac{\sqrt{3}}{9}$

25 (1) A $(-2,\ 1)$
(2) $y = \frac{1}{2}x + 2$　(3)① C $(8,\ 0)$
② D $(1 + \sqrt{5},\ 0)$

【解き方】(1) $y = \frac{1}{4}x^2$ に $x = -2$ を代入して，
$y = \frac{1}{4} \times (-2)^2 = 1$　　したがって，$(-2,\ 1)$
(2) 直線の式を $y = ax + b$ とする。A $(-2,\ 1)$，B $(4,\ 4)$
より，$a = \frac{4 - 1}{4 - (-2)} = \frac{1}{2}$　　よって，$y = \frac{1}{2}x + b$
これに $x = -2$，$y = 1$ を代入して，$1 = -1 + b$　　$b = 2$
したがって，$y = \frac{1}{2}x + 2$
(3)① 図のように，
△OAB : △ABC' ＝ 1 : 3
となる y 軸上の点 C' をとる。
C' $(0,\ -4)$ を通り直線 AB に
平行な直線 $y = \frac{1}{2}x - 4$ と
x 軸との交点が求める点 C で
あるから，$0 = \frac{1}{2}x - 4$
$x = 8$
したがって，$(8,\ 0)$

② 直線 AD と直線 BD が垂直に交わる，すなわち，2 つの
直線の傾きの積が -1 になればよい。点 D の x 座標を t
とすると，(AD の傾き) $= \frac{0 - 1}{t - (-2)} = \frac{-1}{t + 2}$　$(t \neq -2)$
(BD の傾き) $= \frac{4 - 0}{4 - t} = \frac{4}{4 - t}$　$(t \neq 4)$
$\frac{-1}{t + 2} \times \frac{4}{4 - t} = -1$　　$(t + 2)(4 - t) = 4$
これを整理して，$t^2 - 2t - 4 = 0$
これを解いて，$t = 1 \pm \sqrt{5}$　　$t > 0$ より，$t = 1 + \sqrt{5}$
したがって，求める点 D の座標は $(1 + \sqrt{5},\ 0)$

26 (1) 8　(2) 4　(3) $y = -\frac{1}{2}x + 4$
(4) $\left(\frac{8}{3},\ -\frac{8}{3}\right)$

【解き方】(1) $y = \frac{1}{8} \times (-8)^2 = 8$
(2) $2 = \frac{1}{8}x^2$　　$x^2 = 16$　　$x = \pm 4$

$x > 0$ より，$x = 4$

(3) A $(-8, 8)$，B $(4, 2)$ より，直線 AB の傾きは，

$\dfrac{2-8}{4-(-8)} = -\dfrac{1}{2}$　　$y = -\dfrac{1}{2}x + b$ とおき，$x = 4$，

$y = 2$ を代入すると，

$2 = -\dfrac{1}{2} \times 4 + b$　　$b = 4$

よって，$y = -\dfrac{1}{2}x + 4$

(4) $\triangle \mathrm{PAB} = \triangle \mathrm{OAB} + \triangle \mathrm{OBP}$

$\triangle \mathrm{OAC} = \triangle \mathrm{OAB} + \triangle \mathrm{OBC}$ より，

$\triangle \mathrm{PAB} = \triangle \mathrm{OAC}$ のとき，$\triangle \mathrm{OBP} = \triangle \mathrm{OBC}$ となる。

よって，点 P は，点 C を通り直線 OB と平行な直線（①）

と直線 OA（②）との交点となる。

①は $y = \dfrac{1}{2}x - 4$，②は $y = -x$ より，

①，②を連立して解くと，$x = \dfrac{8}{3}$，$y = -\dfrac{8}{3}$

よって，P $\left(\dfrac{8}{3}, -\dfrac{8}{3}\right)$

27

(1) $a = \dfrac{1}{4}$　(2) $y = 4x - 12$

(3)① $\dfrac{1}{2}t + 2$　② $t = \dfrac{4}{3}$，2

【解き方】(1) $y = ax^2$ に，$x = 4$，$y = 4$ を代入すると，

$4 = a \times 4^2$　　$a = \dfrac{1}{4}$

(2) B $(-2, -4)$ より C $(2, -4)$

直線 AC の傾きは，$\dfrac{4-(-4)}{4-2} = 4$

$y = 4x + b$ として，$x = 4$，$y = 4$ を代入すると，

$4 = 4 \times 4 + b$　　$b = -12$　　よって，$y = 4x - 12$

(3)① $\triangle \mathrm{QPA}$ は QA $=$ QP の二等辺三角形だから，

点 Q の x 座標は，線分 AP の中点の x 座標と同じになる。

よって，$t + \dfrac{4-t}{2} = \dfrac{1}{2}t + 2$

② 点 Q の y 座標は，$y = 4x - 12$ に $x = \dfrac{1}{2}t + 2$ を代入

して，$y = 4 \times \left(\dfrac{1}{2}t + 2\right) - 12 = 2t - 4$

$\triangle \mathrm{QHD} = 3\triangle \mathrm{PHQ}$ より，

$\dfrac{1}{2} \times (4+4) \times \left(\dfrac{1}{2}t + 2\right) = 3 \times \dfrac{1}{2} \times t \times \{4-(2t-4)\}$

整理すると，$3t^2 - 10t + 8 = 0$

解の公式より，

$t = \dfrac{10 \pm \sqrt{(-10)^2 - 4 \times 3 \times 8}}{2 \times 3} = \dfrac{10 \pm 2}{6} = \dfrac{4}{3}$，2

$0 \leqq t \leqq 4$ より，どちらも解としてよい。

28

(1) 6　(2) $-\dfrac{5}{3}$　(3) $-\dfrac{1}{2}$

【解き方】(1) 点 A は $y = x + 5$ 上の点だから，

$x = 1$ を代入して，

$y = 6$　　A $(1, 6)$

点 A は $y = \dfrac{a}{x}$ 上の点だから，$6 = \dfrac{a}{1}$　　$a = 6$

(2) 点 C は $y = x + 5$ 上の点だから，$y = 0$ を代入して，

$x = -5$　　C $(-5, 0)$

点 C は $y = -\dfrac{1}{3}x + b$ 上の点だから，

$0 = -\dfrac{1}{3} \times (-5) + b$　　$b = -\dfrac{5}{3}$

(3) 点 A から x 軸に
垂線 AH を下ろすと，
H $(1, 0)$
点 D は $y = \dfrac{6}{x}$ 上の
点だから，
$x = -5$ を代入して，
$y = -\dfrac{6}{5}$
D $\left(-5, -\dfrac{6}{5}\right)$

四角形 ACDO

$= \triangle \mathrm{ACO} + \triangle \mathrm{DCO}$

$= \dfrac{1}{2} \times \mathrm{CO} \times \mathrm{AH} + \dfrac{1}{2} \times \mathrm{CO} \times \mathrm{CD}$

$= \dfrac{1}{2} \times \mathrm{CO} \times (\mathrm{AH} + \mathrm{CD}) = \dfrac{1}{2} \times 5 \times \left(6 + \dfrac{6}{5}\right) = 18$

点 C より右側の x 軸上に点 P $(p, 0)$ を，$\triangle \mathrm{ACP}$ の面積
と四角形 ACDO の面積が等しくなるようにとると，

$\triangle \mathrm{ACP} = \dfrac{1}{2} \times \mathrm{CP} \times \mathrm{AH} = \dfrac{1}{2} \times \{p - (-5)\} \times 6$

$= 3(p + 5)$

よって，$3(p + 5) = 18$　　$p = 1$

P $(1, 0)$（点 H と一致）

点 P を通り直線 AC に平行な直線は，傾きが 1 だから，

$y = x + c$，P $(1, 0)$ を代入して，$0 = 1 + c$　　$c = -1$

よって，$y = x - 1$

この直線と $y = -\dfrac{1}{3}x - \dfrac{5}{3}$ の交点が求める点 E である。

点 E の x 座標は y を消去して，

$x - 1 = -\dfrac{1}{3}x - \dfrac{5}{3}$　　$x = -\dfrac{1}{2}$

29

〔問1〕2
〔問2〕$y = -x + 6$　〔問3〕$2 + 4\sqrt{3}$
〔問4〕$(0, -2)$，$(0, 8)$

【解き方】〔問1〕$\dfrac{(y \text{の増加量})}{(x \text{の増加量})} = \dfrac{1}{2}$ より，

$(y \text{の増加量}) = \dfrac{1}{2} \times 4 = 2$

〔問2〕求める直線の式を $y = ax + b$ とおく。

点 A を通るから，$x = 2$，$y = 4$ を代入すると，

$4 = 2a + b \cdots$①

点 P を通るから，$x = 6$，$y = 0$ を代入すると，

$0 = 6a + b \cdots$②

①，②を連立して解くと，$a = -1$，$b = 6$

よって，$y = -x + 6$

〔問3〕点 A から x 軸に垂線 AH をひくと，H $(2, 0)$

また，$\triangle \mathrm{AHP}$ は，$\angle \mathrm{AHP} = 90°$，$\angle \mathrm{HPA} = 30°$ の直角三

角形だから，

$\mathrm{AH} : \mathrm{HP} = 1 : \sqrt{3}$　　$4 : \mathrm{HP} = 1 : \sqrt{3}$　　$\mathrm{HP} = 4\sqrt{3}$

よって，P の x 座標は，$2 + 4\sqrt{3}$

〔問4〕$\triangle \mathrm{ABP}$

$= 4 \times 4 - \dfrac{1}{2} \times 4 \times 3 - \dfrac{1}{2} \times 2 \times 4 - \dfrac{1}{2} \times 2 \times 1 = 5$

$\triangle \mathrm{ABQ} = \dfrac{1}{2} \times \mathrm{BQ} \times 2 = \mathrm{BQ}$

$\triangle \mathrm{ABP} = \triangle \mathrm{ABQ}$ より，$\mathrm{BQ} = 5$

すなわち，点 Q は点 B $(0, 3)$ から 5 離れた y 軸上にあれ

ばよい。

したがって，点 Q は，$(0, -2)$ または $(0, 8)$

30

〔問1〕3個 〔問2〕(1) $b = \dfrac{3}{2}$

(2)(途中の式や計算など)(例)

$a = \dfrac{1}{2}$ より，A$(-2, 2)$，B$(6, 18)$ より

直線 AB を $y = px + q$ とおき代入すると

$\begin{cases} -2p + q = 2 \\ 6p + q = 18 \end{cases}$ 解くと，$p = 2$，$q = 6$

よって，直線 AB は $y = 2x + 6$

ここで，直線 CP の傾きは $-\dfrac{1}{2}$ で P$(0, 6)$ なので

直線 CP は $y = -\dfrac{1}{2}x + 6 \cdots ①$ である。

点 C$(-2, 4b)$ を通るので代入すると，$4b = 1 + 6$

よって，$b = \dfrac{7}{4}$

点 D の x 座標を t とおくと，$\dfrac{7}{4}t^2 = -\dfrac{1}{2}t + 6$

整理すると，$7t^2 + 2t - 24 = 0$

$t = \dfrac{-1 \pm \sqrt{1 + 168}}{7} = \dfrac{-1 \pm 13}{7} = -2, \dfrac{12}{7}$

したがって，D の x 座標は，$\dfrac{12}{7}$

①に代入し $y = -\dfrac{6}{7} + 6 = \dfrac{36}{7}$

したがって，点 D の座標は $\left(\dfrac{12}{7}, \dfrac{36}{7} \right)$

よって，直線 OB は $y = 3x$ であり，点 D はこの直線上にある。

$\triangle$COD : $\triangle$CDB = OD : DB = $\dfrac{12}{7}$: $\left(6 - \dfrac{12}{7} \right)$ = 12 : 30

= 2 : 5

(答え) $\triangle$COD : $\triangle$CDB = 2 : 5

【解き方】〔問1〕直線 AB の式は，$y = \dfrac{4}{3}x + 4$

よって，$(0, 4)$，$(3, 8)$，$(6, 12)$ の3個。

〔問2〕(1) A$(-2, 1)$，C$(-2, 4b)$ より，

$\triangle$ACP = $\dfrac{1}{2} \times (4b - 1) \times \{0 - (-2)\} = 4b - 1$

よって，$4b - 1 = 5$　　$b = \dfrac{3}{2}$

31

〔問1〕$b = \dfrac{9}{4}a$ 〔問2〕(1) E$(-2, -4)$

(2)(途中の式や計算など)

点 E は，点 A を通り直線 CD に平行な直線と直線 BC との交点である。

点 A の x 座標は -3 であり，曲線 f は $y = \dfrac{1}{3}x^2$ であるから，A$(-3, 3)$

直線 CD の式は $y = 3x - 6$ であるから，点 A を通り直線 CD に平行な直線の式は $y = 3x + n$ と表せる。

点 A$(-3, 3)$ を通るとき，

$3 = 3 \times (-3) + n$　　$n = 12$ であるから，$y = 3x + 12$

この直線と直線 BC との交点は，

連立方程式 $\begin{cases} y = 3x + 12 \\ y = \dfrac{7}{5}x - \dfrac{6}{5} \end{cases}$ を解いて，

$x = -\dfrac{33}{4}$，$y = -\dfrac{51}{4}$

したがって，$\left(-\dfrac{33}{4}, -\dfrac{51}{4} \right)$

【解き方】〔問1〕2つの変域 $0 \leqq y \leqq 9a$，

$-b + c \leqq y \leqq 3b + c$ が一致するから，$-b + c = 0$ かつ

$3b + c = 9a$

〔問2〕(1) $y = \dfrac{7}{5}x - \dfrac{6}{5}$ に $x = -1$ を代入して $y = -\dfrac{13}{5}$，

$x = -2$ を代入して $y = -4$

(2) $\triangle$ADC で AC を底辺と考えると，高さは3であるから

$\triangle$ADC = $\dfrac{1}{2} \times 6 \times 3 = 9 \ (\text{cm}^2)$

点 D を通り y 軸に平行な直線と直線 BC との交点の y 座標は $\dfrac{8}{5}$ であるから，点 E の x 座標を t とすると，

$\triangle$EDC = $\dfrac{1}{2} \times \dfrac{8}{5} \times (3 - t) = \dfrac{4}{5}(3 - t)$

よって，$\dfrac{4}{5}(3 - t) = 9$　　$t = -\dfrac{33}{4}$

32

〔問1〕2 〔問2〕$\sqrt{3}$ 〔問3〕(1) $y = x + 6$

(2)(途中の式や計算など)(例)

$y = x^2$ より，A$(1, 1)$，B$(-2, 4)$

直線 AB の傾きは，$\dfrac{1 - 4}{1 - (-2)} = -1$

よって，A，C の y 座標に注目して，OC = $1^2 + 1 = 2 \cdots ①$

P を通り直線 AB に平行な直線と y 軸の交点を D とすると，同様に P，D の y 座標に注目して，OD = $t^2 + t \cdots ②$

$\triangle$OAC = $\dfrac{1}{2} \times 2 \times 1 = 1$ であるから条件より，

$\triangle$PBC = 5 $\cdots ③$

一方，$\triangle$PBC = $\triangle$DBC = $\dfrac{1}{2} \times$ CD $\times 2 = $ CD $\cdots ④$

③，④より，CD = 5

①，②より，CD = OD $-$ OC = $t^2 + t - 2$

よって，$t^2 + t - 2 = 5$　　これを解いて，

$t = \dfrac{-1 \pm \sqrt{29}}{2}$

$t > 1$ であるから，$t = \dfrac{-1 + \sqrt{29}}{2}$

(答え) $\dfrac{-1 + \sqrt{29}}{2}$

【解き方】〔問1〕P は y 軸について B と対称な点である。

〔問2〕P(t, t^2) であり Q$(t, 0)$ とすると，$\triangle$POQ は内角が $30°$，$60°$，$90°$ の三角形なので，$t^2 = \sqrt{3}t$

$t \neq 0$ より，$t = \sqrt{3}$

〔問3〕(1) P$(3, 9)$，B$(-2, 4)$ であるから，BP の傾きは

$\dfrac{9 - 4}{3 + 2} = 1$

P を通ることを考えて，$y = x + 6$

33

〔問1〕$\dfrac{8}{5}$

〔問2〕(途中の式や計算など)(例)

P$(2, 1)$，P'$(-1, 1)$，Q$(-4, 16)$，Q'$(8, 16)$ であり，

PP' = 3，QQ' = 12

R$(r, 16)$ とすると，条件をみたすとき，QR = RQ' + PP'

$r + 4 = 8 - r + 3$　　これより，$r = \dfrac{7}{2}$

よって，直線 l の傾きは，$\dfrac{16 - 1}{\dfrac{7}{2} + 1} = \dfrac{10}{3}$

P' を通ることを考えて，直線 l の式は，$y = \dfrac{10}{3}x + \dfrac{13}{3}$

(答) $y = \dfrac{10}{3}x + \dfrac{13}{3}$

〔問3〕(ア) $-\dfrac{3}{4}$　(イ) 3　(ウ) $\dfrac{6}{25}$

【解き方】〔問1〕P$\left(t, \dfrac{1}{4}t^2 \right)$，Q$(-2t, 4t^2)$ より，

$\dfrac{\dfrac{1}{4}t^2 - 4t^2}{t + 2t} = -2$　　$-\dfrac{15}{4}t^2 = -6t$

$t \neq 0$ より，$t = \dfrac{8}{5}$

〔問3〕(ア) $\left(\dfrac{9}{100} - \dfrac{36}{25}\right) \div \left(\dfrac{3}{5} + \dfrac{6}{5}\right) = -\dfrac{27}{20} \times \dfrac{5}{9}$

$= -\dfrac{3}{4}$

(イ) AO : BO $= 1 : \dfrac{3}{4} = 4 : 3$

(ウ) OC : CB $=$ AO : AB $= 4 : 5$ であるから，

C の y 座標は，$\dfrac{27}{50} \times \dfrac{4}{9} = \dfrac{6}{25}$

34

〔問1〕 $a = -\dfrac{4}{3}$

〔問2〕(途中の式や計算など)（例）

点 A は曲線 m 上の点であるから，

$y = \dfrac{36}{-4} = -9$

よって，点 A の座標は $(-4, -9)$

点 A は曲線 l 上の点でもあるから，

$-9 = a \times (-4)^2$ より $a = -\dfrac{9}{16}$

よって，曲線 l の式は，

$y = -\dfrac{9}{16}x^2 \cdots ①$

また，点 A と y 軸について対称である点が B であるから，点 B の座標は $(4, -9)$

四角形 OACB はひし形であるから，向かい合う辺は平行である。

よって，直線 OA と直線 BC の傾きは等しい。

直線 OA は，O $(0, 0)$ と A $(-4, -9)$ を通るから，

直線 OA の傾きは $\dfrac{0 - (-9)}{0 - (-4)} = \dfrac{9}{4}$

直線 BC は，B $(4, -9)$ を通り，傾きが $\dfrac{9}{4}$ である。

直線 BC の式を $y = \dfrac{9}{4}x + b$ とすると，

$-9 = \dfrac{9}{4} \times 4 + b$ となり，$b = -18$

よって，直線 BC の式は，$y = \dfrac{9}{4}x - 18 \cdots ②$

ここで，点 D の x 座標を t とおく。

①と②の交点において，y 座標に着目すると，

$-\dfrac{9}{16}t^2 = \dfrac{9}{4}t - 18$　　これを解くと，

$(t + 8)(t - 4) = 0$ より，$t = -8, 4$

求める点 D は点 B と異なるものであるから，

$t = -8$

よって，点 D の x 座標は -8 であるから，

これを①に代入して，$y = -\dfrac{9}{16} \times (-8)^2 = -36$

よって，点 D の座標は $(-8, -36)$

(答え) $(-8, -36)$

〔問3〕 $-9, 3, 12$

【解き方】〔問2〕 A $(-4, -9)$，B $(4, -9)$，

$l : y = -\dfrac{9}{16}x^2$

D の x 座標を d とすると，$-\dfrac{9}{16}(d + 4) = \dfrac{9}{4}$

$d = -8$

〔問3〕直線 AE の式は $y = -\dfrac{1}{2}x - 9$

(ア) 直線 OP の式が $y = -\dfrac{1}{2}x$ のとき，$x = 0, 3$

(イ) 点 P を通り直線 AE に平行な直線の式が

$y = -\dfrac{1}{2}x - 18$ のとき，$x = -9, 12$

35

〔問1〕 $\dfrac{11}{9}$ 倍　〔問2〕 $\dfrac{28}{9}$

〔問3〕(あ) $\dfrac{1}{2}x + 3$　(い) $\dfrac{1}{2}x - \dfrac{5}{2}$

(う)（解答例）$\dfrac{1}{2}x - \dfrac{5}{2} = -\dfrac{1}{9}x^2$ より，$2x^2 + 9x - 45 = 0$

$(2x + 15)(x - 3) = 0$　　よって，T の x 座標は $-\dfrac{15}{2}$

直線 PS，QT と y 軸との交点を，順に，U，V とすると

$RU = r - 3$，$RV = r + \dfrac{5}{2}$ であるから

$\triangle PRS : \triangle QRT = 5 : 21$ より，

$\dfrac{1}{2}(r - 3)(3 + 2) : \dfrac{1}{2}\left(r + \dfrac{5}{2}\right)\left(3 + \dfrac{15}{2}\right) = 5 : 21$

$5 \times 21 \times (r - 3) = \dfrac{21}{2} \times 5 \times \left(r + \dfrac{5}{2}\right)$

$2r - 6 = r + \dfrac{5}{2}$

よって，$r = \dfrac{17}{2}$　（答）$\dfrac{17}{2}$

【解き方】〔問1〕 P $\left(\dfrac{3}{2}, \dfrac{9}{8}\right)$，Q $\left(\dfrac{3}{2}, -\dfrac{1}{4}\right)$ より，

$PQ = \dfrac{11}{8}$

したがって，$\dfrac{PQ}{OR} = \dfrac{11}{8} \div \dfrac{9}{8} = \dfrac{11}{9}$

〔問2〕 P $(4, 8)$ であり，Q$'$ $\left(-4, -\dfrac{16}{9}\right)$ とすると，

直線 PQ$'$ と y 軸の交点が求める点 R である。

PQ$'$ の傾きは $\left(8 + \dfrac{16}{9}\right) \div 8 = \dfrac{11}{9}$ であり，

P を通ることを考えて，直線 PQ$'$ は，$y = \dfrac{11}{9}x + \dfrac{28}{9}$

〔問3〕 P $\left(3, \dfrac{9}{2}\right)$，S $(-2, 2)$ より直線 PS は，

$y = \dfrac{1}{2}x + 3$

直線 QT は，傾き $\dfrac{1}{2}$ で Q $(3, -1)$ を通るので，

$y = \dfrac{1}{2}x - \dfrac{5}{2}$

36

〔問1〕 $\dfrac{7\sqrt{5}}{4}$ cm

〔問2〕(1)(途中の式や計算など)（例）

図形 D が三角形となる場合は，次の [1] と [2] に限られる。

[1] $-1 < t < 0$ で，3 点 A，P，B がこの順に一直線上に並ぶとき

[2] $0 < t < 1$ で，3 点 C，B，P がこの順に一直線上に並ぶとき

[1] のとき　直線 AB の式を $y = ax + b$ とする。

点 B を通るので，$b = 1 \cdots ①$

点 A を通るので，$-a + b = 0 \cdots ②$

①，②より，$a = 1$，$b = 1$

よって，直線 AB の式は，$y = x + 1$

点 P (t, t^2) は直線 AB 上にあるので，$t^2 = t + 1$

よって，$t^2 - t - 1 = 0$ を解の公式を用いて解くと，

$t = \dfrac{-(-1) \pm \sqrt{(-1)^2 - 4 \times 1 \times (-1)}}{2 \times 1} = \dfrac{1 \pm \sqrt{5}}{2}$

$-1 < t < 0$ より，$t = \dfrac{1 - \sqrt{5}}{2}$

[2] のとき　[1] と同様にして，直線 CB の式は，

$y = -\dfrac{3}{2}x + 1$

点 P (t, t^2) は直線 CB 上にあるので，$t^2 = -\dfrac{3}{2}t + 1$

よって，$2t^2 + 3t - 2 = 0$ を解の公式を用いて解くと，

$$t = \frac{-3 \pm \sqrt{3^2 - 4 \times 2 \times (-2)}}{2 \times 2} = \frac{-3 \pm \sqrt{25}}{4} = \frac{-3 \pm 5}{4}$$

$$= \frac{1}{2}, \ -2$$

$0 < t < 1$ より，$t = \dfrac{1}{2}$

[1]，[2] より，求める t の値は，$t = \dfrac{1 - \sqrt{5}}{2}, \ \dfrac{1}{2}$

（答え）$t = \dfrac{1 - \sqrt{5}}{2}, \ \dfrac{1}{2}$

(2) $\dfrac{25}{6}$ cm^2

【解き方】〔問1〕P $\left(\dfrac{3}{2}, \ \dfrac{9}{4}\right)$

〔問2〕(2) $t = 3$ のとき，P $(3, 9)$

直線 AP：$y = \dfrac{9}{4}x + \dfrac{9}{4}$ と直線 BC：$y = -\dfrac{3}{2}x + 1$ との

交点を Q とすると，Q $\left(-\dfrac{1}{3}, \ \dfrac{3}{2}\right)$

$\triangle$CAQ $= \dfrac{25}{12}$ cm^2，$\triangle$BPQ $= \dfrac{25}{12}$ cm^2

---

③　動点

1 (1) $y = \dfrac{1}{2}$，(ウ)　(2) $x = 3$，16

【解き方】(1) $0 < x \leqq 6$，$6 \leqq x \leqq 12$，$12 \leqq x \leqq 18$ のときそれぞれあとの図のようになる。したがって，

$0 < x \leqq 6$ のとき，$y = \dfrac{1}{2}x^2$

$6 \leqq x \leqq 12$ のとき，$y = 18$

$12 \leqq x \leqq 18$ のとき，$y = 54 - 3x$

と表せることから，グラフは(ウ)

また，$x = 1$ のとき，$y = \dfrac{1}{2}$

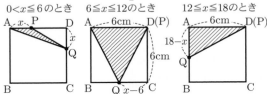

(2) $\triangle$RQD の面積も(1)と同様に

$0 < x \leqq 6$，$6 \leqq x \leqq 12$，$12 \leqq x \leqq 18$ に分けて考えると，下図のようになる。すると，$\triangle$RQD の面積と $\triangle$AQP の面積が等しくなるとき，

$0 < x \leqq 6$ において，$\dfrac{1}{2}x^2 = \dfrac{3}{2}x$

これを解いて，$x = 3$ が適する。

$6 \leqq x \leqq 12$ において，$18 = -\dfrac{3}{2}x + 18$

この解は $6 \leqq x \leqq 12$ を満たさず不適。

$12 \leqq x \leqq 18$ において，$54 - 3x = \dfrac{3}{2}x - 18$

これを解いて，$x = 16$

以上より，$x = 3$，16

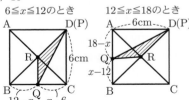

④　回転体

1 $\dfrac{81}{2}\pi\ \text{cm}^3$

【解き方】A $\left(-3,\ \dfrac{9}{2}\right)$, B $(2,\ 2)$, $l : y = -\dfrac{1}{2}x + 3$,
C $(6,\ 0)$, H $\left(0,\ \dfrac{9}{2}\right)$ とするとき, $\triangle$OCH を x 軸のまわ
りに 1 回転して得られる円錐の体積を求めればよい。

2 (1) $y = 2$　(2) $a = \dfrac{1}{4}$　(3) ① E $(-2,\ -5)$
　　② $76\pi\ \text{cm}^3$

【解き方】(1) $y = \dfrac{1}{2}x^2$ に $x = 2$ を代入して, $y = 2$
(2) 変化の割合より,
$\dfrac{16a - 4a}{4 - 2} = \dfrac{3}{2}$　　よって, $a = \dfrac{1}{4}$
(3) ① $y = \dfrac{1}{4}x^2$ に $x = 2$ を代入して $y = 1$ だから,
A $(2,\ 1)$
同様にして B $(4,\ 4)$ であることが分かる。
A, B を通る直線は $y = \dfrac{3}{2}x - 2$ となる。放物線の対称性
により D の x 座標は -2 だから, E の座標は $(-2,\ -5)$
② EA と DC の延長の交点を F とする。
FC $= x$ とすると FC : FD $= 1 : 7$ よ
り, $x : (x + 4) = 1 : 7$ だから, $x = \dfrac{2}{3}$
よって, 求める立体の体積は
$\pi \times 7^2 \times \left(4 + \dfrac{2}{3}\right) \times \dfrac{1}{3} \times \dfrac{7^3 - 1^3}{7^3}$
$= 76\pi\ (\text{cm}^3)$

3 (1) A $(-2,\ 2)$
　　(2) $0 \leqq y \leqq \dfrac{9}{2}$　(3) E $\left(\dfrac{3}{2},\ \dfrac{11}{2}\right)$　(4) 40π

【解き方】(1) $y = \dfrac{1}{2} \times (-2)^2 = 2$ より, A $(-2,\ 2)$
(2) $x = -3$ のとき $y = \dfrac{9}{2}$, $x = 2$ のとき $y = 2$
⑦のグラフより, $0 \leqq y \leqq \dfrac{9}{2}$
(3) 直線 AB と x 軸との交点を G とする。直線 AB の式が
$y = x + 4$ より, G $(-4,\ 0)$
$\triangle$AGC∽$\triangle$BGD より,
$\triangle$AGC : $\triangle$BGD $= 1^2 : 4^2 = 1 : 16$
よって, $\triangle$AGC : 四角形 ACDB $= 1 : 15$
四角形 ACDE : $\triangle$BDE $= 2 : 1 = 10 : 5$ より,
$\triangle$AGC : $\triangle$BDE $= 1 : 5$　　よって, $\triangle$BDE $= 10$
点 E から線分 BD に垂線 EH を引くと, B $(4,\ 8)$ より,
$\triangle$BDE $= 4$EH $= 10$　　EH $= \dfrac{5}{2}$
よって, 点 E の x 座標は, $4 - \dfrac{5}{2} = \dfrac{3}{2}$
(4) $\triangle$DFG を 1 回転してできる立体の体積から, $\triangle$AGC
を 1 回転してできる立体の体積を引けばよい。
F $(0,\ 4)$ より, 求める体積は,
$\pi \times 4^2 \times 8 \div 3 - \pi \times 2^2 \times 2 \div 3 = 40\pi$

---

§7　その他の関数問題

1 (1) 750 mL
　　(2) $-700x + 4600$　(3) 午後 6 時 24 分
【解き方】(1) 1 時間あたり 500 mL の水を消費したので,
$500 \times 1.5 = 750$ (mL)
(2) $2 \leqq x \leqq 5$ のときの A の式は, $y = -700x + a$ とおけて,
$x = 2$ のとき, $y = 4200 - 500 \times 2 = 3200$ だから,
$3200 = -700 \times 2 + a$　　$a = 3200 + 1400 = 4600$
よって, $y = -700x + 4600$ ($2 \leqq x \leqq 5$) である。
(3) $5 \leqq x \leqq 8$ のときの A の式は, $y = -300x + b$ とおけて,
$x = 8$ のとき, $y = 200$ だから,
$200 = -300 \times 8 + b$　　$b = 200 + 2400 = 2600$
$y = -300x + 2600$ ($5 \leqq x \leqq 8$)…①
B は, 5 時間で 4000 mL の水を消費したので, 1 時間あた
り 800 mL の水を消費するから, $y = -800x + c$ とおけて,
$x = 7$ のとき, $y = 200$ だから,
$200 = -800 \times 7 + c$　　$c = 200 + 5600 = 5800$
$y = -800x + 5800$ ($2 \leqq x \leqq 7$)…②
①, ②より, $-300x + 2600 = -800x + 5800$
$800x - 300x = 5800 - 2600$　　$500x = 3200$
$x = \dfrac{32}{5} = 6 + \dfrac{24}{60}$
よって, 午後 6 時 24 分

2 問 1. 45000 （円）　問 2. $y = 500x + 50000$
　　問 3. 71 （枚以下）
【解き方】問 1. 49 枚までは, 1 枚につき 1500 円かかるの
で, 30 枚注文したときの費用は, $1500 \times 30 = 45000$ （円）
問 2. (費用) $=$ (マスク 1 枚の値段) $\times$ (枚数) $+$ (初期費用)
で求められるので, $y = 500x + 50000$ となる。
問 3. B 店で作るときにかかる費用が A 店よりも高くな
るのは, $50 \leqq x < 99$ のときである。このときの B 店でか
かる費用は, $y = 1200x$…①であり, 問 2 で求めた式:
$y = 500x + 50000$…②に①を代入すると,
$x = 71.428\cdots$になる。つまり, 71 枚までは, B 店の方が
費用が安いということになる。

第3章 データの活用

§1 データのちらばりと代表値

1 $x = 15$, $y = 9$
【解き方】$2 + x + 3 = 20$ かつ $y + 11 = 20$

2 相対度数 0.30　累積相対度数 0.55
【解き方】相対度数と累積相対度数の表を作成すると右の表のようになる。

階級	相対度数	累積相対度数
16 ～ 20	0.20	0.20
20 ～ 24	0.30	0.50
24 ～ 28	0.05	0.55
28 ～ 32	0.35	0.90
32 ～ 36	0.10	1.00

3 0.25

4 45 回
【解き方】7 番目の回数を x とすると，
$\{x + (x + 6)\} \div 2 = 48.0$
$x + 3 = 48$　　$x = 45$

5 (1) 17 人　(2) 21.0 秒
【解き方】(1) $2 + 7 + 8 = 17$（人）
(2) 度数がもっとも多い階級は，20.0 秒以上 22.0 秒未満であるので，$\dfrac{20.0 + 22.0}{2} = 21.0$（秒）

6 5 秒
【解き方】ヒストグラムから 4 秒以上 6 秒未満の度数が最も大きいことがわかる。その階級値を求めて，$\dfrac{4 + 6}{2} = 5$（秒）

7 ウ
【解き方】ア．平均値は，
$\dfrac{1 \times 1 + 2 \times 2 + 3 \times 3 + 4 \times 4 + 5 \times 6 + 6 \times 3 + 7 \times 1}{20}$
$= \dfrac{85}{20} = 4.25$（冊）
イ．中央値は 10 番目と 11 番目の平均だから，
$\dfrac{4 + 5}{2} = 4.5$（冊）
ウ．最頻値は人数が最も多い冊数だから，5 冊
よって，値が最も大きいものは，ウ

8 ア．0.08　イ．144
【解き方】 ア ＝ $16 \div 200 = 0.08$
 イ ＝ $24 + 56 + 64 = 144$

9 70 回
【解き方】度数の最も多い階級が 60 回以上 80 回未満

なので，最頻値は 70 回となる。

10 0.35

11 ウ
【解き方】平均値は 2.9（問），中央値は 3（問），最頻値は 4（問）であるので，値が最も大きいのはウ。

12 150 分
【解き方】60 分以上 120 分未満の階級の累積度数は $4 + 11 = 15$
120 分以上 180 分未満の階級の累積度数が $50 \times 0.56 = 28$ より，度数は $28 - 15 = 13$
180 分以上 240 分未満の階級の累積度数は $50 \times 0.76 = 38$ より，度数は $38 - 28 = 10$
240 分以上 300 分未満の階級の度数は $50 - (38 + 7) = 5$
度数が最も多い階級は 120 分以上 180 分未満の階級であるから，その階級値は $(120 + 180) \div 2 = 150$（分）

13 0.40
【解き方】A 中学校の 200 cm 以上 220 cm 未満の階級に含まれる生徒数は，人数を x 人とすると，$x = 20 \times 0.35$ より，7 人とわかる。
同様に，B 中学校の 200 cm 以上 220 cm 未満の階級に含まれる生徒数は，人数を y 人とすると，$y = 25 \times 0.44$ より，11 人とわかる。
よって，求める相対度数は，$\dfrac{18}{45} = 0.40$

14 ウ
【解き方】ア．×：6 冊以上借りた生徒の数は，1 組 12 人，2 組 8 人。
イ．×：最頻値は，1 組 6 冊，2 組 4 冊。
ウ．○：中央値は，1 組 5 冊，2 組 4 冊。
エ．×：平均値は，1 組 $\dfrac{140}{30}$ 冊，2 組 $\dfrac{135}{30}$ 冊。

15 (1) 28.5 秒　(2) 27.8 秒
【解き方】(1) 度数が最大となる階級の階級値だから，$\dfrac{28.0 + 29.0}{2} = 28.5$（秒）
(2) $(27.5 \times 14 + 25.5 + 27.5 + 28.1 + 28.9 + 30.2 + 30.8) \div 20 = 27.8$（秒）

16 ① E　② 75

17 (1) 0.12
(2) 15 日以上 20 日未満　(3) ア，ウ，オ
【解き方】(1) $3 \div 25 = 0.12$
(2) P 組は，25 人だから，中央値は小さい値から 13 番目の値である。累積度数を順に求めると，
10 日未満：$3 + 3 = 6$（人）
15 日未満：$6 + 6 = 12$（人）

20日未満：12＋7＝19（人）より，
15日以上20日未満の階級に中央値がふくまれる。
(3)ア：Q組で，15日以上書いた人数は，
8＋8＋5＝21（人）より，正しい。
イ：P組の最頻値は 17.5 日，Q組の最頻値は，
12.5 日より，正しくない。
ウ：20日以上25日未満である生徒の割合は，
P組が，5÷25＝0.2
Q組が，8÷40＝0.2
より，正しい。
エ：P組，Q組とも，25日以上30日未満の階級にそれぞ
れ1人，5人の生徒がいる。これらの生徒の書いた日数は
度数分布表からはわからない。よって，正しいとはいえな
い。
オ：5日以上10日未満の階級の累積相対度数は，
P組が，(3＋3)÷25＝0.24
Q組が，(2＋5)÷40＝0.175
より，正しい。

18 問1．ア．39　イ．43　ウ．4
問2．(1)

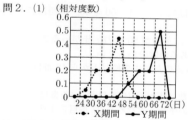

(2)(理由)(例)
X期間とY期間では，度数の合計が異なるから。
(3)ウ，(説明)(例)
2つの度数折れ線が同じような形をしていて，X期間の方
がY期間よりも左側にあり，X期間は，Y期間より夏日
の年間日数が少ない傾向にあるといえるから。

19 (1)0.35　(2)3.4冊　(3)①，④
【解き方】(1)1年生20人の中で，3冊読んだ生徒は
7人だから，7÷20＝0.35
(2) $\dfrac{0×0＋1×1＋2×4＋3×7＋4×2＋5×6}{20}＝\dfrac{68}{20}$
＝3.4（冊）
(3)①2冊読んだ生徒の相対度数は，1年生が 4÷20＝0.2，
2年生が 0.16 だから，正しい。
②4冊以上読んだ生徒の人数は，1年生が 2＋6＝8（人），
2年生が (0.20＋0.16)×25＝9（人）だから，正しくな
い。
③最頻値は，1年生が3冊，2年生が3冊だから，正しく
ない。
④1年生と2年生の中央値はどちらも3冊なので，正しい。
以上より，正しいものは①と④

20 イ，ウ
【解き方】イ…2年生，3年生ともに15人ずつなので，
平均値の小さい方が記録の合計も小さい。

21 5回
【解き方】第1四分位数が50（回），第3四分位数
が55（回）より，55－50＝5（回）

22 ①13 m　②

0　5　10　15　20(m)

23 ウ

24 イ，オ

25 問1．(1)8.6秒　(2)イ
問2．ア．8　イ．7　ウ．B組

26 (1)53分　(2)55分　(3)イ，エ
【解き方】(1)
(四分位範囲)＝(第3四分位数)－(第1四分位数)
＝85－32＝53（分）
(2)2組は35人だから，中央値（第2四分位数）は小さい
方から18番目のデータである。したがって，第3四分位
数は，小さい方から，18＋(17＋1)÷2＝27（番目）のデー
タであり，55分となる。
(3)ア：2組の第1四分位数は，小さい方から
(17＋1)÷2＝9（番目）のデータで16分だから，2組の
四分位範囲は，55－16＝39（分）
よって，正しくない。
イ：1組の範囲は，115－15＝100（分）
2組の範囲は，105－5＝100（分）
よって，正しい。
ウ：2組は，図2のデータから，利用時間が55分の生徒
が1人いることがわかる。
1組は，図1の箱ひげ図から，利用時間が55分の生徒が
いるかどうか読みとることはできない。
よって，必ず正しいとはいえない。
エ：1組の第1四分位数は，小さい方から9番目で，図1
から32分である。よって，正しい。
オ：図1の箱ひげ図から読みとれるのは，小さい方から，
1番目（最小値），9番目（第1四分位数），18番目（第2
四分位数・中央値），27番目（第3四分位数），35番目（最
大値）のデータだけだから，利用時間の平均値が52分で
あるかどうか判断できない。
よって，必ず正しいとはいえない。

27 (1)5　(2)4　(3)イ，ウ
【解き方】(1)箱ひげ図より5冊
(2)箱ひげ図より 9－5＝4（冊）
(3)ア…(A組の範囲)＝12－1＝11（冊）
(B組の範囲)＝11－2＝9（冊）　よって，×
イ…A組の中央値は7冊，B組の中央値は8冊
よって，○
ウ…B組の第3四分位数は10冊なので，小さい方から全
体の $\dfrac{3}{4}$ のデータに10冊読んだ生徒が少なくとも1人は
いる。つまりA組の9冊以下の生徒数よりもB組の9冊
以下の生徒数は少ない。よって，○
エ…B組には10冊の生徒は少なくとも1人はいるが，A
組にはいるかどうか分からない。よって，×

28 イ，エ
【解き方】ア．この箱ひげ図では平均点は読み取れない。×
イ．各教科の最低点は，国語：30点より高い。
数学：20点　英語：20点より高いから，3教科の合計点の最低点は70点より高いので正しい。
ウ．得点が中央値以上の生徒は13人，国語の中央値は60点よりも高いので，13人以上の生徒が60点以上である。×
エ．英語の第3四分位数は80点より高い。
第3四分位数は上位12人の中央値で，上から6番目と7番目の得点の平均値。
したがって上位6人の生徒は80点より高いから，80点以上の生徒は6人以上いるので正しい。

29 第3四分位数が15分より大きいから。

30 ① 15 m
② B班（理由）（例）A班の中央値は 25 m 以上 30 m 未満の階級に入っており，B班の中央値は 30 m 以上 35 m 未満の階級に入っているため。
【解き方】① A班は，最大値が 46 m であり，記録の範囲が 31 m なので，最小値は，$46 - 31 = 15$（m）

31 （説明）（例）
ヒストグラムから読みとることができる第3四分位数は，40分以上50分未満の階級に含まれていて，箱ひげ図の第3四分位数とは異なっている。

32 (1) ア，エ
(2)（例）25番目の生徒の得点が7点，26番目の生徒の得点が9点
【解き方】(1) ア．1回目は13点，2回目は14点　イ．1回目は18点，2回目は20点　ウ．1回目は $18 - 6 = 12$（点），2回目は $20 - 8 = 12$（点）　エ．1回目は $16 - 8 = 8$（点），2回目は $16 - 10 = 6$（点）
(2) $\dfrac{7+9}{2} = \dfrac{16}{2} = 8$（点）となる。

33 （説明）（例）最頻値を比べると，知也さんは 6.5 m，公太さんは 5.5 m であり，知也さんの方が大きいから。
【解き方】2人とも，平均値は，5 m で同じであり，中央値は，5 m 以上 6 m 未満の階級に含まれる。

34 ・Aさんを選ぶとき　（理由）（例）Aさんの最頻値は 11.9 秒，Bさんの最頻値は 12.0 秒で，Aさんの最頻値のほうが小さいから。
・Bさんを選ぶとき　（理由）（例）Aさんの中央値は 12.1 秒，Bさんの中央値は 12.0 秒で，Bさんの中央値のほうが小さいから。

35 ウ

36 (1)① 4.8（冊）　②イ　(2)①イ　②ア　③ア　④ウ
【解き方】

(1)①$(0×1+1×2+2×1+3×2+4×2+5×4$
　　　　$+6×3+7×1+8×3+9×1) ÷ 20$
　　　$= 96 ÷ 20 = 4.8$（冊）
② ヒストグラムから，最小値 0，第1四分位数 3，中央値 5，第3四分位数 6.5，最大値 9　　　よって，イ
(2)① 四分位範囲は，B組：$6.5 - 3.5 = 3$
C組：$7 - 3 = 4$　　　よって，イ
② 中央値は，B組：5，C組：5　　　よって，ア
③ B組，C組ともに 20人だから，第1四分位数は小さい方から5番目と6番目の平均値。(5番目，6番目) は，
B組：3.5 より，(3, 4)，(2, 5) で，5番目は3以下。
C組：3 より，(3, 3)，(2, 4)，(1, 5) で，5番目は3以下。
各組ともに5番目は3冊以下だから，ア
④ この箱ひげ図には平均値が印されていないので，ウ
（五数要約された値（箱ひげ図からわかる5つの値）からは平均値は求められない。）

37 イ，エ
【解き方】箱ひげ図から数学も英語も中央値が60点である。
四分位範囲は数学が $80 - 50 = 30$，英語は $70 - 45 = 25$ である。
数学が90点，英語が80点の生徒がいることは分かるが，同じ生徒であるかは分からない。
生徒数が35人のため中央値は下から18番目の生徒の得点である。
第3四分位数は下から19番目から35番目までの17人の生徒の中央の生徒，すなわち27番目の生徒の得点である。
つまりは数学では下から27番目の生徒の得点が80点であるといえる。

38 15人の記録の中央値 25 m は，大きい方から8番目の生徒の記録である。
よって，太郎さんの記録 24.0 m は，中央値より小さいから，上位8番以内に入ることはない。

39 (1) 0.13
(2)（説明）（例1）飛行距離の中央値がふくまれる階級は，A が 11 m 以上 12 m 未満で，B が 10 m 以上 11 m 未満である。中央値は A の方が B より大きいので，A を選ぶ。
（例2）飛行距離の最頻値は，A が 9.5 m で，B が 11.5 m である。最頻値は B の方が A より大きいので，B を選ぶ。
【解き方】(1) $\dfrac{4}{30} = 0.133\cdots ≒ 0.13$

40 (1) 6点　(2) $m = 3$，$n = 17$　(3) 6，7，8
(4)① ア　② ウ
【解き方】(2) 図1より B班の結果の最小値は3点，$m < n$ より，$m = 3$
また，中央値は 16点，第3四分位数は 17点で，図2のデータを小さい順に並べると，3，12，14，15，17，17，19 だから，$n = 17$
(3) 図1より C班の結果の中央値は6点，第1四分位数は4点，第3四分位数は14点。
小さい方から5番目のデータを x，6番目のデータを y とすると，
$\dfrac{x+y}{2} = 6$，$4 \leqq x \leqq 6$，$6 \leqq y \leqq 14$

これを満たす x, y の組み合わせは，
$(x, y) = (4, 8)$, $(5, 7)$, $(6, 6)$
よって，求める数は 6，7，8
(4) A 班の範囲は，18 − 2 = 16（点）
B 班の範囲は，19 − 3 = 16（点）
よって，①は正しい。
B 班は図 2 から，C 班はデータの個数が 10 個であるから図 1 から 14 点の人がいることがわかるが，A 班についてはわからない。よって，②は図 1，図 2 からはわからない。

41
(1)イ　(2)範囲 105 分，第 1 四分位数 30 分
(3)① ア，エ　② 記号：ア
理由（例）：範囲と四分位範囲がともに最も大きいから。
【解き方】(1)中央値は，アとウが 50 〜 60 分の階級，イとエが 40 〜 50 分の階級である。そのうち，最頻値が中央値よりも小さくなるのはイだけである。
(2)範囲は，110 − 5 = 105（分）。第 1 四分位数は小さい方から 8 番目のデータのところなので，30（分）
(3)① グループ 1 と 3 は 55 分以下の生徒が半分以上いる。一方，グループ 2 は，半分以上が 55 分以上の読書時間だとわかるのでアは正しい。
読書時間が 55 分以上の生徒数が最も多いグループは，グループ 2 であるので，イは正しくない。
グループ 1 と 3 には，80 分以上 100 分未満の生徒が必ずいるとは限らないので，ウは正しくない。
どのグループも最大値は 100 分以上のため，エは正しい。
② グループ 1 の範囲は 100（分），四分位範囲は 40（分）
グループ 2 の範囲は 95（分），四分位範囲は 25（分）
グループ 3 の範囲は 95（分），四分位範囲は 17.5（分）
なので，範囲と四分位範囲がともに最も大きいから，散らばりぐあいが最も大きいのは，グループ 1 である。

42
① 6 本　② ア．14
イ．（例）3 月の中央値は 15 本であるため，15 本以上成功した部員の割合は 50 % 以上である。
【解き方】
①（四分位範囲）=（第 3 四分位数）−（第 1 四分位数）
= 14 − 8 = 6（本）

43
(1)第 1 四分位数…4.5 日
　第 2 四分位数（中央値）…7 日

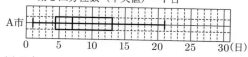

(2)C 市
(理由)（例）範囲と四分位範囲がともに B 市より C 市の方が大きいため。
【解き方】(1)データを小さい順に並べると，
1　3　4　5　6　6　8　11　13　13　15　21
第 1 四分位数は，$\dfrac{4 + 5}{2} = 4.5$（日）
第 2 四分位数は，$\dfrac{6 + 8}{2} = 7$（日）

44
1. (1)5 回　(2)ウ，オ，カ
2. (1)データ①：19 回，データ②：23 回
(2)(説明)（例）箱ひげ図から，箱の横の長さはあまり変わらず，第 1 四分位数，第 2 四分位数，第 3 四分位数すべてが明らかに大きくなっているとわかることから，記録は

伸びていると主張できる。
【解き方】1．(2)相対度数は，$\dfrac{\text{求める階級の度数}}{\text{合計度数}}$ で求めることができる。

45
(1)① イ，エ
② 記号ア，理由（例）握力が 40 kg 未満の累積相対度数は，1 組の男子は 0.6，1 組と 2 組を合わせた男子は 0.55 であり，1 組の男子の方が大きいから。
(2)ア．27　イ．0.15
【解き方】(1)① ア：表 1 において，最頻値は 37.5 kg なので誤り。
ウ：表 1 の範囲は，最大でも 50 − 30 = 20 より，
20 kg 未満。表 2 の範囲は最小でも
50 − 30 = 20 より，20 kg より大きい。
したがって，表 1 における範囲は，表 2 における範囲より小さい。よって，誤り。
(2)美咲さん以外の 14 人の握力の合計を x kg とすると，
$\dfrac{x + a}{15} = \dfrac{x + 21}{15} + 0.4$
これを解いて，$a = 27$（kg）

46
(1)範囲 13 g　四分位範囲 6 g
(2)記号　Ⓧウ　Ⓨオ
数値　A のデータのⓍ 31 g　B のデータのⓎ 29 g
(3)累積度数 14 個　記号 エ
【解き方】(1)最大値 36 g，最小値 23 g だから，
A の範囲は，36 − 23 = 13（g）
第 3 四分位数 33 g，第 1 四分位数 27 g だから，
A の四分位範囲は，33 − 27 = 6（g）
(2)A の中央値は 31 g だから，少なくとも 15 個は 31 g 以上である。よって，Ⓧの記号はウ，値は 31 g である。
B の第 3 四分位数は 29 g であり，重い方から数えて 8 番目である。よって，少なくとも 8 個は 29 g 以上である。
つまり，B において，30 g 以上は 7 個以下である。
したがって，Ⓨの記号はオ，値は 29 g である。
(3)重さが 30 g 未満の度数の和を求めればよい。
1 + 2 + 5 + 6 = 14（個）
次に，C の最小値 23 g，第 1 四分位数 27 g，中央値 31 g，
第 3 四分位数 33 g，最大値 36 g である。
ア．第 1 四分位数（軽い方から 8 番目）が誤り。
イ．最大値が誤り。
ウ．第 3 四分位数（重い方から 8 番目）が誤り。
エ．正しい。

§2　標本調査

1　ア，ウ

2　ウ
【解き方】 糖度が 10 度以上 14 度未満の割合は，
$\dfrac{4+11}{50}=\dfrac{3}{10}$ である。
よって，$1000 \times \dfrac{3}{10} = 300$（個）

3　およそ 169 匹

4　およそ 80 本
【解き方】 はじめに入っていた当たりくじの本数を x 本とすると，
$1000 : x = 50 : 4$　　これを解くと，$x = 80$

5　およそ 360 人
【解き方】 求める人数を x 人とすると，$\dfrac{x}{450} = \dfrac{32}{40}$
$x = 360$
よって，およそ 360 人

6　およそ 150 個
【解き方】 袋の中に，x 個の白い碁石が含まれているとし，比例式で表すと，$500 : x = 60 : 18$　　これを解くと，$x = 150$

7　およそ 620 個
【解き方】 はじめに箱に入っていた白玉の個数を x 個と考えると，
$\dfrac{50}{x+50} = \dfrac{3}{40}$　　これを解くと，$x = 616.666\cdots$ となるので，はじめに箱に入っていた白玉は，およそ 620 個

8　およそ 250 個

9　(1)（Ⅰ）イ　（Ⅱ）ア　（Ⅲ）ウ　(2)ウ
(3)（例）標本を無作為に抽出したことにならないため。
【解き方】(1)（Ⅰ）四分位範囲は箱の横の長さにあたるから，四分位範囲が最も大きいのは C 組である。
（Ⅱ）B 組の中央値は 20 冊未満の値，A，C 組の中央値は 20 冊より大きい値なので，正しい。
（Ⅲ）B 組の箱ひげ図をみると，30 冊以上 35 冊以下はひげの一部分なので，30 冊以上 35 冊以下の生徒がいるかどうか判断できない。
(2)C 組の箱ひげ図から，最小値は 5 冊より大きく，10 冊未満の値で，最大値は 40 冊より大きく 45 冊未満の値であるから，エは誤り。
また，C 組は 34 人だから，第 1 四分位数は少ない方から 9 番目の冊数で，箱ひげ図から，10 冊より大きく 15 冊未満の値になる。イは，ヒストグラムより，15 冊未満の人数が $2+6=8$（人）となり，少ない方から 9 番目の冊数

は 15 人以上だから誤り。
さらに，C 組は 34 人だから，中央値は少ない方から 17 番目と 18 番目の冊数の平均値で，箱ひげ図から，20 冊より大きく 25 冊未満の値になる。アは，ヒストグラムより，20 冊未満の人数が $4+7+7=18$（人）となり，少ない方から 17 番目と 18 番目の冊数の平均値は 20 冊未満だから誤り。
ウは，C 組の箱ひげ図の第 1 四分位数，中央値，第 3 四分位数を満たしている。

§3　場合の数・確率

① 硬貨

1 $\dfrac{1}{2}$

【解き方】全部の場合の数は，$2 \times 2 \times 2 = 8$（通り）
2枚以上裏なのは $(\bigcirc, \times, \times)$，$(\times, \bigcirc, \times)$，$(\times, \times, \bigcirc)$，
$(\times, \times, \times)$ の4通り。よって，$\dfrac{4}{8} = \dfrac{1}{2}$

2 $\dfrac{5}{8}$

【解き方】右の表の5通り。

100円	50円	50円
$\bigcirc$	$\bigcirc$	$\bigcirc$
$\bigcirc$	$\bigcirc$	
$\bigcirc$		$\bigcirc$
$\bigcirc$		
	$\bigcirc$	$\bigcirc$

3 4（通り）

【解き方】10円硬貨2枚をA，B，50円硬貨をC，100円硬貨をDとすると，2枚の組み合わせは，(A, B)，(A, C)，(A, D)，(B, C)，(B, D)，(C, D) で，その金額は，20円，60円，110円，150円の4通りだけである。

4 (1) およそ180枚
(2)［確率］$\dfrac{3}{8}$

［考え方］（解答例）硬貨を投げたとき，表の場合を$\bigcirc$，裏の場合を$\times$として表にまとめると右の表のようになる。よって，求める確率は $\dfrac{3}{8}$

【解き方】(1)
$320 \times \dfrac{27}{27 + 21} = 180$

100円硬貨	50円硬貨	50円硬貨	$a - b$
$\bigcirc$	$\bigcirc$	$\bigcirc$	200
$\bigcirc$	$\bigcirc$	$\times$	100
$\bigcirc$	$\times$	$\bigcirc$	100
$\bigcirc$	$\times$	$\times$	0
$\times$	$\bigcirc$	$\bigcirc$	0
$\times$	$\bigcirc$	$\times$	-100
$\times$	$\times$	$\bigcirc$	-100
$\times$	$\times$	$\times$	-200

5 (1) 15通り　(2) 64通り　(3)① 7通り　② $\dfrac{1}{4}$

【解き方】(1) 6枚中表になる2枚の組み合わせは
$\dfrac{6 \times 5}{2} = 15$（通り）
(2) 1枚のメダルは表が出るか裏が出るかの2通りである。それが6枚あるので，$2^6 = 64$（通り）
(3)① 表が1枚のとき　1，4，9が出れば $\sqrt{a}$ は整数
表が2枚のとき　(1, 4)，(1, 9)，(2, 8)，(4, 9) が出れば $\sqrt{a}$ は整数
よって，$3 + 4 = 7$（通り）
② $6 = 2 \times 3$ である。6以外に3を素因数にもつ数は $9 = 3^2$ しかない。よって，6が表になると $\sqrt{a}$ は整数にはならないので6を除いて考えることにする。
表が3枚のとき　(1, 2, 8)，(1, 4, 9)，(2, 4, 8)，

(2, 8, 9)
表が4枚のとき　(1, 2, 4, 8)，(1, 2, 8, 9)，(2, 4, 8, 9)
表が5枚のとき　(1, 2, 4, 8, 9)
また，表が0枚のときは $a = 0$ でこれも条件を満たす。
よって，$7 + 4 + 3 + 1 + 1 = 16$（通り）
ゆえに，求める確率は $\dfrac{16}{64} = \dfrac{1}{4}$

②　さいころ

1 $\dfrac{5}{12}$

【解き方】和が素数になるのは次の 15 通り。

(1, 1), (1, 2), (2, 1), (1, 4), (2, 3), (3, 2), (4, 1), (1, 6), (2, 5), (3, 4), (4, 3), (5, 2), (6, 1), (5, 6), (6, 5)

したがって，求める確率は $\dfrac{15}{36} = \dfrac{5}{12}$

2 $\dfrac{3}{4}$

【解き方】全部で 36 通り。積が偶数になるのは 27 通り。よって，求める確率は，$\dfrac{27}{36} = \dfrac{3}{4}$

	1	2	3	4	5	6
1	○		○		○	
2	○	○	○	○	○	○
3		○		○		○
4	○	○	○	○	○	○
5		○		○		○
6	○	○	○	○	○	○

3 $\dfrac{1}{6}$

【解き方】すべての場合の数は，$6 \times 6 = 36$（通り）

出た目の大きい数から小さい数をひいた差が 3 になるのは，(A, B) = (1, 4), (4, 1), (2, 5), (5, 2), (3, 6), (6, 3) の 6 通り。

したがって，$\dfrac{6}{36} = \dfrac{1}{6}$

4 $\dfrac{5}{6}$

【解き方】全部の場合の数は $6 \times 6 = 36$（通り）

和が 6 の倍数になるのは (1, 5), (2, 4), (3, 3), (4, 2), (5, 1), (6, 6) の 6 通り。つまり 6 の倍数にならないのは $36 - 6 = 30$（通り）　よって，$\dfrac{30}{36} = \dfrac{5}{6}$

5 $\dfrac{4}{9}$

【解き方】すべての場合の数は，$6 \times 6 = 36$（通り）

12 の約数は，{1, 2, 3, 4, 6, 12} より，2 つのさいころの出る目を (a, b) とすると，出る目の数の積が 12 の約数となる場合は，以下の通りとなる。

$(a, b) = $ (1, 1), (1, 2), (2, 1), (1, 3), (3, 1), (1, 4), (4, 1), (2, 2), (1, 6), (6, 1), (2, 3), (3, 2), (2, 6), (6, 2), (3, 4), (4, 3) の 16 通り。

したがって，$\dfrac{16}{36} = \dfrac{4}{9}$

6 $\dfrac{1}{9}$

【解き方】さいころのすべての目の出方は，$6 \times 6 = 36$（通り）

出る目の数の積が 25 以上となるのは，(大，小) = (5, 5), (5, 6), (6, 5), (6, 6) の 4 通り。よって，$\dfrac{4}{36} = \dfrac{1}{9}$

7 $\dfrac{1}{9}$

【解き方】$(a, b) = $ (1, 4), (2, 1), (5, 6), (6, 3) の

4 通り。

8 $\dfrac{7}{36}$

【解き方】さいころの目の出かたは全部で 36 通りある。このうち，$\sqrt{a+b}$ が整数となるのは，$a+b$ が 4 または 9 のときのみで，7 通りある。

よって，求める確率は $\dfrac{7}{36}$ である。

a＼b	1	2	3	4	5	6
1			4			
2		4				
3	4					9
4					9	
5				9		
6			9			

9 （求め方）（例）

さいころの目の出方は全部で 36 通りある。

$2 \leqq a+b \leqq 12$ であり，このうち，$a+b$ が 24 の約数となるのは，17 通りある。よって，求める確率は $\dfrac{17}{36}$

（答）$\dfrac{17}{36}$

a＼b	1	2	3	4	5	6
1	②	③	④	5	⑥	7
2	③	④	5	⑥	7	⑧
3	④	5	⑥	7	⑧	9
4	5	⑥	7	⑧	9	10
5	⑥	7	⑧	9	10	11
6	7	⑧	9	10	11	⑫

10 $\dfrac{5}{18}$

【解き方】$a = 1$ のとき $b = 1, 2, 3, 4, 5, 6,$ $a = 2$ のとき $b = 1, 2, 3,$ $a = 3$ のとき $b = 1$ の 10 通り

11 記号：ア

（理由）（例）積 ab が 12 以上となることの確率は，$\dfrac{1+3+4+4+5}{36} = \dfrac{17}{36}$

積 ab が 12 未満となることの確率は，$1 - \dfrac{17}{36} = \dfrac{19}{36} > \dfrac{17}{36}$

よって，アの 12 未満となることの方が起こりやすい。

ab	1	2	3	4	5	6
1						
2						12
3				12	15	18
4			12	16	20	24
5			15	20	25	30
6		12	18	24	30	36

12 問 1．36（通り）　問 2．$\dfrac{2}{9}$　問 3．$\dfrac{1}{3}$

【解き方】問 1．さいころを 2 個投げたときのすべてのパターンは，$6 \times 6 = 36$（通り）

問 2．さいころ A が 5 のとき，さいころ B は 5 又は 6。さいころ A が 6 のときは，さいころ B はどの目でもよい。つまり 8 通り考えられるため，$\dfrac{8}{36} = \dfrac{2}{9}$

問 3．整数 n が 3 の倍数となるのは，$n = 12, 15, 21, 24, 33, 36, 42, 45, 51, 54, 63, 66$ の 12 通りである。よって，$\dfrac{12}{36} = \dfrac{1}{3}$

13 (1) $\dfrac{5}{36}$　(2) $\dfrac{7}{12}$

【解き方】1 回目に出た目の数の箱 A と箱 B の玉の数

さいころの出た目の数	1	2	3	4	5	6
(箱Aの玉の数, 箱Bの玉の数)	(5,6)	(4,7)	(3,8)	(2,9)	(1,10)	(0,11)

2 回目に出た目の数の箱 A と箱 B の玉の数

さいころの出た目の数	1	2	3	4	5	6
(A, B)が(5, 6)のとき	•(6,5)	•(7,4)	•(8,3)	•(9,2)	•(10,1)	•(11,0)
(A, B)が(4, 7)のとき	○(5,6)	•(6,5)	•(7,4)	•(8,3)	•(9,2)	•(10,1)
(A, B)が(3, 8)のとき	(4,7)	○(5,6)	•(6,5)	•(7,4)	•(8,3)	•(9,2)
(A, B)が(2, 9)のとき	(3,8)	(4,7)	○(5,6)	•(6,5)	•(7,4)	•(8,3)
(A, B)が(1, 10)のとき	(2,9)	(3,8)	(4,7)	○(5,6)	•(6,5)	•(7,4)
(A, B)が(0, 11)のとき	(1,10)	(2,9)	(3,8)	(4,7)	○(5,6)	•(6,5)

(1) 上の表の○印のついた (5, 6) は5通りあるから，5個になる確率は，$\dfrac{5}{6\times6}=\dfrac{5}{36}$

(2) 上の表の●印のついた箇所が箱Aに入っている玉の個数が，箱Bに入っている玉の個数より多い場合である。
21通りあるから求める確率は，$\dfrac{21}{6\times6}=\dfrac{7}{12}$

14　(ア) $\dfrac{1}{18}$　(イ) $\dfrac{4}{9}$

【解き方】(ア) $\begin{pmatrix}a\\b\end{pmatrix}=\begin{pmatrix}2\\4\end{pmatrix}$，$\begin{pmatrix}4\\2\end{pmatrix}$ の2通り。

(イ) $\begin{pmatrix}a\\b\end{pmatrix}=\begin{pmatrix}1\\1\end{pmatrix}$，$\begin{pmatrix}2\\2\end{pmatrix}$，$\begin{pmatrix}3\\3\end{pmatrix}$，$\begin{pmatrix}4\\4\end{pmatrix}$，$\begin{pmatrix}5\\5\end{pmatrix}$，$\begin{pmatrix}6\\6\end{pmatrix}$，$\begin{pmatrix}1\\6\end{pmatrix}$，$\begin{pmatrix}2\\6\end{pmatrix}$，$\begin{pmatrix}3\\6\end{pmatrix}$，$\begin{pmatrix}4\\6\end{pmatrix}$，$\begin{pmatrix}5\\6\end{pmatrix}$，$\begin{pmatrix}6\\1\end{pmatrix}$，$\begin{pmatrix}6\\2\end{pmatrix}$，$\begin{pmatrix}6\\3\end{pmatrix}$，$\begin{pmatrix}6\\4\end{pmatrix}$，$\begin{pmatrix}6\\5\end{pmatrix}$ の16通り。

15　(ア) D　(イ) 0　(ウ) $\dfrac{2}{9}$　(エ) $\dfrac{5}{6}$

【解き方】1回目に出た目を x，2回目に出た目を y として，(x, y) と表すことにする。

(イ) $(6, 6)$ であっても折り返した後でCのマスまでしかコマは行かないため，確率は 0

(ウ) コマがFのマスにあるのは，出た目の和が5のときと9のときである。
すなわち，$(1, 4)$，$(2, 3)$，$(3, 2)$，$(4, 1)$，$(3, 6)$，$(4, 5)$，$(5, 4)$，$(6, 3)$ の8通り。
さいころの目の出方は36通りであるから，$\dfrac{8}{36}=\dfrac{2}{9}$

(エ) コマがHのマスにあるのは，出た目の和が7のときで，$(1, 6)$，$(2, 5)$，$(3, 4)$，$(4, 3)$，$(5, 2)$，$(6, 1)$
の6通りで，その確率は，$\dfrac{6}{36}=\dfrac{1}{6}$
したがって，Hのマスにない確率は，$1-\dfrac{1}{6}=\dfrac{5}{6}$

16　(1) ア．5

イ．(理由)（例）1回目に5の目が出ると，カードAがうら返り，すべてのカードは白色の面が上になるので，次にどの目が出ても黒色の面が上になるカードは1枚だけになるから。

(2) $\dfrac{5}{18}$

【解き方】(2) 目の出方は全部で，$6^2=36$（通り）で，これらは同様に確からしい。また1，2回目に出た目の数が順に a，b のときを (a, b) で表すと，条件をみたす場合は，$(1, 2)$，$(1, 4)$，$(2, 1)$，$(2, 6)$，$(3, 4)$，$(4, 1)$，$(4, 3)$，$(4, 6)$，$(6, 2)$，$(6, 4)$ の10通り。
したがって，求める確率は，$\dfrac{10}{36}=\dfrac{5}{18}$

17　(1) 4（個）　(2) $\dfrac{11}{36}$　(3)① $n=21$　② 3（回）③ $\dfrac{45}{49}$

【解き方】(1) 6の約数は1，2，3，6なので，4個。

(2) 箱の中に4個の玉があるのは，1個＋3個，3個＋1個，2個＋2個 となるときである。1個となるのは1，3個となるのは4，2個となるのは2，3，5の目が出たときである。これらは合わせて，
$1\times1+1\times1+3\times3=11$（通り）
なので，求める確率は，$\dfrac{11}{6\times6}=\dfrac{11}{36}$

(3)① 操作を1回行うごとに必ず1が書かれた玉を1つ箱に入れるので，$n=21$

② 3の目と5の目の出た回数を x 回とおく。また4が書かれた玉と6が書かれた玉の個数が等しいので，4と6の目の出た回数も等しくなる。これを y 回とおく。
1の目が2回，2の目が5回出たときに入れる玉の個数は $1\times2+2\times5=12$（個）である。残り40個の玉は3～6の目が出て入れたことになる。これより，
$2x+3y+2x+4y=4x+7y=40\cdots$①
また，3～6の目は全部で $21-7=14$（回）出ているので，$2(x+y)=14$ より，$x+y=7\cdots$②
①－②×4より，$3y=12$　　$y=4$
このとき $x=3$　よって，3回。

③ 5の玉は3個入っているので，これを取り出すと残りは49個である。6の約数でない数は4で，これは4個入っているので，求める確率は $\dfrac{49-4}{49}=\dfrac{45}{49}$

18　(ア) 1　(イ) $\dfrac{4}{9}$

【解き方】(ア) $a=3$，$b=6$ のときのみ。

(イ) $(a, b)=(1, 1)$，$(1, 2)$，$(1, 4)$，$(2, 2)$，$(2, 3)$，$(2, 4)$，$(2, 5)$，$(3, 1)$，$(4, 3)$，$(4, 4)$，$(4, 5)$，$(5, 1)$，$(5, 2)$，$(6, 2)$，$(6, 3)$，$(6, 5)$ の16通り。

③　玉

1 $\dfrac{8}{15}$

【解き方】すべての起こりうる場合は，6個の玉をそれぞれ赤1，赤2，赤3，赤4，白1，白2とすると以下の15通り。

（赤1，赤2），（赤1，赤3），（赤1，赤4），（赤1，白1），
（赤1，白2），（赤2，赤3），（赤2，赤4），（赤2，白1），
（赤2，白2），（赤3，赤4），（赤3，白1），（赤3，白2），
（赤4，白1），（赤4，白2），（白1，白2）

このうち，赤と白が1個ずつの場合は8通りであるから

$\dfrac{8}{15}$

2 $\dfrac{13}{25}$

3 （求め方）（例）袋Aに入っている赤玉を①，白玉を $\boxed{1}$，$\boxed{2}$，青玉を $\triangle_1$，$\triangle_2$，袋Bに入っている赤玉を②，③，白玉を $\boxed{3}$ とおく。玉の取り出し方は15通りあり，玉の色が異なるのは11通りある。

①$\Big\langle\begin{matrix}②\\③\\\boxed{3}\end{matrix}$　$\boxed{1}\Big\langle\begin{matrix}②\\③\\\boxed{3}\end{matrix}$　$\boxed{2}\Big\langle\begin{matrix}②\\③\\\boxed{3}\end{matrix}$　$\triangle_1\Big\langle\begin{matrix}②\\③\\\boxed{3}\end{matrix}$　$\triangle_2\Big\langle\begin{matrix}②\\③\\\boxed{3}\end{matrix}$

よって，求める確率は $\dfrac{11}{15}$　　（答）$\dfrac{11}{15}$

4 $\dfrac{4}{15}$

【解き方】玉の取り出し方は全部で15通り。このうち，和が正の数になる場合は右表から4通りである。

よって，求める確率は，

$\dfrac{4}{15}$

	−3	−2	−1	0	1	2
−3		−5	−4	−3	−2	−1
−2			−3	−2	−1	0
−1				−1	0	1
0					1	2
1						3
2						

5 $\dfrac{5}{8}$

【解き方】玉の取り出し方は全部で16通りあり，$a+b$ も16通りある。このうち，24の約数は10通りある。よって，求める確率は $\dfrac{10}{16}=\dfrac{5}{8}$ である。

a＼b	1	2	3	4
1	②	③	④	5
2	③	④	5	⑥
3	④	5	⑥	7
4	5	⑥	7	⑧

6 ① $\dfrac{8}{25}$　② $\dfrac{21}{25}$

【解き方】すべての場合の数は（5×5＝）25通り。
① 積が12以上になるのは，$(a,\ b)=(3,\ 4)$，$(3,\ 5)$，$(4,\ 3)$，$(4,\ 4)$，$(4,\ 5)$，$(5,\ 3)$，$(5,\ 4)$，$(5,\ 5)$ の8通り。
② 両方が偶数である場合の数は（2×2＝）4通りだから，少なくとも一方が奇数である場合の数は（25−4＝）21通り。

7 $\dfrac{1}{12}$

【解き方】リレーの走る順番は全部で，
4×3×2×1＝24（通り）
第一走者がAさん，第四走者がDさんとなる場合は，走る順に，Aさん，Bさん，Cさん，Dさん，または，Aさん，Cさん，Bさん，Dさんの2通り。
よって，求める確率は，$\dfrac{2}{24}=\dfrac{1}{12}$

8 エ

【解き方】各箱における玉の取り出し方は次の通りである。
A：(1, 2)，<u>(1, 3)</u>，(2, 3)　　B：(4, 5)，<u>(4, 6)</u>，(5, 6)
C：(7, 8)，<u>(7, 9)</u>，(7, 10)，(8, 9)，<u>(8, 10)</u>，(9, 10)
下線の場合が取り出した2個の玉に書かれた数の和が偶数になるから，その確率は，A：$\dfrac{1}{3}$，B：$\dfrac{1}{3}$，C：$\dfrac{2}{6}=\dfrac{1}{3}$
よって，起こりやすさはどの箱も同じである。

9 ① 3通り　② $\dfrac{1}{4}$

【解き方】① a，b は，$1\leqq a\leqq 4$，$2\leqq b\leqq 5$ を満たす自然数なので，$4\leqq 2a+b\leqq 13$　　したがって，コインが点Dにとまるのは，$2a+b=8$ または $2a+b=13$ のいずれか。
$2a+b=8$ のとき，$(a,\ b)=(2,\ 4)$，$(3,\ 2)$
$2a+b=13$ のとき，$(a,\ b)=(4,\ 5)$
以上，3通り。
② ①と同様に考えて，
コインが点Aにとまるのは，$2a+b=5$，10のいずれか。これを満たすのは，$(a,\ b)=(1,\ 3)$，$(3,\ 4)$，$(4,\ 2)$ の3通り。
コインが点Bにとまるのは，$2a+b=6$，11のいずれか。これを満たすのは，$(a,\ b)=(1,\ 4)$，$(2,\ 2)$，$(3,\ 5)$，$(4,\ 3)$ の4通り。
コインが点Cにとまるのは，$2a+b=7$，12のいずれか。これを満たすのは，$(a,\ b)=(1,\ 5)$，$(2,\ 3)$，$(4,\ 4)$ の3通り。
コインが点Dにとまるのは，①より3通り。
コインが点Eにとまるのは，
$16-(3+4+3+3)=3$（通り）
以上より，点Bにとまる確率が最も高く，$\dfrac{4}{16}=\dfrac{1}{4}$ である。

10 ① 13点　② $\dfrac{1}{3}$

【解き方】① $3\times 3+4=13$（点）
②

袋A	袋B1つ目	袋B2つ目

$1\Big\langle\begin{matrix}1\Big\langle\begin{matrix}3\cdots 1\times 1+3=4（点）\\4\cdots 1\times 1+4=5（点）\end{matrix}\\3\ \text{—}\ 4\cdots 1+3+4=8（点）\end{matrix}$

$3\Big\langle\begin{matrix}1\Big\langle\begin{matrix}3\cdots 3\times 3+1=10（点）\\4\cdots 1+3+4=8（点）\end{matrix}\\3\ \text{—}\ 4\cdots 3\times 3+4=13（点）\end{matrix}$

すべての場合の数は6通りで，得点が奇数になるのは2通りだから，$\dfrac{2}{6}=\dfrac{1}{3}$

11 (1) 6 通り　(2) (符号) ア
(選んだ理由) (例)

p について
玉の取り出し方を
すべてあげると

(●, ①) (①, ②)
(●, ②) (①, ③)
(●, ③) (②, ③)

よって, $p = \dfrac{1}{2}$

q について
赤玉が出る場合を○,
赤玉が出ない場合を×
としてまとめると,

	●	①	②	③
●		○	○	○
①	○	×	×	×
②	○	×	×	×
③	○	×	×	×

よって, $q = \dfrac{7}{16}$

よって, p の方が大きい。
【解き方】 (1) $3 \times 2 = 6$ (通り)

12 問1. 6 (通り)　問2. $\dfrac{1}{12}$　問3. $\dfrac{17}{18}$

【解き方】 問1. 点Pの最後の位置が原点になるの
は, 1回目と2回目に色の異なる同じ数字を取り出したと
きである。白玉が先に出る場合が3通り, 赤玉が先に出る
場合が3通りなので6通り。
問2. 考えられるすべての取り出し方は36通りである。
その中で点Pの最後の位置が2に対応するのは,
(白₂, 白₃), (白₃, 赤₁), (赤₁, 白₃) の3通りである。
よって, $\dfrac{3}{36} = \dfrac{1}{12}$
問3. 点Pの最後の位置が -5 に対応する取り出し方は,
(赤₂, 赤₃), (赤₃, 赤₂) の2通りで, それ以外はすべて
-4 以上の数に対応する。よって, 求める確率は,
$1 - \dfrac{2}{36} = \dfrac{34}{36} = \dfrac{17}{18}$ になる。

13 (1) $\dfrac{1}{5}$　(2) $\dfrac{17}{36}$

【解き方】 (1) 2個の玉の取り出し方は, $6 \times 5 = 30$
(通り)　a, b ともに奇数となる取り出し方は,
$3 \times 2 = 6$ (通り)　求める確率は, $\dfrac{6}{30} = \dfrac{1}{5}$

(2) $m^2 > 4n$ を満たす場合
に○をつけて整理すると,
右の表のようになる。
○が17個あるので,
求める確率は $\dfrac{17}{36}$

m^2＼$4n$	4	8	12	16	20	24
1						
4						
9	○	○				
16	○	○	○	○		
25	○	○	○	○	○	
36	○	○	○	○	○	○

14 (1) エ
(2) (説明) (例)

玉の取り出し方は右の通り,
$3 \times 4 = 12$ (通り) あり,
これらは同様に確からしい。

①〈②③④　②〈②③④　③〈②③④　④〈②③④

このうち, 数の和が5になるものは, ①−④, ②−③,
③−②の3通り。
したがって, 求める確率は, $\dfrac{3}{12} = \dfrac{1}{4}$　(正しい答え) $\dfrac{1}{4}$

④　カード・くじ

1 (求め方) (例) 3 と書いたカードを ③, ③, 4 と書い
たカードを ④, ④ とおく。カードの取り出し方は全
部で 15 通りあり, このうち, 少なくとも1枚は奇数が含
まれるのは 12 通りある。

①〈②③③④④　②〈③③④④　③〈③④④　③〈④④　④—④

よって, 求める確率は $\dfrac{12}{15} = \dfrac{4}{5}$
(答) $\dfrac{4}{5}$

2 $\dfrac{1}{10}$

【解き方】 カードの取り出し方は全部で
$\dfrac{5 \times 4}{2 \times 1} = 10$ (通り)
2枚のカードの積が2の倍数にも3の倍数にもならないた
めには, 引いた2枚のカードの数字に, 2の倍数も3の倍
数も含まれていてはならない。この条件を満たすのは, 5
と7を引く場合の1通りのみである。求める確率は $\dfrac{1}{10}$

3 $\dfrac{5}{12}$

【解き方】 32, 34, 41, 42, 43 の5通り。

4 $\dfrac{7}{25}$

【解き方】 11, 13, 23, 31, 41, 43, 53 の7通り。

5 $\dfrac{5}{12}$

【解き方】 二つの箱, A, B からカードを1枚ずつ取
り出す方法は全部で, $3 \times 4 = 12$ (通り)
このうち, 数の和が20の約数であるのは,
(A, B) = (1, 1), (1, 3), (2, 3), (3, 1), (3, 7) の5通
りだから, 求める確率は, $\dfrac{5}{12}$

6 $\dfrac{5}{7}$

【解き方】 あたらない場合は, あたる場合の余事象な
ので,
$1 - \dfrac{2}{7} = \dfrac{5}{7}$

7 $\dfrac{2}{5}$

【解き方】

A〈BCDE　B〈CDE　C〈DE　D—E

求める確率は, $\dfrac{4}{10} = \dfrac{2}{5}$

8 $\dfrac{7}{10}$

【解き方】 くじのひき方は, 全部で $5 \times 4 = 20$ (通り)
このうち, 2人ともはずれをひくのは, $3 \times 2 = 6$ (通り)
よって, $\dfrac{20 - 6}{20} = \dfrac{7}{10}$

9 $\dfrac{11}{32}$

【解き方】$10a + b = 9a + a + b$ であるから，$a + b$ が 3 の倍数となる確率を求める。

10 (ア) $\dfrac{2}{7}$　(イ) $\dfrac{1}{21}$　(ウ) $\dfrac{4}{7}$　(エ) $\dfrac{5}{7}$

【解き方】(ア) 7 本のくじのうち，2 等のくじは 2 本あるから，$\dfrac{2}{7}$

(イ) 1 等 1 本のくじを a，2 等 2 本のくじを b，c，はずれ 4 本のくじを d，e，f，g とすると，同時に 2 本ひくとき，樹形図より，ひき方は全部で 21 通り。
このうち，2 本とも 2 等のくじとなるひき方は 1 通りあるから，求める確率は，$\dfrac{1}{21}$

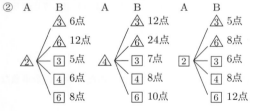

(ウ) 樹形図より，1 本はあたりくじでもう 1 本ははずれくじとなるひき方は 12 通りあるから，求める確率は，
$\dfrac{12}{21} = \dfrac{4}{7}$

(エ) 2 本ともはずれくじとなるひき方は，樹形図の×をつけた 6 通りあり，それ以外は少なくとも 1 本があたりくじとなるひき方で，$21 - 6 = 15$（通り）あるから，求める確率は，$\dfrac{15}{21} = \dfrac{5}{7}$

11 ① 24 点
② ア．8　イ．$\dfrac{4}{15}$

【解き方】① 赤いカードを②，③，④，⑥，白いカードを2，3，4，6とする。
箱 A から④，箱 B から⑥のカードを取り出したときが最大値となり，$4 \times 6 = 24$（点）

②
	A		B		A		B		A		B
②	③	6点			④	③	12点			③	5点
	⑥	12点			⑥	24点				⑥	8点
	3	5点		④	3	7点		2	3	6点
	4	6点			4	8点			4	8点
	6	8点			6	10点			6	12点

したがって，得点が 8 点となるのが 4 通りで最も多く，確率は，$\dfrac{4}{3 \times 5} = \dfrac{4}{15}$

12 ① 2 通り　② $\dfrac{11}{18}$

【解き方】① $ab + 4 = -c$ とする。
$c = 2$ のとき，$ab + 4 = -2$　$ab = -6$ となり，これを満たすのは，$(a, b) = (3, -2)$
$c = 4$ のとき，$ab + 4 = -4$　$ab = -8$ となり，これを満たす a，b の組はない。
$c = 6$ のとき，$ab + 4 = -6$　$ab = -10$ となり，これを満たすのは，$(a, b) = (5, -2)$
以上，2 通り。

13 $\dfrac{1}{9}$

【解き方】カードのひき方は，6×6（通り）
$b = \dfrac{6}{a}$ より，$ab = 6$ となるひき方は，
$(-3, -2)$，$(-2, -3)$，$(2, 3)$，$(3, 2)$ の 4 通り。
求める確率は，$\dfrac{4}{6 \times 6} = \dfrac{1}{9}$

14 $\dfrac{2}{9}$

【解き方】すべての場合は $(3 \times 3 =)$ 9 通りあり，そのうちあいこ（引き分け）になるのは両方の袋から チョキ のカードが取り出される場合であり，その場合の数は $(1 \times 2 =)$ 2 通り。

15 ① B　② $\dfrac{2}{9}$

【解き方】

目の和	(0)	(1)	2	3	4	5	6	7	8	9	10	11	12
文字	A	B	C	D	E	A	B	C	D	E	A	B	C

② C のカードが一番上になるときの目の和は，2，7，12。
それぞれの場合の目の出方は，（大，小）として
和が　2　$(1, 1)$　　　　　　　　　　　1 通り
　　　7　$(1, 6)$，$(2, 5)$，…，$(6, 1)$　6 通り
　　　12　$(6, 6)$　　　　　　　　　　　1 通り
目の出方は全体で 6×6 通りで，これらはすべて同様に確からしい。
求める確率は，$\dfrac{1 + 6 + 1}{6 \times 6} = \dfrac{2}{9}$

16 (1) 3 通り　(2)① 6 通り　② 8 通り　③ $\dfrac{14}{45}$

【解き方】(1) 3 つの袋すべてから B を取り出す場合は 1 通りで，C，D についても同様なので，$1 \times 3 = 3$（通り）
(2)① B と C のカードしか選ばれない選び方は

$$B \begin{cases} B - C \\ C < \begin{matrix} B \\ C \end{matrix} \\ C < \begin{matrix} B \\ B \end{matrix} \end{cases} \quad C \begin{cases} B < \begin{matrix} B \\ C \end{matrix} \\ C - B \end{cases}$$

の 6 通りである。
② 辺 AB とねじれの位置にあるのは CD，CE，DE である。
CD となるのは①と同様に考えて 6 通りである。
CE，DE となるのは E が入っている袋から E を選び，残り 2 つの袋から C を選ぶ場合と D を選ぶ場合の 1 通りずつである。よって，$6 + 1 + 1 = 8$（通り）
③ 面積が $2\,\text{cm}^2$ の三角形は △BCD，△BCE，△BDE，△CDE，△ABD，△ACE である。
△BCD となる選び方は $3 \times 2 \times 1 = 6$（通り）
△BCE，△BDE，△CDE は E が入っている袋から E を選び，残り 2 つの袋から，その他 2 つの文字の書かれたカードを選べばよいので，選び方は $2 \times 1 = 2$（通り）ずつある。
△ABD は A が入っている袋から A を選び，残り 2 つの袋から B と D を選べばよいので $2 \times 1 = 2$（通り）である。
△ACE は A と E が 1 つの袋にしか入っていないので作れない。
よって，求める確率は $\dfrac{6 + 2 \times 3 + 2}{5 \times 3 \times 3} = \dfrac{14}{45}$

17

(1) $\dfrac{5}{16}$　(2) $a = 3$

【解き方】(1)けいたさんとのぞみさんのカードの出し方を表にして，けいたさんが勝つ場合を○で表すと右のようになる。

よって，求める確率は，

$\dfrac{5}{16}$

のぞみ けいた	グー	グー	チョキ	パー
グー			○	
チョキ				○
チョキ				○
パー	○	○		

(2) [1] のぞみさんがグーのカードを出すとき，

のぞみさんが勝つのは，$2 \times 3 = 6$（通り）

けいたさんが勝つのは，$2 \times a = 2a$（通り）

[2] のぞみさんがチョキのカードを出すとき，

のぞみさんが勝つのは，$1 \times a = a$（通り）

けいたさんが勝つのは，$1 \times 1 = 1$（通り）

[3] のぞみさんがパーのカードを出すとき，

のぞみさんが勝つのは，$1 \times 1 = 1$（通り）

けいたさんが勝つのは，$1 \times 3 = 3$（通り）

よって，$6 + a + 1 = 2a + 1 + 3$

となるとき，のぞみさんが勝つ確率とけいたさんが勝つ確率は等しくなるから，これを解いて，$a = 3$

18

(1) $\dfrac{5}{9}$　(2)(イ)，(ウ)，(エ)

【解き方】それぞれ袋X，袋Yから取り出されるカードの組み合わせを（袋X，袋Y）と表すとする。

(1)真人さんが勝つ目の出方は（袋X，袋Y）として，

$(9, 3)$，$(9, 6)$，$(12, 3)$，$(12, 6)$，$(12, 11)$

の5通り。したがって，求める確率は $\dfrac{5}{9}$

(2)袋Yに入れるカードの数を a とすると，

袋X：1，4，9，12

袋Y：3，6，11，a

のカードが入っている。a は2，5，7，8，10，13のいずれかである。袋Yの a と書かれたカードを考えないとすると，真人さんの勝つ目の出方は $(4, 3)$，$(9, 3)$，$(9, 6)$，$(12, 3)$，$(12, 6)$，$(12, 11)$ の6通りある。

カードの取り出し方は全部で $4 \times 4 = 16$（通り）あるので，真人さんと有里さんの勝つ確率が等しくなるためには，真人さんの勝つ目の出方が8通りになればよいので，あと2通り増えるようになる a の値を考えればよい。

$a = 2$ のとき，真人さんの勝つ目の出方は3通り増え，不適。

$a = 5$，7，8のとき，真人さんの勝つ目の出方は2通り増え，これが適している。

$a = 10$ のとき，真人さんの勝つ目の出方は1通りしか増えず，不適。

$a = 13$ のとき，真人さんの勝つ目の出方は増えず，不適。

以上より，イ，ウ，エとなる。

19

$\dfrac{17}{27}$

【解き方】$1^2 + 1^2 + 1^2$ が1通り，

$1^2 + 1^2 + 2^2$ が3通り，$1^2 + 1^2 + 3^2$ が3通り，

$1^2 + 2^2 + 2^2$ が3通り，$1^2 + 2^2 + 3^2$ が6通り，

$2^2 + 2^2 + 2^2$ が1通りであるから，

$1 + 3 + 3 + 3 + 6 + 1 = 17$（通り）

20

$\dfrac{8}{15}$

【解き方】（表）で，2枚のカードの取り出し方は全

部で15通りあり，そのうち◎をつけた8通りだから，確率は，$\dfrac{8}{15}$

（表）

取り出した 2枚のカード	6枚の円盤の並び	
1と2	●●●●○○	
1と3	●●○●○○	
1と4	●○○○●○	◎
1と5	●○●○○○	
1と6	●○○○○●	
2と3	○●●●○○	◎
2と4	○●○○●○	◎
2と5	○●●○○○	
2と6	○●○○○●	
3と4	○○●○●○	◎
3と5	○○●○○○	
3と6	○○●●○●	
4と5	○○○●○○	◎
4と6	○○○●○●	◎
5と6	○○○○●●	◎

21

$\dfrac{2}{5}$

【解き方】3枚のカードの取り出し方は，

$\underline{(1, 2, 3)}$，$(1, 2, 4)$，$(1, 2, 5)$，$(1, 3, 4)$，$\underline{(1, 3, 5)}$，$(1, 4, 5)$，$\underline{(2, 3, 4)}$，$(2, 3, 5)$，$(2, 4, 5)$，$\underline{(3, 4, 5)}$ の10通り。3つの数の和が3の倍数となるのは下線部の4通りなので，求める確率は，$\dfrac{4}{10} = \dfrac{2}{5}$

22

① $\dfrac{3}{10}$　② $n = 10$，12

【解き方】① $\sqrt{a}$ が自然数になるのは，$a = 1$，4，9の3通り。

したがって，求める確率は $\dfrac{3}{10}$

② $\dfrac{12}{a}$ が自然数になるのは，$a = 1$，2，3，4，6，12の場合。

（a が12の約数の場合）…（＊）

n	1	2	3	4	5	6	7	8	9	10	11	12
（＊）の場合の数	1	2	3	4	4	5	5	5	5	5	5	6

したがって，$n = 10$，12

23

記号 A，確率 $\dfrac{1}{3}$

24

① $\dfrac{1}{2}$　②（記号）A

（理由）（例）Aのとき起こりうるすべての場合は12通りで，このうち，和が5以上になるのは8通りある。

Bのとき起こりうるすべての場合は16通りで，このうち，和が5以上になるのは10通りある。

これより，和が5以上になる確率は，

Aのときは $\dfrac{8}{12} = \dfrac{2}{3}$，Bのときは $\dfrac{10}{16} = \dfrac{5}{8}$ となる。

$\dfrac{2}{3} > \dfrac{5}{8}$ だから，Aのほうが起こりやすい。

【解き方】①4枚のカードのうち，偶数は2通りなので，

$\dfrac{2}{4} = \dfrac{1}{2}$

②Aのとき，条件を満たすのは次の○の通り。

左側の列:

$$1\!\!<\!\!\begin{matrix}2\\3\\4\;\circ\end{matrix}\qquad 2\!\!<\!\!\begin{matrix}1\\3\;\circ\\4\;\circ\end{matrix}\qquad 3\!\!<\!\!\begin{matrix}1\\2\;\circ\\4\;\circ\end{matrix}\qquad 4\!\!<\!\!\begin{matrix}1\;\circ\\2\;\circ\\3\end{matrix}$$

よって，確率は，$\dfrac{8}{12}=\dfrac{2}{3}$

Bのとき，条件を満たすのは下の○の通り。

$$1\!\!<\!\!\begin{matrix}2\\3\\4\;\circ\end{matrix}\qquad 2\!\!<\!\!\begin{matrix}1\\2\\3\;\circ\\4\;\circ\end{matrix}\qquad 3\!\!<\!\!\begin{matrix}1\\2\;\circ\\3\\4\;\circ\end{matrix}\qquad 4\!\!<\!\!\begin{matrix}1\\2\;\circ\\3\;\circ\\4\end{matrix}$$

よって，確率は，$\dfrac{10}{16}=\dfrac{5}{8}$

$\dfrac{2}{3}>\dfrac{5}{8}$ より，Aのほうが起こりやすい。

25 (1) $\dfrac{1}{2}$　(2) $\dfrac{7}{16}$

【解き方】(1) 1回目の移動後に，PがBの位置にあるのは，1と4のカードを取り出したときの2通り。

全部で4通りあるから，求める確率は，$\dfrac{2}{4}=\dfrac{1}{2}$

(2) すべての場合の数は，
$4\times4=16$（通り）

2回目の移動後に，PがCの位置にあるときを樹形図で表すと，右のようになる。

7通りあるので，求める確率は $\dfrac{7}{16}$

1回目	2回目
1	1 / 4
2	3
3	1 / 4
4	1 / 4

26 (1) $\dfrac{1}{4}$
(2) (記号) ウ

(理由) (例) 先にカードを取り出す太郎さんが勝つ確率は $\dfrac{1}{6}$ であり，後からカードを取り出す次郎さんが勝つ確率は $\dfrac{1}{4}$ である。先にカードを取り出す人が勝つ確率より，後からカードを取り出す人が勝つ確率の方が大きいから，後からカードを取り出す人が勝ちやすい。

【解き方】(2) 下の図から，すべての場合の数は12通り。先の人が勝つ場合の数は2通り，後の人が勝つ場合の数は3通り。

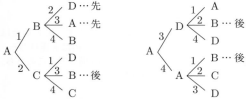

・「先」は先の人が勝つ場合，「後」は後の人が勝つ場合
・線上の数は取り出したカードに書かれた数字

---

⑤　図形

1 (1) 3通り　(2) [確率] $\dfrac{3}{5}$

　[考え方] O，P，Qを線分で結んだ図形が三角形になるのは，1回目と2回目で異なる色の玉を取り出すときである。赤玉を①，②，③，白玉を1，2として樹形図をかくと下の通り。

$$①\!\!<\!\!\begin{matrix}②\\③\\1○\\2○\end{matrix}\quad②\!\!<\!\!\begin{matrix}①\\③\\1○\\2○\end{matrix}\quad③\!\!<\!\!\begin{matrix}①\\②\\1○\\2○\end{matrix}\quad1\!\!<\!\!\begin{matrix}①○\\②○\\③○\\2\end{matrix}\quad2\!\!<\!\!\begin{matrix}①○\\②○\\③○\\1\end{matrix}$$

よって，求める確率は，$\dfrac{12}{20}=\dfrac{3}{5}$

【解き方】(1) ①－③，②－2，③－1（記号は解答と同じ）の3通り。

2 〔問1〕$\dfrac{5}{12}$　〔問2〕$\dfrac{1}{4}$　〔問3〕$\dfrac{1}{9}$

　【解き方】〔問1〕さいころの目の出方は $6^2=36$（通り）あり，これらは同様に確からしい。このうち条件をみたすものは $a+b<2b$ 即ち $a<b$ となる場合なので，

$$\dfrac{36-6}{2}=15\text{（通り）}$$

したがって，求める確率は $\dfrac{15}{36}=\dfrac{5}{12}$

〔問2〕A $(a,\ a+b)$ は直線 l の上方にあるので，B $(a,\ 2b)$ について $2b\leqq a$ が成り立てばよいから，条件をみたす場合は
$(a,\ b)=(2,\ 1)$，$(3,\ 1)$，$(4,\ 1)$，$(4,\ 2)$，$(5,\ 1)$，$(5,\ 2)$，$(6,\ 1)$，$(6,\ 2)$，$(6,\ 3)$ の9通り。

よって，求める確率は $\dfrac{9}{36}=\dfrac{1}{4}$

〔問3〕$\triangle OAB=3$ のとき $\dfrac{1}{2}\,|\,a-b\,|\times a=3$，

$|\,a-b\,|=\dfrac{6}{a}\cdots①$

$\dfrac{6}{a}$ が整数のとき $a=1,\ 2,\ 3,\ 6$

これらについて①をみたす場合を考えて，
$(a,\ b)=(2,\ 5)$，$(3,\ 1)$，$(3,\ 5)$，$(6,\ 5)$

よって，求める確率は $\dfrac{4}{36}=\dfrac{1}{9}$

3 (1) 36通り　(2) $\dfrac{1}{6}$　(3) $\dfrac{11}{36}$

　【解き方】(1) 傾きは 1〜6 の6通り。切片は 1〜6 の6通り。
よって，$6\times6=36$（通り）

(2) 傾きが1の直線になるのは，$(1,\ 1)$，$(1,\ 2)$，$(1,\ 3)$，$(1,\ 4)$，$(1,\ 5)$，$(1,\ 6)$ の6通り。よって，$\dfrac{6}{36}=\dfrac{1}{6}$

(3) 3直線で三角形ができないのは $y=ax+b$ の傾きが1のときと直線が $(0,\ 2)$ を通る，つまり切片が2のとき。よって，$(1,\ 1)$，$(1,\ 2)$，$(1,\ 3)$，$(1,\ 4)$，$(1,\ 5)$，$(1,\ 6)$，$(2,\ 2)$，$(3,\ 2)$，$(4,\ 2)$，$(5,\ 2)$，$(6,\ 2)$ の11通り。よって，$\dfrac{11}{36}$

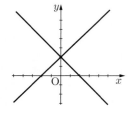

4 (1) $\dfrac{1}{6}$

(2) ア．$y = 2x - 3$　イ．33

(3)（説明）（例）点 P が $(2, 5)$，$(4, 1)$ のとき，△ABP の面積は $4\,\text{cm}^2$ になる。AB を底辺としたときの高さを，AB に平行な直線をひいて考えると，図の 15 個の点で面積が $4\,\text{cm}^2$ 以上になることがわかる。

また，三角形になる場合は 33 通り。

したがって，求める確率は $\dfrac{5}{11}$

（答え）$\dfrac{5}{11}$

【解き方】 (1) $(1, 2)$，$(1, 4)$，$(2, 5)$，$(4, 1)$，$(5, 2)$，$(5, 4)$ の 6 通り。

5 (ア) $\dfrac{こ}{さ}\cdots\dfrac{1}{6}$　(イ) $\dfrac{し}{すせ}\cdots\dfrac{5}{18}$

【解き方】 (イ) $\text{PR} = x\,\text{cm}$ とすると，

$x^2 \geqq (10 - x)^2 + 25$ より，

$x \geqq \dfrac{25}{4}$　　よって，$10 \times \dfrac{a}{a + b} \geqq \dfrac{25}{4}$ より，$a \geqq \dfrac{5}{3}b$

したがって，$(a, b) = (2, 1)$，$(3, 1)$，$(4, 1)$，$(4, 2)$，$(5, 1)$，$(5, 2)$，$(5, 3)$，$(6, 1)$，$(6, 2)$，$(6, 3)$ の 10 通り。

---

⑥ その他

1 12 通り

【解き方】

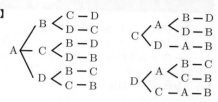

2 Ⅰ．$99(a - c)$

Ⅱ．15

【解き方】 $(a, c) = (5, 1)$，$(6, 2)$，$(7, 3)$，$(8, 4)$，$(9, 5)$ のそれぞれについて，b の選び方が 3 通りずつある。

3 （名前）れんさん

（理由）（例）れんさんの方法で A が選ばれる確率は $\dfrac{2}{5}$，るいさんの方法で A が選ばれる確率は $\dfrac{1}{3}$ で，れんさんの方法の方が確率が大きいから。

【解き方】 れんさんの方法で A が選ばれる確率は，

$\dfrac{1 \times 4 + 4 \times 1}{5 \times 4} = \dfrac{2}{5}$

$\left(\text{るいさんの方法で A が選ばれる確率は，}\dfrac{1 \times 2}{3 \times 2} = \dfrac{1}{3}\right)$

4 (1) $\dfrac{1}{6}$　(2) $\dfrac{2}{9}$　(3) $\dfrac{1}{3}$

【解き方】 太郎さんの出た目を x とすると，太郎さんが移動した段は $\boxed{x}$

花子さんの出た目を y とすると，花子さんが移動した段は $\boxed{7 - y}$

(1) 同じ段にいるから，$x = 7 - y$，$x + y = 7$

(x, y) は，$(1, 6)$，$(2, 5)$，$\cdots$，$(6, 1)$ の 6 通り。

全体は，6×6 通り。

求める確率は，$\dfrac{6}{6 \times 6} = \dfrac{1}{6}$

(2) 2 段離れているから，

$(7 - y) - x = 2$　または，$x - (7 - y) = 2$

$x + y = 5$　または，$x + y = 9$

・$x + y = 5$ のとき，$(1, 4)$，$(2, 3)$，$\cdots$，$(4, 1)$ の 4 通り。

・$x + y = 9$ のとき，$(3, 6)$，$(4, 5)$，$\cdots$，$(6, 3)$ の 4 通り。

求める確率は，$\dfrac{4 + 4}{6 \times 6} = \dfrac{2}{9}$

(3) 1 段離れている場合は，

$(7 - y) - x = 1$　または，$x - (7 - y) = 1$

$x + y = 6$　または，$x + y = 8$

・$x + y = 6$ のとき，$(1, 5)$，$(2, 4)$，$\cdots$，$(5, 1)$ の 5 通り。

・$x + y = 8$ のとき，$(2, 6)$，$(3, 5)$，$\cdots$，$(6, 2)$ の 5 通り。

3 段以上離れていない場合は，0，1，2 段離れている場合で，(1)，(2) と上より，$6 + (4 + 4) + (5 + 5) = 24$（通り）。

求める確率は，$\dfrac{6 \times 6 - 24}{6 \times 6} = \dfrac{12}{6 \times 6} = \dfrac{1}{3}$

第4章　思考力活用編

1 　1．【作り方Ⅰ】28　【作り方Ⅱ】82
　2．（例）$a = x$, $b = x + 25$, $c = x + 50$,
$d = x + 75$ と表される。$a + 2b + 3c + 4d = ac$ に代入して,
$x + 2(x + 25) + 3(x + 50) + 4(x + 75) = x(x + 50)$
$10x + 500 = x^2 + 50x$
$x^2 + 40x - 500 = 0$　　$(x + 50)(x - 10) = 0$
$x = -50$, $x = 10$
x は正の整数なので, $x = 10$
（答え）$x = 10$
　3．① $n = 4m - 39$　② $n = 17$, 21, 25
【解き方】1．【作り方Ⅰ】$4 \times 7 = 28$
【作り方Ⅱ】$76 + (7 - 1) = 82$
　3．① 4つの数の和は,【作り方Ⅰ】が,
$4m + (4m - 1) + (4m - 2) + (4m - 3) = 16m - 6$
【作り方Ⅱ】が,
$n + (n + 25) + (n + 50) + (n + 75) = 4n + 150$
となるので,
$4n + 150 = 16m - 6$　　$4n = 16m - 156$
$n = 4m - 39$
② $0 < n \leqq 25$, ①より, $10 \leqq m \leqq 16$ となる。
また, $m < n$ なので, ①より, $m = 14$ のとき,
$n = 4 \times 14 - 39 = 17$
$m = 15$ のとき, $n = 4 \times 15 - 39 = 21$
$m = 16$ のとき, $n = 4 \times 16 - 39 = 25$
よって, $n = 17$, 21, 25

2 　1．$(59m + 66)$ kcal
　2．カレーライス：$650\,$g, サラダ：$150\,$g
　3．(1) 80 kcal
(2)記号：ア
説明：（例）一日の食事でとった総エネルギー量は,
$4 \times 120 + 9 \times 60 + 4 \times 370 = 2500$ (kcal)
であり, そのうち, 脂質は 540 kcal なので, そのエネルギー
比率は,
$\dfrac{540}{2500} \times 100 = 21.6$ （％）
となり, 望ましい範囲内である20％以上30％未満にある
といえるから。
【解き方】2．1g 当たりのエネルギー量は, カレーライス
が 1.3 kcal, サラダが 0.7 kcal なので, カレーライスを
$x\,$g, サラダを $y\,$g とすると,
$\begin{cases} x + y = 800 & \cdots① \\ 1.3x + 0.7y = 950 & \cdots② \end{cases}$
これを解いて, $x = 650$, $y = 150$

3 　〔問1〕(1) 24通り　(2)（途中の式や計算など）（例）
　種目1の試合時間を x 分, 種目2の試合時間を y 分
とする。
条件［1］より, $x : y = 2 : 3$
よって, $3x = 2y\cdots①$
条件［2］より, 種目1の決勝が終了するまでにかかる時間は,
$7x + 5 \times 6 = 7x + 30\cdots②$
種目2の5試合目が終了するまでにかかる時間は,
$5y + 5 \times 4 = 5y + 20\cdots③$
条件［3］, ②, ③より, $7x + 30 = 5y + 20\cdots④$

①, ④より, $x = 20$
したがって, 種目1の試合時間は 20分　　（答え）20分
〔問2〕$\dfrac{1800}{7} \leqq a \leqq 288$
【解き方】〔問1〕(1) $4 \times 3 \times 2 \times 1 = 24$（通り）
〔問2〕

	第1走者	第2走者	第3走者
A組（秒）	48	50	48
B組（秒）	50	$\dfrac{12000}{a}$	50

トラック1周に要する各走者の時間は表のようになる。
よって, 第1走者から第3走者までに要する時間は,
A組：$48 \times 10 + 50 \times 6 + 48 \times 9 = 1212$（秒）
B組：$50 \times 10 + \dfrac{12000}{a} \times 6 + 50 \times 9 = \dfrac{72000}{a} + 950$（秒）
よって, 条件より, $1212 - 12 \leqq \dfrac{72000}{a} + 950$
かつ $1212 + 18 \geqq \dfrac{72000}{a} + 950$
ゆえに, $\dfrac{1800}{7} \leqq a \leqq 288$

4 　(1) 42　(2)① 4　② $10n^2$　③ 810
　(3) A選手, 6位, 17位
【解き方】(1) $3 \times 2 \times 7 = 42$
(2)① 平均値は3種目の順位の合計を出して3で割ればよ
い。7人の選手の順位の合計は 12, 12, 13, 11, 12, 12,
12 となるので最も少ない4位の選手が1位となる。
② 2つの場合のポイントは 10^3 と
$(10 - n) \times 10 \times (10 + n) = 10^3 - 10n^2$ となる。
よって, その差は
$10^3 - (10^3 - 10n^2) = 10n^2$
③ $0 < n < 10$ を満たす最大の整数は9なので,
$10 \times 9^2 = 810$
(3) A選手の残り2種目の順位を a, a' 位, B選手の残り2
種目の順位を b, b' 位とすると,
$401 \leqq 4aa' \leqq 410$, $401 \leqq 15bb' \leqq 410$
より, $aa' = 101$, 102, $bb' = 27$
101は素数なので20以下の2数の積では表せない。102は
20以下の2数の積 6×17 と表せる。また27も同様に
3×9 と表せる。よって, A選手のポイントは
$4 \times 6 \times 17 = 408$, B選手のポイントは $15 \times 3 \times 9 = 405$
となる。
以上により下位だったのはA選手で, 残り2種目は6位
と17位である。